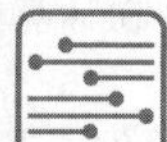

21世纪高等学校计算机
专业实用系列教材

数据结构与算法

——C++实现 微课视频版

◎ 慕 晨 安毅生 主 编
公维宾 张淼艳 周 琳 副主编

清華大學出版社
北京

内容简介

数据结构是计算机专业的核心基础课程之一，在计算机及相关专业教学中占有十分重要的地位，也是其他理工类专业的重要选修课程。本书主要介绍线性表、树和图三种重要的基本数据结构，以及如何应用这些基本数据结构解决实际问题，在此基础上穿插讲解了一些在计算机发展史上做出重要贡献的经典算法，并以查找和排序为专题介绍了这两类算法。

本书既具有较强的理论性，又注重实际动手能力的培养，提供了丰富的图例和大量接近可执行版本的代码样例。通过阅读和学习，读者将了解数据对象的特性，掌握数据的逻辑结构与存储结构，初步具备数据组织和算法设计能力，从而提高学生的程序设计技能，为后续课程的学习和科研工作的参与打下良好的基础。

本书面向普通高等学校计算机及相关专业已经完成 C++程序设计课程学习的本科生，也适用于其他理工类专业有学习数据结构需求的本科生和希望强化专业基础知识进入信息行业的非计算机专业学生阅读，还可作为计算机行业软硬件开发人员的参考书。

图书在版编目(CIP)数据

数据结构与算法：C++实现：微课视频版/慕晨，安毅生主编. —北京：清华大学出版社，2022.4
21 世纪高等学校计算机专业实用系列教材
ISBN 978-7-302-60335-1

Ⅰ. ①数… Ⅱ. ①慕… ②安… Ⅲ. ①数据结构－高等学校－教材 ②算法分析－高等学校－教材 ③C++语言－程序设计－高等学校－教材 Ⅳ. ①TP311.12 ②TP312.8

中国版本图书馆 CIP 数据核字(2022)第 043538 号

责任编辑：贾　斌
封面设计：刘　键
责任校对：韩天竹
责任印制：丛怀宇

出版发行：清华大学出版社
网　　址：http://www.tup.com.cn，http://www.wqbook.com
地　　址：北京清华大学学研大厦 A 座　　**邮　　编**：100084
社 总 机：010-83470000　　**邮　　购**：010-62786544
投稿与读者服务：010-62776969，c-service@tup.tsinghua.edu.cn
质量反馈：010-62772015，zhiliang@tup.tsinghua.edu.cn
课件下载：http://www.tup.com.cn，010-83470236
印 装 者：三河市铭诚印务有限公司
经　　销：全国新华书店
开　　本：185mm×260mm　　**印　　张**：16.5　　**字　　数**：402 千字
版　　次：2022 年 6 月第 1 版　　**印　　次**：2022 年 6 月第 1 次印刷
印　　数：1～1500
定　　价：59.00 元

产品编号：090344-01

前　言

“数据结构”课程是计算机及相关专业的核心课程，主要学习如何将实际工程问题转化为计算机可以描述、存储和解决的问题，并编程实现。该课程理论和实践紧密结合，对学生的综合素质要求较高。教学过程中发现，多数学生对数据结构的理论知识掌握较好，但实际动手编程实现能力不足，运用能力较差；代码编写较为随意，导致代码晦涩、调试困难，进而影响了学习积极性。针对上述问题，本书以学生为本，以工程应用为导向，具有以下几个特色。

(1) 理论联系实际，引入典型的工程应用问题，分析其中涉及的数据结构，并给出案例的分析过程及代码实现。各个环节紧密衔接，实现了理论和实践的有机结合。

(2) 采用面向对象设计方法，用规范的 UML 语言对数据结构和算法进行描述，并注重代码风格，便于代码阅读和调试，也为学生毕业后适应公司代码规范化要求打好基础。

(3) 为拉近与学生的距离，激发其学习兴趣，部分内容引入网络流行用语和深入浅出的例子，以轻松诙谐的方式介绍复杂的理论知识。利用二维码方式提供课件和教学视频等资源，将纸质教材和电子资源融为一体，更利于读者对所学知识融会贯通。

(4) 每章后增加了扩展阅读的内容，对章节知识进行一定的拓展，或者介绍科学家的事迹，激发学生的学习兴趣，引导学生对更深、更新层次的知识进行探索。

本书共分为 8 章，重点介绍线性表、树和图三类基本数据结构，并讲解常用的查找和排序算法，培养学生的算法分析能力。第 1 章主要介绍数据结构和算法的基本概念，包括数据结构和算法在程序设计中的作用、抽象数据类型、面向对象建模的基本思路、算法描述的常用方法、算法分析的思想和时间复杂度的计算等内容。其中，算法的时间复杂度是本章的重点和难点。第 2 章重点介绍第一种基本数据结构——线性表，包括线性表的基本知识以及线性表的顺序存储结构和链接存储结构的实现，并扩展到双向链表、循环链表和静态链表等相关知识，向读者展示了不同数据结构对程序的影响。其中，单链表是本章的重点。第 3 章介绍两类特殊的线性表——栈和队列，包括栈和队列的特性以及顺序存储结构和链接存储结构的实现。栈是限定在一端进行插入和删除操作的线性表；队列是限定在一端插入，另一端删除的线性表。本章还介绍了栈在函数递归调用中的作用和表达式求值等知识。其中，表达式求值是本章的难点。第 4 章介绍另外两类特殊的线性表——串和数组，包括字符串的存储、数组的寻址、稀疏矩阵和特殊矩阵的压缩存储，以及串的两种模式匹配算法 BF 算法和 KMP 算法等内容。其中，模式匹配是本章的难点。第 5 章介绍第二种基本数据结构——树和二叉树，包括树和二叉树的逻辑结构和存储结构，树、森林和二叉树的转换，以及树的典型应用——哈夫曼树和哈夫曼编码。其中，二叉链表是本章的重点。第 6 章介绍第三种基本数据结构——图，包括图的定义和基本概念、图的存储、图的遍历、图的典型应用

(最小生成树、最短路径、有向无环图的应用、AOV网和AOE网)。其中,图的存储、最小生成树和最短路径算法是本章的重点和难点。第7章介绍线性表和树表的查找方法,包括顺序查找、折半查找、二叉排序树、平衡二叉树、散列表和B树等重要的查找算法。其中,平衡二叉树是本章的难点。第8章介绍几类重要的排序算法,包括插入、交换、选择、归并和分配等排序算法,其中,快速排序和堆排序是本章的重点。

本书重点培养学生使用数学和计算机方法解决实际生活中的各种复杂工程问题的能力,包括:①培养学生应用数学和计算机方法对计算机领域的复杂工程问题进行识别、表达和分析的能力;②设计和开发满足特定需求的解决方案;③学习使用数据存储和数据处理的重要技术和方法,并理解不同存储方法在解决实际问题时的优势和局限性;④初步培养学生评价一个问题的解决方案对社会、安全、法律及环境的影响的能力;⑤通过课程设计和专题研究等教学环节,还可以培养学生的团队合作和沟通表达能力。

本书衔接C++程序设计或者面向对象程序设计课程,并建议读者具备离散数学的基本知识。在学习本书之前,读者需要掌握基本的C++程序设计能力,了解类、函数、数组、递归、指针和模板等知识。本书将频繁使用,并帮助读者熟练掌握这些知识。

为便于教学,本书提供丰富的配套资源,包括教学大纲、教学课件、教学日历、习题答案和微课视频。

资源下载提示

课件等资源:扫描封底的"课件下载"二维码,在公众号"书圈"下载。

视频资源:扫描封底刮刮卡中的二维码,再扫描如下二维码,可以在线学习。

本书由长期从事"数据结构"课程本科教学工作的团队负责编写,每位老师都有10年以上的"数据结构"课程教学经验。本书由慕晨老师统稿,安毅生老师组织。其中,第1章和第6章由慕晨老师编写,第2章和第3章由张森艳老师编写,第4章和第5章由公维宾老师编写,第7章和第8章由周琳老师编写。研究生王春利、陈茹梦、孙靖、朱明明等同学参与了绘图、校稿和代码调试工作,在此表示感谢。

由于作者水平有限,本书虽经仔细斟酌,不当之处仍在所难免,敬请各位读者批评指正。

作　者

2022年3月

目 录

第1章 绪　论

在学习完程序设计语言，掌握了程序设计的基本语法和结构之后，很多同学仍然觉得编写程序是相当困难的，特别当需要解决具有一定规模的实际工程问题时，这种困难似乎是无法逾越的高山。要达到这个要求，首先需要合理地数据描述，从而将实际问题转化为计算机中存储的数据；其次需要设计正确、简明、高效的算法来处理数据、解决问题。数据结构与算法讲述的就是这两方面的知识。本书将介绍最重要、最常用的数据组织和存储方法，以及一系列计算机科学领域的经典算法。通过对这些知识的灵活巧妙的复用、组合、改进，能够解决各种各样的实际工程问题。可以说，学好数据结构与算法，就掌握了编程的秘籍和精髓。

本书衔接C++程序设计或者面向对象程序设计课程。在学习本书之前，学生需要具备基本的C++程序设计能力，了解类、函数、数组、递归、指针和模板等知识。本书将频繁使用，并帮助大家熟练掌握这些知识。在正式介绍数据结构与算法设计之前，本章将首先介绍一些数据结构相关的背景知识。

【学习重点】

◆ 数据结构的基本概念；

◆ 数据的逻辑结构和存储结构；

◆ 抽象数据类型；

◆ 算法的基本概念；

◆ 使用伪代码和UML描述算法。

【学习难点】

◆ 算法评价与渐进复杂度思想；

◆ 算法的时间复杂度分析。

1.1 数据结构的基本概念

本节介绍数据结构的基本概念。首先给出数据结构的严格定义，然后介绍数据结构和算法在程序设计中的作用，最后介绍几种常见的数据逻辑结构，以及两种重要的数据存储结构。

1.1.1 数据结构的定义与研究对象

在计算机科学领域，数据结构(data structure)是指计算机中存储和组织数据的方法，即在使用计算机解决问题的过程中，如何用计算机描述、存储和组织真实系统中存在的各种类型的数据。这里的数据(data)是指用于描述客观事物的,能够被计算机识别和处理的符号集合。一般来说,数据可以分为数值数据和非数值数据。数值数据是可以通过计数方法测量的数据,如整数、实数等。非数值数据的含义非常广泛,文字、图形和声音等都是非数值数据。例如,要建模的对象是真实系统中的篮球运动员,则数据集合可能如表1.1所示。

表1.1 篮球运动员的数据集合

序号	姓名	球队	年龄	状态	三分	扣篮	封盖	篮板	…
1	乔帮主	公牛	32	正常	96	100	90	86	…
2	闪电侠	热火	23	伤病	90	99	92	90	…
3	钢铁侠	北京	28	正常	75	95	96	98	…
4	魔术师	湖人	27	停赛	95	97	88	86	…
5	大鲨鱼	上海	25	正常	78	95	95	97	…
…	…	…	…	…	…	…	…	…	…

在表1.1中,每一位篮球运动员都是一条完整的数据,也称为数据元素(data element)。数据元素是计算机科学中描述数据的基本单位。在现实世界中,数据的存在形式是多种多样的。一个运动员、一门课程、一张图片、一帧视频和一件装备都可以作为数据元素,只要它能够完整地抽象和描述我们所要研究问题中的事物。在面向对象程序设计中,一个数据元素通常表示为一个对象。每个数据元素又包含了若干数据项(data item)。数据项是指构成数据元素的具有独立含义的最小单位,描述了数据元素的基本属性。例如,姓名、球队和年龄等属性就是篮球运动员(数据元素)的数据项。若干相同类型的数据元素组成的集合称为数据对象(data object)。例如,全部篮球运动员构成的数据元素的整体即为数据对象。

通常,数据元素是讨论数据结构时涉及的最小单位。在本书中,一条数据对应一个数据元素。其中的数据项作为数据元素的组成成分,不单独进行讨论。

1.1.2 数据结构在程序设计中的作用

使用面向对象方法求解实际问题时,对象的设计和实现是最基本和最核心的内容。设计对象可以分为以下几个步骤:

(1) 需求分析。了解用户需求,确定对象功能和待解决的主要问题。

(2) 选择数据结构。建立对象模型,确定对象以什么形式存储在计算机中,以什么形式访问和获取数据。数据结构决定了系统的静态结构。

(3) 设计算法。算法是解决问题的步骤,描述了对象的功能是如何一步一步实现的。算法决定了系统的动态行为。

(4) 编程实现。在开发环境中编写代码,并编译运行。

在计算机科学领域有一句人尽皆知的名言"算法+数据结构=程序"。这个公式是由瑞士计算机科学家尼古拉斯·沃斯提出来的,对计算机科学的影响程度堪比物理学中的质能方程,被广泛认为是揭示了程序的本质特征。因此对于程序设计来说,数据结构和算法是同样重要的。然而,很多大型软件系统的开发经验证明,选择和设计数据结构是比算法设计更为重要的环节,往往对程序开发的难度和质量有着决定性的影响,恰当的数据结构能够有效提升算法的效率。

数据结构决定了如何将现实世界的事物抽象转化为计算机能够描述和存储的数据。一般情况下，数据的建模和存储需要从两方面考虑，一是单条数据如何在计算机中表示和存储；二是如何设计多条数据之间的组织和连接关系。以表 1.1 的篮球运动员数据为例，每个运动员的信息作为一条数据，可以用类或者结构体进行定义，而姓名、年龄等数据项可以定义为属性变量。

通过结构体和类两种方法实现篮球运动员的 C++ 建模，见代码 1.1。单条数据建模之后，还需要考虑如何对数据之间的组织和连接关系建模。仍然以表 1.1 为例，从表中可知，“闪电侠”的前面是“乔帮主”，后面是“钢铁侠”。类似这样的关系称为线性关系。在设计数据存储结构的时候，需要考虑如何实现对这种线性关系的建模。

代码 1.1 篮球运动员的 C++ 建模

```
方法一：用结构体实现
struct BasketballPlayer{
    int num;
    string name;
    string team;
    .....
};
```

```
方法二：用类实现
class BasketballPlayer{
    private:
        int num,age…;
        string name;
        string team;
    public:
        BasketballPlayer();
        .....
};
```

1.1.3 逻辑结构与存储结构

数据的逻辑结构是对真实系统中数据之间关系的描述，一般分为四种类型：集合结构、线性结构、树形结构和图形结构。

集合结构是指所有的数据元素同属于一个集合，单个元素之间不需要满足任何关系。例如一个班的同学，来自五湖四海，就构成了一个集合。图 1.1(a)中，瓦岗寨的好汉就形成了一个集合，但由于没有稳定的关系，最终变成了一盘散沙。

线性结构是指元素之间存在一对一的线性关系，例如表 1.1 就是最典型的线性结构，所以线性结构也被称为线性表。图 1.1(b)中，金庸先生笔下的武林社团通过排位次形成了线性结构。另外，给一个班的同学依次编号以后，就把一个集合转化为线性关系，从而便于进行查找、排序等操作。

树形结构是一种按照分支关系组织起来的、具有明显层次的数据结构，非常像自然界中的树。树形结构在客观世界中广泛存在，如人类的族谱关系、社会组织和企业结构，都可以用树表示。图 1.1(c)中，皇朝内部的权力结构，就是一个树形结构。在绘制时，通常把树根画在最上面，树枝和树叶分层向下扩展。因此，图 1.1(c)直观看，像一棵上下颠倒的树。

图形结构是一种比树形结构更复杂的非线性结构，任意两个结点之间都可能相关联。图形结构广泛被用于描述各种复杂的数据对象，在自然科学和社会科学的各个领域都被广泛的应用。图 1.1(d)中用图形结构描述了悬疑电视剧中的人物关系。

数据的存储结构(也称为物理结构)是数据的逻辑结构在计算机中的表示。简单地说，

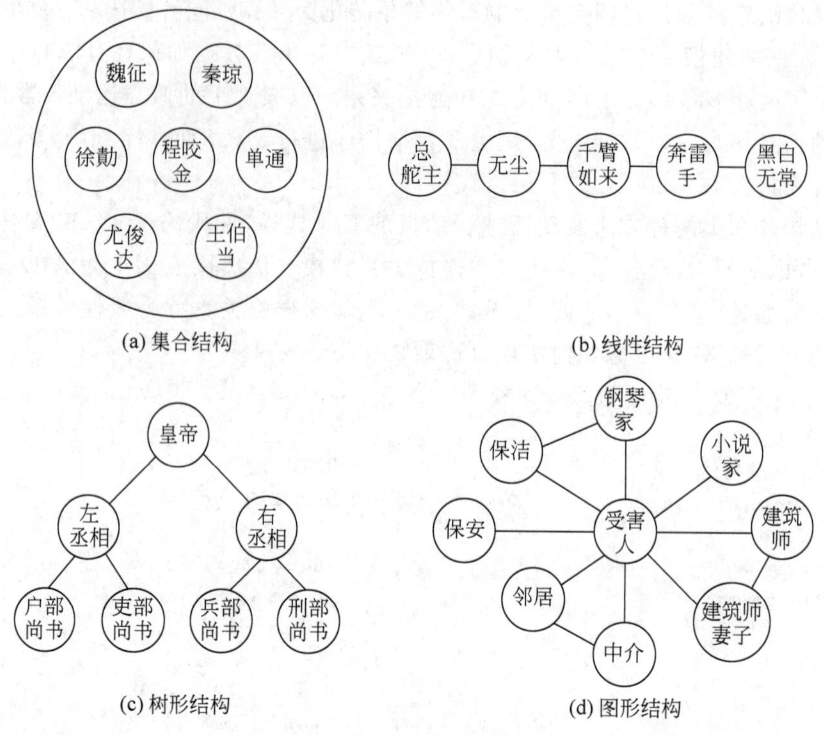

(a) 集合结构　(b) 线性结构　(c) 树形结构　(d) 图形结构

图 1.1　数据的逻辑结构

就是如何把线性结构、树形结构和图形结构的数据元素以及数据元素之间的关系存储到计算机中,以便实现对它们的访问。主要的存储结构有顺序存储和链接存储两种。顺序存储是指用一组连续的存储单元存储数据,逻辑上相邻的数据元素在物理存储位置上也是相邻的。这样,数据元素之间的逻辑关系可以由元素的存储位置表示。图 1.2(a)为顺序存储,三只猫依次存储在内存中,可以通过位置关系很方便地访问它们。链接存储结构是用一组任意的存储单元存储数据元素,不要求逻辑上相邻的结点在物理位置上也相邻。数据元素之间的逻辑关系需要通过附加的指针字段表示。图 1.2(b)为链接存储,三只猫分散存储在内存中,但每一只猫的存储空间都带有一个指针字段,指向下一只猫的存储地址。这样,通过指针将三只猫链接在一起,也可以通过指针依次访问它们。

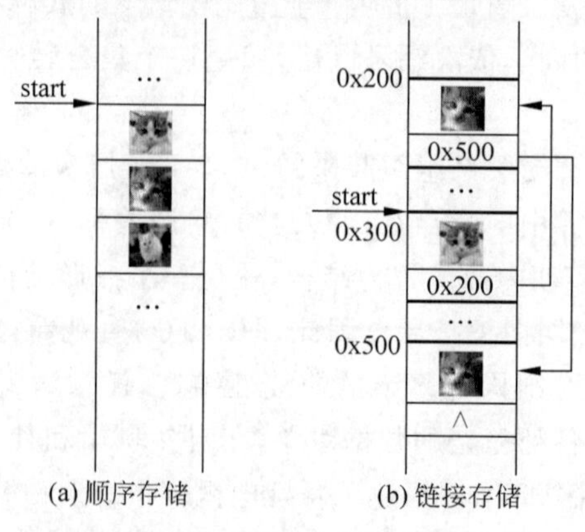

(a) 顺序存储　(b) 链接存储

图 1.2　数据的存储结构

1.2 抽象数据类型与C++类

本节介绍软件构造过程中的一个重要概念：抽象数据类型。抽象数据类型是将现实世界中的数据转化为计算机能够理解和识别的对象的重要建模步骤。抽象数据类型并不是程序的一部分，但是它跟面向对象程序设计语言和数据结构都有很直接的联系。

1.2.1 抽象数据类型的基本概念

抽象数据类型(abstract data type，ADT)是将数据对象、数据对象之间的关系和数据的基本操作封装在一起的一种表达方式。这个定义实际上体现了使用计算机解决实际工程问题的过程。在完成一个实际工程项目的时候，第一个重要的工作就是确定程序需要提供哪些方面的功能，也称为需求分析。接下来，根据需求确定系统有哪些组成部分，即数据对象。下一步，分析数据对象之间的关系，从而确定系统的结构。在这个过程中，不需要考虑系统功能的实现细节，只需要抽象出基本操作和由谁来负责这个操作就可以了。把这些操作与执行这些操作的数据封装在一起，就得到了抽象数据类型。操作的算法和实现可以后延到系统精细设计的时候再完成。而其他对象如果想调用这些操作，只需要按照规定好的参数接口调用，并不需要知道具体是怎么实现的，从而实现了数据封装和信息隐藏。

抽象数据类型基本格式及样例如表 1.2 所示。

表 1.2 抽象数据类型基本格式及样例

基本格式	样　例
ADT 名： 　Data：描述数据的结构 　Operation：描述数据的行为 　　操作 1： 　　操作 2： 　　操作 3： 　　操作 4： 　　操作 5： 　　…… 　End ADT	ADT 名：篮球运动员 　Data：线性结构 　　　姓名、年龄、球队及能力等数据项 　Operation： 　　操作 1：构造 　　操作 2：析构 　　操作 3：打球 　　操作 4：转会 　　操作 5：受伤 　　…… 　End ADT

抽象数据类型一般由数据和操作两部分构成。数据部分说明数据对象的特征以及数据元素之间的关系。操作部分说明能够提供的基本功能。表 1.2 中还给出了一个篮球运动员的 ADT 例子，与表 1.1 中的数据元素一致。每一位篮球运动员都有姓名、年龄、球队和能力等数据项，数据对象为线性结构。同时，篮球运动员能够提供的基本操作包括打球、转会和受伤等。另外，考虑到计算机中的实现，还需要有构造和析构这两个基本操作。

从以上基本格式及样例可以看出，抽象数据类型主要有以下特征：

(1) 数据抽象。ADT 中的抽象概念强调数据的本质特征，包括数据的组织方式和能够提供的功能。

(2) 数据封装。ADT 体现了面向对象程序设计中的封装和信息隐藏的思想,使数据操作的内部算法实现和外部使用相分离。

1.2.2 设计与实现:无人驾驶汽车

抽象数据类型的基本结构与面向对象语言中的类是一致的,因此在 C++中使用类实现。本节通过一个具体的算例,来说明抽象数据类型的设计过程,以及对应于 C++中的类和对象的设计。

无人驾驶汽车(connected and autonomous vehicle,CAV)是近年来计算机技术发展、应用的前沿和热点技术,主要通过嵌入在车内的计算机系统和车身的各种传感设备实现对外界环境感知、通信、处理和决策,从而实现自主控制汽车的行为。从技术上讲,CAV 能够提升车辆的精确感知能力,精准地控制车辆行为,避免人类驾驶员易出现的误判、受情绪干扰等危险因素,被广泛认为在不远的未来能够显著提升行车安全和交通效率。本节对 CAV 进行初步的计算机建模和描述。

从数据结构的角度,当需要对一个现实世界中的事物进行建模和描述时,首先需要理解,这个事物本身就是数据。也就是说,每一部 CAV 都可以看作一条数据,而多个具有相互关系的 CAV(例如在同一段道路上行驶的 CAV)就构成所要研究的数据对象。每一条数据都拥有自身的若干属性和行为,多条数据之间存在着相互的关系和组织方式。根据前面介绍的 CAV 的特征,可以简单得出对 CAV 的功能性需求,大致包括环境感知、通信、决策和执行等。而 CAV 除了具有普通车辆的属性(如位置、速度和加速度等)以外,还具有 CAV 独有的感知和通信方面的属性。这样,一部无人驾驶汽车的基本框架就具备了雏形,无人驾驶汽车的抽象数据类型如下:

```
ADT 名:无人驾驶汽车
  Data: 线性结构
          位置、速度、加速度、车辆类型、车长、传感设备、通信设备……
  Operation:
        操作 1:构造
        操作 2:析构
        操作 3:环境感知
        操作 4:通信
        操作 5:决策
        操作 6:执行
   ……
   End ADT
```

由 ADT 可以进行类的基础设计,得到如图 1.3 所示的类图。相比 ADT,类图中不仅定义了无人驾驶汽车的属性和行为,还定义了变量的取值范围以及可见性。例如,变量 position 的数据类型为 double,可见性为 private(用－表示),而函数 communicating 的可见性为 public(用＋表示)。

UML 类图与程序设计代码是相关联的,可以转化为相应的面向对象程序设计语言,见代码 1.2。这个类定义已经包括了 CAV 的基本要素,尽管仍然缺少各个函数的具体算法设计和实现工作,但已经完成了将现实世界中的 CAV 转化为计算机能够识别和处理的类

ConnectedAutonomousVehicle 的最基本的工作。

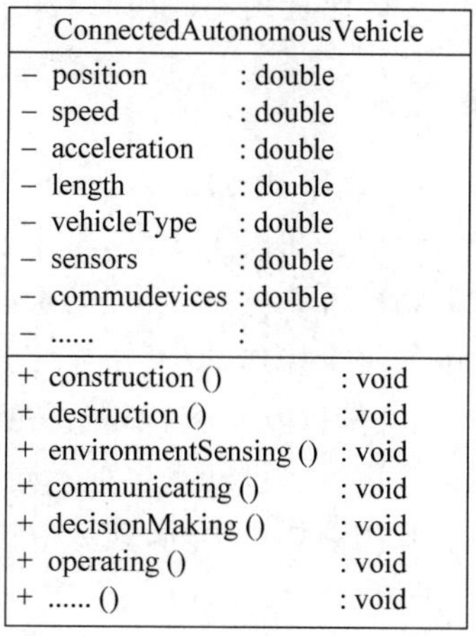

ConnectedAutonomousVehicle	
− position	: double
− speed	: double
− acceleration	: double
− length	: double
− vehicleType	: double
− sensors	: double
− commudevices	: double
−	:
+ construction ()	: void
+ destruction ()	: void
+ environmentSensing ()	: void
+ communicating ()	: void
+ decisionMaking ()	: void
+ operating ()	: void
+ ...... ()	: void

图 1.3　无人驾驶汽车的类图

代码 1.2　无人驾驶汽车的 C++类定义

```
class ConnectedAutonomousVehicle
{
    public:
            ConnectedAutonomousVehicle();
            ～ConnectedAutonomousVehicle();
            void environmentSensing();
            void communicating();
            void decisionMaking();
            void operating();
    private:
            double position, speed, acceleration, length, vehicleType……;
}
```

1.3　算法与算法分析

算法是数学和计算机科学领域的专有名词，描述了解决问题的具体步骤。在中国，算法的概念最早出现在东汉年间的《九章算术》，其原始作者已不可考，经过历代各家的增补修订，给出了包括四则运算、最大公约数、最小公倍数、开方和线性方程组求解等一系列数学方法。算法的英文名称 algorithm 来自 9 世纪波斯数学家比阿勒·霍瓦里松(al-Khwarizmi)。1842 年，阿达·拜伦(Ada Byron)为巴贝奇分析机编写了一个程序来求解伯努利微分方程。由于查尔斯·巴贝奇(Charles Babbage)未能完成巴贝奇分析机，该程序最终未能真正地执行。尽管如此，阿达·拜伦仍然被普遍认为是世界上第一位程序员和软件之母。

早年的文献中经常使用 well-defined procedure 描述算法定义，但如何用数学方法界定 well-defined 一直困扰着数学家和逻辑学家。英国数学家阿兰·图灵(Alan Turing)提出“当一个函数的值可由某种纯机械计算步骤得到时，它就是可有效演算的函数”，被后代的计算机工作者称为“图灵可计算”概念,对算法的发展起到了重要的作用。本节将介绍算法的基础知识及如何对算法进行设计,并介绍适用于面向对象语言的算法描述工具。

1.3.1 算法的基本概念

算法是深入了解和应用计算机的重要基石之一,决定了计算机如何根据用户的需求一步一步地处理数据,从而解决实际问题。在表 1.1 中,每个篮球运动员除了有自己的属性,还需要有自己的行为,例如篮球运动员可以打球,可以转会,有时还会受伤等。对于面向对象语言来说,行为表现为类定义中的一个操作,算法决定了这些操作是如何实现的。同样,无人驾驶汽车如何进行感知、通信、决策以及实施,都需要在相应的操作中设计正确、高效的算法来实现。对于相同的问题,通常都可以设计出多种不同的算法来解决问题,但这些算法的效率往往是不同的,对于计算资源的消耗也不同,因此应该尽可能设计高效率和低资源消耗的算法。

在计算机科学中,算法是一系列良定义(well-defined)的具体计算步骤,它是由若干指令组成的有穷序列,其中每一条指令表示一个或多个操作。

【例 1.1】 需要在序列{1,2,3,4,5,6,7,8,9,10}中查找指定元素 key,则可以采用以下折半查找算法:

(1) 用待查值 key 和序列的中间值 m 进行比较,若相等,则查找成功。

(2) 如果待查值比中值大,则在中值的右半区继续进行折半查找;否则执行步骤(3)。

(3) 在中值的左半区继续进行折半查找。

这个例子用自然语言描述了折半查找的基本执行过程,尽管显得有些粗糙,但它仍然说明了计算机求解该问题的具体步骤,符合算法的一般要求。唐纳德·欧文·克努特(Donald Ervin Knuth)给出了算法的五个基本属性。

(1) 输入:一个算法中可以有零个或多个输入。

(2) 输出:一个算法应有一个或多个算法执行的结果作为输出。

(3) 确定性:算法中每一条指令必须都有确切的含义,不会被理解为其他意思(无歧义)。在任何条件下,对于相同的输入只能得到相同的输出。

(4) 有穷性:算法中的步骤和时间必须是有限的,即每条指令的执行次数和执行时间必须是有限的。

(5) 可行性:算法中所有操作必须是可以执行的,都可以通过已经实现的基本操作执行有限次实现。

计算机技术发展到今天,已经出现了可以无限运行的程序(例如某些监控程序),有的程序也不一定要和人类进行直接交互。但从广义层面,上述基本属性仍然是成立的。在设计算法时,仍然需要遵循和考虑这些属性。

算法与程序是完全不同的。算法是程序某个具体功能的执行步骤,程序是算法在计算机中的实现。程序通常包含多个算法,以解决不同的问题。在面向对象程序设计中,一个程序往往由多个类构成,而每个类都能够实现多个不同的功能,亦包含多个不同的算法。初学者经常喜欢把很多重要的功能放在一个操作中,会造成这个操作负担过重,不便于修改,也不便于复用。一旦出现错误,往往出现丹尼·索普(Danny Thorpe)所说“像是仅持手电筒进行洞穴探秘:不知道自己去过哪里,要去哪里,也不知道自己正身处何处”的情况。根据面向对象软件设计的“单一职责”原则，一个操作所承担的功能应该尽可能简单，只解决一个问题，只包含一类算法。

1.3.2 算法描述的工具

例 1.1 中用自然语言描述算法。显然，这种方法比较粗糙，而且有可能因为表述不当引起歧义，因此不推荐使用。在计算机科学领域，常用的算法描述工具有流程图、伪代码和 UML 等。

1. 流程图

流程图(flowchart)是面向过程的计算机语言中经常使用的一种框图表示，能够直观描述算法执行过程的具体步骤。流程图以不同类型的框代表不同的步骤，步骤之间用箭头连接，表示流程的进行方向。流程图的常用符号如图 1.4 所示。

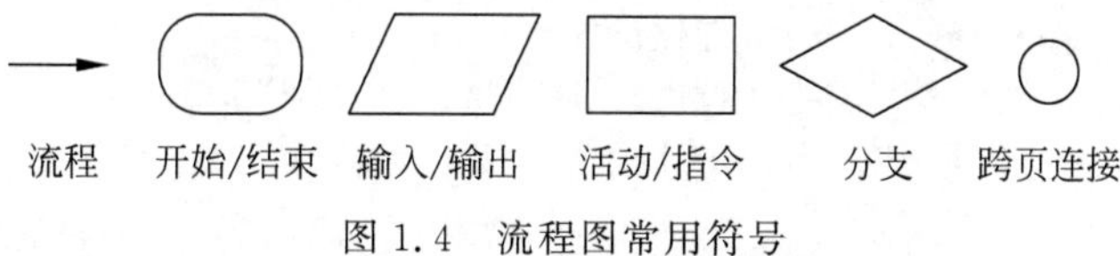

图 1.4 流程图常用符号

在绘图中，通常用圆角矩形框表示算法流程的“开始”与“结束”；平行四边形框表示系统的输入和输出；矩形框表示流程中的下一个活动，或者一条具体的指令；菱形框表示条件分支，是描述选择和循环结构的必备符号；箭头表示算法流程的前进方向。另外，当流程图比较大，需要绘制在不同页面上时，通常用跨页连接符号标注不同页面之间的连接关系。图 1.5 是折半查找的流程图。

流程图形象直观，便于理解，与面向过程的程序设计思想相吻合，便于编程实现。然而，流程图不适用于描述面向对象的设计思想，无法呈现参与流程的对象之间的互动关系，也无法表示并发条件。另外，当算法较复杂时，流程图会占用比较大的篇幅，经常需要跨页，造成阅读和理解上的困难。

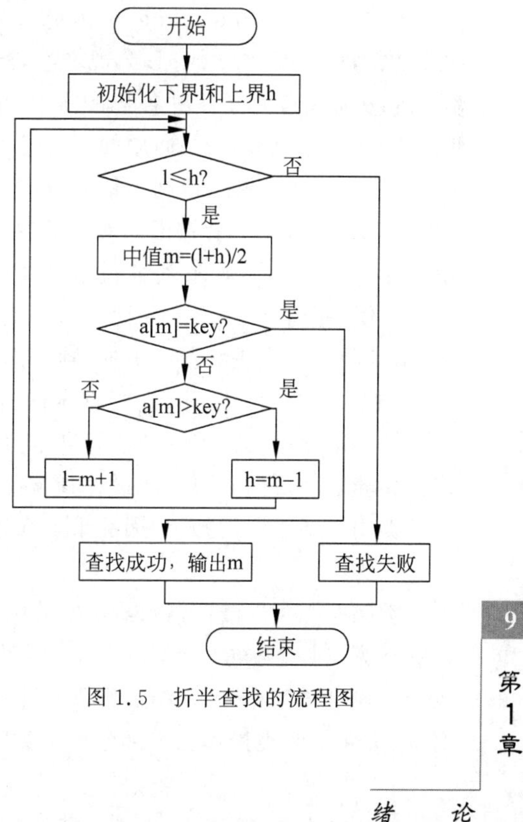

图 1.5 折半查找的流程图

2. 伪代码

伪代码(pseudocode)是一种半形式化的算法描述方法。它介于自然语言和计算机语言之间，以编程语言的书写形式和语法说明算法的职能和流程，同时又不局限于某种编程语言，甚至可以使用自然语言进行说明。尽管伪代码没有非常正式的规范语法形式，但在正式的科学文献和报告中经常使用，很多计算机领域的专业人士也喜欢使用这种方法。

伪代码没有严格的语法规则，一般来说，默认约定如下：

(1) 每一条指令占一行。

(2) 指令后不加任何符号。

(3) 以“缩进”表示分支结构,同一模块的语句缩进量相同。

(4) 语句之前加标号可以更清晰地呈现程序的结构,但不是必需的。

折半查找的伪代码如下:

算法 1.1: BinarySearch

```
输入: 查找的数组 a,查找下界 begin,查找上界 end,查找键值 key
输出: 存储位置 m 或者 -1
Step 1: 初始化 l = begin, h = end
Step 2: while l <= h
        2.1: m = (l + h)/2;
        2.2: if a[m] = key   return 存储位置 m
        2.3: if a[m] > key   左半区查找 h = m - 1
        2.4: else   右半区查找 l = m + 1
Step 3: 未找到 return -1
```

伪代码简洁明了,使用灵活,无固定格式和规范,只要写出来自己或别人能看懂即可。由于它与计算机语言比较接近,因此易于转换为计算机程序。但是,伪代码要求阅读者具有程序设计的功底,具有一定门槛。相比图形描述方法,伪代码不够直观,不便于查找逻辑错误。另外,伪代码没有严格规范,且引入了自然语言,有可能带来歧义。

3. UML

UML(unified modeling language)即统一建模语言,是一种针对面向对象软件系统的可视化建模语言。在 UML 出现之前,针对面向对象软件设计和描述的问题,许多计算机科学家和从业者使用了各种各样的方法和图符。在 1996 年左右,UML 实现了“统一”,将这些方法融合称为单一的、通用的并且可以广泛使用的建模语言,逐渐成为计算机和软件行业的标准,在其他领域也得到了很多应用。

UML 包含了一套在面向对象软件开发中可能使用的完整的图形标记,以图形方式表示软件系统的功能模型、对象模型和动态模型。在 UML 2.2 中定义了 13 种图形,如图 1.6 所示。使用过程中并不需要把全部的图都画一遍,而是根据实际需要进行选择。一般情况下,用例图和类图是必不可少的,顺序图、活动图、状态图和组件图也是经常使用的图形。

UML 简单、清晰、标准,能够表达面向对象软件设计中的静态和动态信息,是面向对象软件的标准化建模语言。与流程图和伪代码相比较,UML 更加强大、完善和规范,因此建议读者养成在面向对象程序设计和软件设计中使用 UML 的习惯。本书的后续内容中主要涉及类图和活动图的知识,因此重点介绍这两种图形表示方法。

1) 类图

类图是 UML 最核心和最重要的图形。通过类图可以描述软件系统中各个关键类的属性和行为,以及类与类之间的关系,从而呈现出软件系统的构成方式和静态结构。在面向对象程序设计语言中,类是指一组具有相同属性、操作、关系和语义的对象的抽象,一般包括类名称、类属性和类操作三个部分。用类图绘制,可以清晰地呈现上述结构。

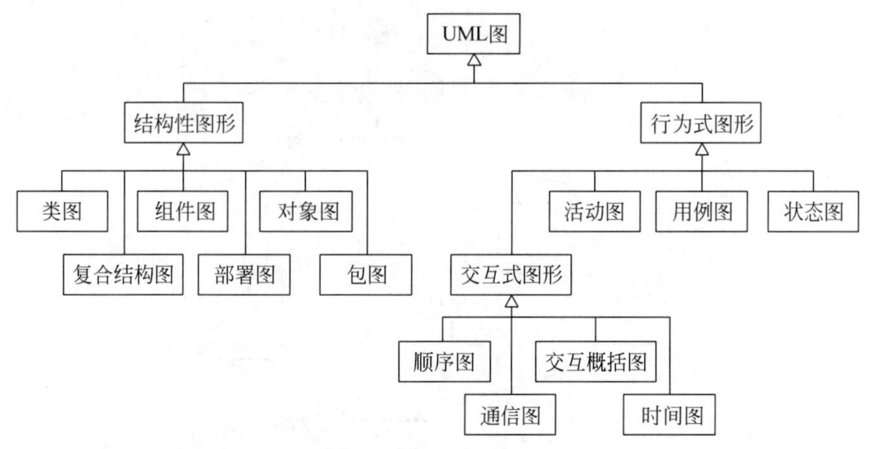

图 1.6　UML 2.2 中的图形

如图 1.7 所示，类包含了三个区域，由上到下分别对应类名称、类属性和类操作。

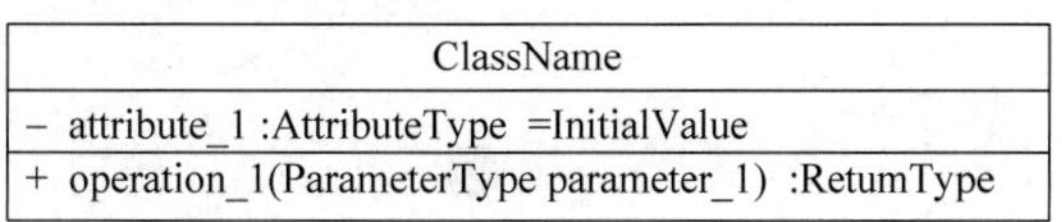

图 1.7　UML 类的表示

类属性的基本语法为

[可见性] 属性名[: 类型][= 初始值][{附加信息}]

类操作的基本语法为

[可见性] 操作名[(参数表)][: 返回值类型][{附加信息}]

除了呈现单一类的结构，类图还能够描述系统中多个类之间的关系，例如泛化、关联和依赖等。本书中较少使用类之间的关系，因此不再赘述，建议参考 UML 专题的资料。

2）活动图

活动图是 UML 中对软件系统行为进行建模的一种图形方法，着重表现从一个活动到另外一个活动的控制流，经常用于描述任务和算法流程。其中，活动是指某件事情正在进行的状态，可以是一个原子、不可中断的动作，也可以是一个非原子、可以被进一步分解的状态。活动图可以嵌套，一个非原子的活动状态可以由一个更细粒度的活动图表示。

活动图主要由活动、动作流、条件分支与合并、并行分叉与汇合等部分组成，如图 1.8 所示。动作流用箭头表示活动状态之间的转换；条件分支与合并用空心小菱形符号表示对象所具有的条件行为，经常用于描述选择和循环结构；并行分叉与汇合用加粗直线表示多个可以并发的控制流，一般用于描述并发和多线程结构。另外，活动图还定义了泳道和对象流等图形符号，较少用于描述算法流程，因此不再赘述，建议参考 UML 专题的资料。

图 1.9 为折半查找算法的活动图。比较图 1.9 和图 1.5 可知，从功能和绘制方法上，活动图与流程图是比较相似的。但是，流程图是面向过程的，活动图是面向对象的。相比流程图，活动图的功能更加强大，绘制更加方便，可以完全替代流程图的作用，并具有流程图中无法实现的功能。另外，通过活动图的嵌套，可以很方便地描述复杂算法。

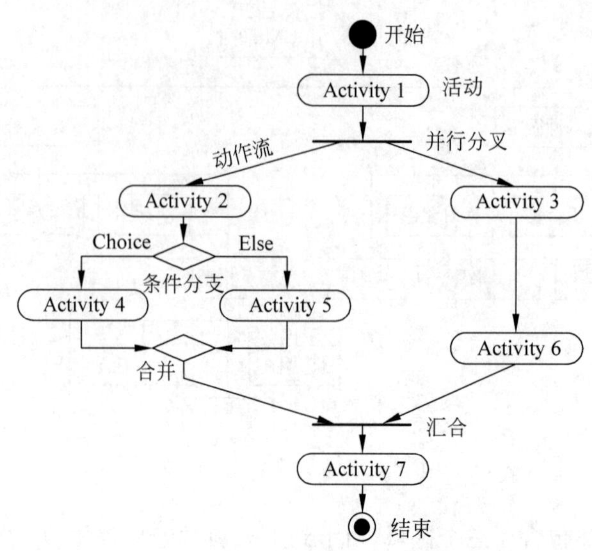

图 1.8　活动图的基本组成

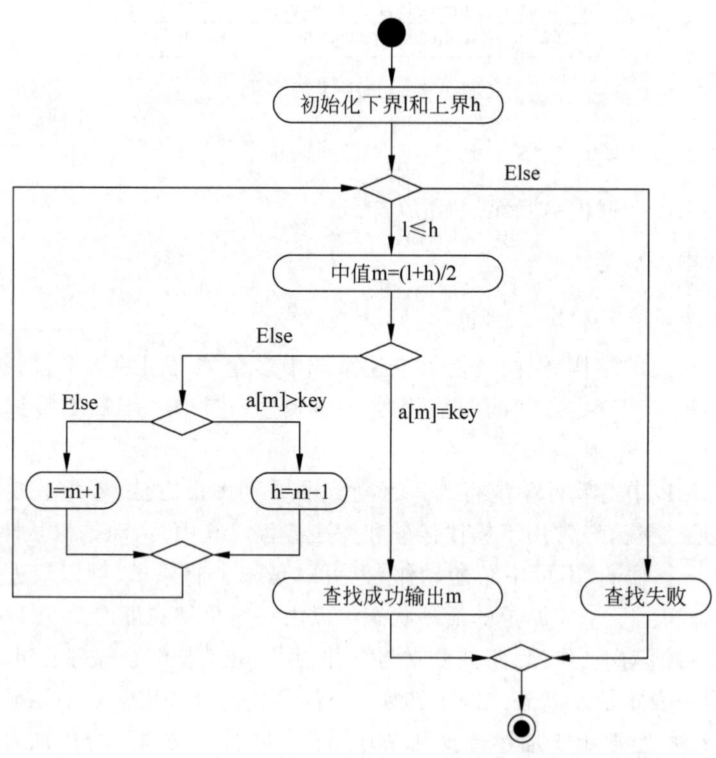

图 1.9　折半查找算法的活动图

1.3.3　算法评价与渐进复杂度思想

每一个实际的工程问题都可以设计出不同的解决方案和算法，如何在这些解决方案中进行评价和取舍就成为一个关键问题。一般来说，一个算法的好坏需要从以下几方面进行评价。

(1) 正确性：一个算法的正确与否，是评价算法时最基本、最重要的环节。首先算法本身应该是正确的，应该符合算法的基本属性，具有输入、输出和无歧义性，能够经过有限的时间和次数产生问题的答案。其次，算法的执行结果也应该是正确的，对于合法的输入，能够得到正确的结果。

(2) 健壮性：也称为鲁棒性(robust)。当算法遭遇输入、运算等方面的异常或者扰动时，能做出相应的处理或者适当的反应，使算法能够继续运行，而不会产生严重异常甚至系统崩溃的结果。

(3) 可读性：一个好的算法应该是清晰、易理解、易交流的。可读性指的就是算法易阅读、易理解、易交流。因此，算法的逻辑应该尽可能追求简洁和结构化。在不能明显改进效率的情况下，应避免设计和使用思路晦涩的复杂算法。

(4) 高效性：包括时间效率和空间效率两方面，一个好的算法应该尽可能减少时间和空间资源的消耗。对于同一个问题，运行时间短或者占用存储空间小的算法就是更好的算法。

上述四方面的评价指标中，高效性是最难进行量化评价的。在计算机科学中，算法分析(algorithm analysis)是指分析执行一个给定算法需要消耗的计算机资源数量的过程，包含时间复杂度(time complexity)和空间复杂度(space complexity)。以下用时间复杂度为例进行说明。

描述算法时间性能的一种方法是事后分析法，即先将算法实现，然后运行程序，统计其执行时间。但是，程序在计算机上的运行时间还受到算法以外的多种因素的影响，例如软、硬件配置、操作系统、编译环境、CPU 和内存占用情况等。即便在同一台计算机上两次运行同一个程序，执行时间也不会完全相同。事后分析法无法剥离这些因素对算法执行时间的影响。对于算法来说，这些因素是外部的，算法本身无论怎么优化和改进都无法改变这些因素。而且，事后分析法需要首先实现算法，这往往需要花费大量精力。更理想的方式是在开始写代码之前，就对算法可能占用的系统资源进行估算，从而选择恰当的算法，而不是在一个低效率的算法上花费大量精力。

因此，算法的时间性能评价更多地使用事前估算的方法，即在算法实现之前，对算法可能消耗的计算资源进行估算。在进行估算的时候，忽略计算机软、硬件配置等影响算法运行的外部因素，仅考虑算法本身对执行时间的影响。很容易理解，算法的执行时间为算法各条语句的执行时间之和。在不考虑计算机软、硬件配置因素的前提下，算法的执行时间是由算法中各条语句的执行次数决定的。因此，在数学上，算法的时间复杂度通过一个算法输入规模的函数来描述，其自变量为算法运行时的输入数据的大小(称为问题规模)，常用 n 表示，因变量是语句的执行次数，用 $T(n)$表示。

下面通过两个简单算法说明 $T(n)$的计算过程，见代码 1.3。

代码 1.3 两个简单算法

```
sum1 算法:                         sum2 算法:
int sum1(int n) {                  int sum2(int n) {
    int sum = 0, i;                    int sum = 0, i, j;
```

```
    for (i = 0;i < n;i++)                  for (i = 0;i < n;i++)
        sum++;                                 for (j = 0;j < n;j++)
    return sum;                                    sum++;
}                                          return sum;
                                       }
```

sum1 算法的代码一共有三条语句,其中循环语句需要执行 n 次,因此总的执行次数 $T(n)=2+n$。sum2 算法的代码也是三条语句,其中二重循环需要执行 n^2 次,因此总的执行次数 $T(n)=2+n^2$。直观地看,sum2 算法的程序执行次数更多,需要的计算时间更长,因此算法的时间复杂度也更高。并且,在 $T(n)=2+n^2$ 这个表达式中,n^2 显然是影响算法的时间复杂度的主要因素,随着 n 的增加,执行次数 2 这个常量就可以忽略不计了。

对于一个复杂的算法,$T(n)$的形式也可能比较复杂,如例 1.2 所示。

【例 1.2】 $T(n)=n^2+n\log_{10}n+10\,000$。

为分析影响算法时间复杂度的主要因素,将问题规模 n 逐渐增加,以观察 $T(n)$中各项的增长速度,如表 1.3 所示。

表 1.3 $T(n)=n^2+n\log_{10}n+10\,000$ 中各项的增长速度

n	$T(n)$	n^2		$n\log_{10}n$		10 000	
	值	值	%	值	%	值	%
1	10 001	1	0.01	0	0.00	10 000	99.99
10	10 110	100	0.99	10	0.10	10 000	98.91
100	20 200	10 000	49.50	200	0.99	10 000	49.50
1000	1 013 000	1 000 000	98.72	3000	0.30	10 000	0.99
10 000	100 050 000	100 000 000	99.95	40 000	0.04	10 000	0.01
100 000	10 000 510 000	10 000 000 000	99.99	500 000	0.00	10 000	0.00

表 1.3 说明,当问题规模 n 足够大时,执行 n^2 这一项对应的算法代码的时间远远超出其他项。因此,例 1.1 中 n^2 是算法时间复杂度增长的最显著因素。考虑到计算机的运算能力,只有当问题规模 n 足够大时,研究算法时间复杂度才有意义,因此可以认为其他各项相对 n^2 都是可以忽略不计的。也就是说,在进行算法时间复杂度分析时,只需要关注引起时间复杂度变化的最显著因素,忽略次要因素。

计算机科学中一般使用大 O 符号(Big O notation)标记算法的时间/空间复杂度。大 O 符号也称为渐近符号,描述了当问题规模 n 足够大时,运算所需的时间空间代价 $T(n)$数量级的渐进上界。其定义如下:

定义 1.1 给定两个定义在实数子集上的函数 $T(n)$和 $f(n)$,存在两个正常数 c 和 n_0,对于任意 $n\geqslant n_0$,都有 $T(n)\leqslant c\times f(n)$,则称 $T(n)=O(f(n))$。

说明:

(1) 定义 1.1 中,常数 n_0 说明,算法的复杂度分析仅当问题规模 n 足够大时才有意义,$n<n_0$ 时是不需要考虑的。

(2) 定义 1.1 中,$T(n)\leqslant c\times f(n)$,而不是 $T(n)\leqslant f(n)$。常数 c 说明,复杂度分析仅关心算法复杂程度的数量级,也就是最简形式的 $f(n)$。其特点为单项且无常数系数。

(3) 对于同一对 $T(n)$和 $f(n)$,c 和 n_0 是不固定的,通常有无限多组取值。实际计算中,不关心如何得到 c 和 n_0,也不关心如何在多组取值中选择。

定义 1.1 和相关参数的含义如图 1.10 所示。

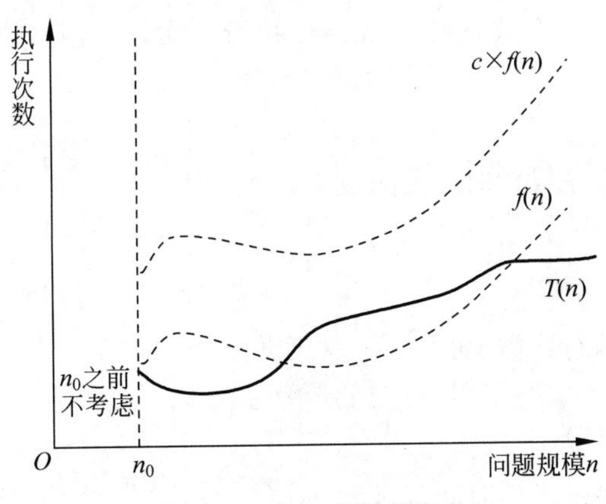

图 1.10　大 O 符号的定义

1.3.4　算法的复杂度分析

本节介绍如何进行算法复杂度计算。尽管 1.3.3 节介绍的渐进复杂度思想和定义比较抽象,理解起来有一定困难,但是算法复杂度计算本身还是比较简单的,基本思路是:专注引起复杂度变化的最显著因素,只保留最简形式的 $f(n)$。基本步骤如下:

(1) 忽略常数系数,即 $c \times f(n) \rightarrow f(n)$。

(2) 忽略低数量级的项。

常见算法复杂度的级别递进情况如下:

$$O(1) < O(\log n) < O(n) < O(n\log n) < O(n^2) < O(n^3) < \cdots < O(2^n) < O(n!)$$

通常认为多项式及以下级别的复杂度是可以接受的,指数和阶乘级别的复杂度当问题规模较大时,无法在有效时间内获得运算结果。算法的空间复杂度与时间复杂度类似,主要考虑算法需要消耗的临时存储空间的大小,也可以用大 O 符号标记。

以下通过几个例题说明算法复杂度的具体计算。

【例 1.3】 设某算法的执行次数为 $T(n)=3n^2+5n+100$,求其时间复杂度。

解:根据复杂度分析的简化原则,首先略去常数系数,得到

$$3n^2 + 5n + 100 \rightarrow n^2 + n + 1$$

忽略低数量级的项,得到

$$n^2 + n + 1 \rightarrow n^2$$

因此,时间复杂度为 $O(n^2)$。

【例 1.4】 求以下程序段的时间复杂度。

```
x++;
```

解:计算该程序的执行次数,故

$$T(n)=1$$

因此,时间复杂度为 $O(1)$。

【例 1.5】 求以下程序段的时间复杂度。

```
sum = 1;
for(i = 0;sum < n;i++) sum += 1;
```

解：计算该程序的执行次数，可知 sum=1 执行 1 次，for 循环执行 n 次，故

$$T(n) = n + 1$$

因此，时间复杂度为 $O(n)$。

【例 1.6】 求以下程序段的时间复杂度。

```
for(i = 0;i < n;i++)
    for(j = 0;j < n;j++) x++;
```

解：计算该程序的执行次数，可知 x++共执行 n^2 次，故

$$T(n) = n^2$$

因此，时间复杂度为 $O(n^2)$。

【例 1.7】 求以下程序段的时间复杂度。

```
for(i = 0;i < n;i++)
    for(j = 0;j < n;j++) {
        c[i][j] = 0;
        for(k = 1; k <= n; ++k)
            c[i][j] += a[i][k] * b[k][j];
    }
```

解：计算该程序的执行次数，可知 c[i][j]=0 执行 n^2 次，c[i][j]+=a[i][k] * b[k][j] 执行 n^3 次，故

$$T(n) = n^2 + n^3$$

因此，时间复杂度为 $O(n^3)$。

【例 1.8】 求以下程序段的时间复杂度。

```
for(i = 1;i < n - 1;i++)
    for(j = n;j >= i; j-- ) x++;
```

解：计算该程序的执行次数略有难度，可通过归纳法解决：

当 $i=1$ 时，x++执行 n 次；

当 $i=2$ 时，x++执行 $n-1$ 次；

……

当 $i=n-2$ 时，x++执行 3 次。

可知 x++共执行 $n+n-1+\cdots+3$ 次，故

$$T(n) = n + n - 1 + \cdots + 3 = (n + 3)(n - 2)/2$$

因此，时间复杂度为 $O(n^2)$。

【例 1.9】 求以下程序段的时间复杂度。

```
for (i = 1; i <= n; i = 2 * i) x++;
```

解：计算该程序的执行次数有一定难度，可通过归纳法解决：

当 $n=1$ 时，x++执行 1 次；

当 $n=2,3$ 时，x++执行 2 次；

当 $n=4,5,6,7$ 时，x++执行 3 次；

当 $n=8,9,\cdots,15$ 时，x++执行 4 次；

……

总结其规律，$T(n)$在 n 为 1,2,4,8…时发生变化，故

$$2^{T(n)-1} \leqslant n$$
$$\rightarrow T(n) \leqslant \log_2 n$$

因此，时间复杂度为 $O(\log_2 n)$。

【例 1.10】 求以下程序段的时间复杂度。

```
i = 0;x = 0;
while(x < n) x += ++i;
```

解：该程序基本语句为 x+=++i，经归纳可发现：

当 $n=1$ 时，x+=++i 执行 1 次；

当 $n=2,3$ 时，x+=++i 执行 2 次；

当 $n=4,5,6$ 时，x+=++i 执行 3 次；

当 $n=7,8,9,10$ 时，x+=++i 执行 4 次；

……

总结其规律，$T(n)$在 n 为 1,2,4,7,11…时发生变化，故

$$1+1+2+3+\cdots+(T(n)-2)+(T(n)-1) \leqslant n$$
$$\rightarrow 1+\frac{T(n)(T(n)-1)}{2} \leqslant n$$
$$\rightarrow T(n) \leqslant \sqrt{n}$$

因此，时间复杂度为 $O(\sqrt{n})$。

【例 1.11】 求以下程序段的时间复杂度。

```
for (i = 0; i < n; i++)
        if (a[i] == k) break;
```

解：显然，该程序为顺序查找算法，执行次数除了与 n 有关，还受到程序的另一个输入数据 k 的影响：

最好情况下，满足 a[0]=k，则执行次数 $T(n)$为 1，复杂度为 $O(1)$；

最坏情况下，任意 a[i]!=k，查找失败，则执行次数 $T(n)$为 n，复杂度为 $O(n)$；

平均情况下，设数组任意位置查找成功及查找不成功的概率都相同，共有 $n+1$ 种可能，则执行次数为

$$T(n)=\frac{1}{n+1}(1+2+\cdots+n)=\frac{n}{2}$$

因此，平均情况下时间复杂度为 $O(n)$。

总之，算法的复杂度分析是在算法实现之前对算法可能消耗的时间和空间资源进行估算，仅考虑影响算法效率的最显著因素，而忽略次要因素，包括各种常量系数和复杂度属于低数量级的项。基于上述思想的复杂度计算本身并不复杂，主要的难度在于求解算法的执

行次数 $T(n)$,有时会涉及较复杂的数学推导,需要对不同输入条件下的 $T(n)$ 变化规律进行归纳总结。有时,算法的复杂度与输入数据有关,需要分最好情况、最坏情况和平均情况进行讨论。

需要说明的是,算法效率的事后分析并不是无用的。这是因为:(1)时间复杂度是算法执行时间的估算,而不是精确计算。具有相同复杂度的两个算法,当问题规模足够大时,实际执行时间也可能有比较大的差异;(2)大 O 符号是一个抽象数学定义,理解起来有一定困难。很多时候使用者并不具备相应的计算机和数学基础,希望通过一个直观的数字了解算法的运行时间。这时,算法效率的事后分析就能够发挥作用。一般选择一台具有当前常见配置(可以说明机器配置)的计算机,在不运行其他程序的前提下,多次运行程序进行实验,以平均值作为该算法在这台计算机上的事后分析结果。

1.4 本章小结

本章介绍了数据结构和算法的若干基本概念,包括数据结构和算法在程序设计中的作用、抽象数据类型、面向对象建模的基本思路、算法描述的常用方法、算法分析的思想和时间复杂度的计算等重点内容。

本章习题

一、选择题

1. 下列函数的时间复杂度是(　　)。

```
int function(int n)
{   i = 0,sum = 0;
    while(sum < n)
        sum += ++i;
    return i;
}
```

A. $O(\log n)$　　B. $O(n^{1/2})$　　C. $O(n)$　　D. $O(n^2)$

2. 当 n 足够大时,下列函数中渐进复杂度最小的是(　　)。

A. $T(n)=n^2-n\log_2 n$　　B. $T(n)=n+65\,535\log_2 n$

C. $T(n)=n\log_2 n-n$　　D. $T(n)=n^3-n^2\log_2 n$

3. 在数据结构中,数据的最小单位是(　　)。

A. 数据元素　　B. 字节　　C. 数据项　　D. 结点

4. 从逻辑上可以把数据结构分为(　　)两类。

A. 动态结构、静态结构　　B. 顺序结构、链式结构

C. 线性结构、非线性结构　　D. 初等结构、构造型结构

5. 在定义 ADT 时,除了数据对象和数据关系,还需要说明(　　)。

A. 数据元素　　B. 算法　　C. 基本操作　　D. 数据项

6. 连续存储设计时,存储单元的地址(　　)。

A. 一定连续　　　　B. 一定不连续

C. 不一定连续　　　　D. 部分连续，部分不连续

7. 下面说法错误的是(　　)。

① 算法分析的目的是研究算法中输入和输出的关系

② 在相同的规模 n 下，复杂度为 $O(n)$ 的算法在时间上总是优于复杂度为 $O(2^n)$ 的算法

③ 所谓时间复杂度是指最坏情况下，估算算法执行时间的一个上界

④ 同一个算法，实现语言的级别越高，执行效率就越低

A. ①　　B. ①②　　C. ①④　　D. ③

8. 当输入非法错误时，一个“好”的算法会进行适当处理，而不会产生难以理解的输出结果。这称为算法的(　　)。

A. 可读性　　B. 健壮性　　C. 正确性　　D. 有穷性

9. 算法分析的目的是(　　)。

A. 找出数据结构的合理性　　B. 研究算法中的输入和输出的关系

C. 分析算法的效率以求改进　　D. 分析算法的易读性和文档性

10. 下列说法中错误的是(　　)。

A. 算法具有可行性、确定性和有穷性等重要特性

B. 算法的时间复杂度是指获知算法执行时间的复杂程度

C. 算法执行时间需通过依据该算法编制的程序在计算机上运行时所消耗的时间来度量

D. 算法中描述的操作都是可以通过已经实现的基本运算执行有限次来实现的

二、填空题

1. 链接存储的特点是利用________来表示数据元素之间的逻辑关系。

2. 数据的物理结构包括________的表示和________的表示。

3. 数据结构由数据的________、________和________三部分组成。

4. 数据结构是研讨数据的________和________以及它们之间的相互关系，并对于这种结构定义相应的________，设计出相应的________。

5. 给定 n 个元素，可以构造出的逻辑结构有________、________、________、________四种。

6. 一个算法具有 5 个特性：________、________、________、有零个或多个输入、有一个或多个输出。

7. 下面程序段的时间复杂度为________。

```
i = 1;
while (i <= n)
    i = i * 3;
```

8. 算法的鲁棒性是指________。

9. 设有两个算法在同一机器上运行，其执行时间分别为 $100n^2$ 和 2^n。要使前者快于后者，n 至少为________。

10. 计算机执行下面语句时，语句 s 的执行次数为________。

```
for(i = 1;i < n - 1;i++)
        for(j = n;i >= i;j -- ) s;
```

三、综合应用题

1. 数据元素之间的关系在计算机中有几种表示方法？各有什么特点？

2. 数据类型和抽象数据类型是如何定义的？二者有何相同和不同之处？抽象数据类型的主要特点是什么？使用抽象数据类型的主要好处是什么？

3. 有实现同一功能的两个算法 A1 和 A2，其中 A1 的时间复杂度为 $O(2^n)$，A2 的时间复杂度为 $O(n^2)$，仅就时间复杂度而言，分析两个算法哪一个更好。

4. 阅读下列算法：

```
void suan - fa(int n)
{
    int i, j, k, s, x;
    for(s = 0, i = 0;i < n;i++)
            for(j = i;j < n;j++) s++;
    i = 1;j = n;x = 0;
    while(i < j){
            i++;j -- ;x += 2;
    }
    printf("s = %d", "x = %d", s, x);
}
```

(1) 分析算法中语句“s++;”的执行次数；

(2) 分析算法中语句“x+=2;”的执行次数；

(3) 分析算法的时间复杂度；

(4) 假定 $n=5$，试指出执行该算法的输出结果。

四、算法设计题

1. 设 m、n 均为自然数，m 可表示一些不超过 n 的自然数之和，f(m, n)为这种表示方式的数目。例如，f(5, 3)=5 有 5 种表示式：3+2,3+1+1,2+2+1,2+1+1+1,1+1+1+1+1。

(1) 以下是该函数的程序段，请将未完成的部分填入，使之完整。

```
int f(int m, int n)
{       if(m == 1)          return ________;
        if(n == 1)          return ________;
        if (m < n)          return f(m, m);
        if (m == n)         return 1 + ________;
        return f(m, n - 1) + f(m - n, ________);
}
```

(2) 执行程序，则 f(6, 4)=________。

扩展阅读：唐纳德·欧文·克努特和他的天书

唐纳德·欧文·克努特(Donald Ervin Knuth，中文名为高德纳)是计算机和软件学科最具代表性的科学家之一，也是所有程序员心中的大神。他 1938 年 1 月 10 日出生于威斯康星州密歇根湖畔的密尔沃基。高德纳是算法和程序设计技术的先驱者，也是计算机排版系统 TeX 和字型设计系统 METFONT 的发明者。同时，他也是被誉为“计算机科学理论与技术的经典巨著”的《计算机程序设计的艺术》(*The Art of Computer Programming*)的作者，并因此获得了 1974 年的图灵奖。

高德纳作为现代计算机科学的鼻祖，他优秀到了可以让我们这些“凡人”化身“柠檬精”的程度。他从小就是一位“别人家的孩子”，在 8 岁时为了帮助自己班级在一个拼词大赛中获得冠军，就假装称病在家背了两周的单词，最终凭借 4500 个单词夺冠；在高一时又发现自己的音乐作曲天赋，差点报考音乐专业，最终在大学一年级打工时与计算机结缘；在大二时选择数学专业，并成功设计了一个根据球员在每场比赛的多项表现的统计数据对球员进行评估的数学模型；他曾经在《美国数学月刊》发表一篇名为“卫生纸问题”的论文，研究合理使用卫生纸的算法。虽然由于小节标题中使用了大量粪便学词汇被编辑警告过度调侃的文风是危险的，但最终他的“卫生纸”还是被编辑接受了。

高德纳完成了编译程序、属性文法和运算法则等领域的前沿研究，出版著作 17 部，发表论文 150 余篇(涉及巴比伦算法、圣经、字母“s”的历史等诸多内容)，写出两个数字排版系统。同时在纯计算数学领域也有独特的贡献，获过的奖多到难以描述的地步。最“拉仇恨”的是据说这位伟人居然拿着令许多人“高攀不上”的图灵奖杯装水果。

由高德纳撰写的《计算机程序设计的艺术》是一套算法与数据结构的“封神之作”。他计划一共写七卷，目前完成了四卷，分别是：卷Ⅰ基本算法，卷Ⅱ半数值算法，卷Ⅲ排序与查找，卷Ⅳ组合算法。高德纳从二十多岁还在读博士的时候开始写，一直写到八十多岁，到如今依旧未完结，可以说贯穿了他成年后的整个生命历程。这套著作被《美国科学家》杂志列为 20 世纪最重要的十二本物理科学专著之一，与爱因斯坦的《相对论》、狄拉克的《量子力学》、理查·费曼的《量子力学》等经典著作比肩。就连比尔盖茨都说：“如果你能看懂这套书的所有内容，那么欢迎给我发来简历。”

《计算机程序设计的艺术》介绍了编程的基本概念和技术，详细讲解了信息结构方面的内容，包括信息在计算机内部的表示方法、数据元素之间的结构关系以及有效的信息处理方法。此外，书中还描述了编程在模拟、数值方法、符号计算、软件与系统设计等方面的初级应用。

翻开《计算机程序设计的艺术》，第一页是高德纳专门为中国读者写的序，里面提及了高德纳这个名字是他 1977 年访问中国前夕姚期智的夫人姚储枫为他起的中文名，还加了一段心灵鸡汤，可以说这位高德纳先生也是十分“接地气”了。同时此书还有一个比较有特色的地方就是专门用一页的篇幅写了阅读步骤，还在旁边列出了与之对应的流程图，带着读者循序渐进地培养算法思维，仿佛读者是在作者的指引下进行阅读。此外，此书还为所有习题划分了难度等级，从 0～50 每个整数都是一个难度等级，难度依次增长，提供给了读者足够的空间可以“行远自迩，登高自卑”，这也体现了作者善解人意的一面。

可是要想读这本书也实属不易，由于这本书的卷Ⅰ诞生于 C 语言之前，所以读者很可能一开始就被这本书吓到。作为一本算法书，它居然使用了汇编语言，用比较底层的汇编语言来理解算法也是个不小的挑战，也难怪《计算机程序设计的艺术》被称为“计算机三大圣经之一”了。

第2章　线　性　表

线性结构中的数据元素之间存在一对一的关系，其特点是：①存在唯一的称作"首元素"的数据元素；②存在唯一的称作"尾元素"的数据元素；③除"首元素"外，其余数据元素都只有一个直接前驱数据元素；④除"尾元素"外，其余数据元素都只有一个直接后继数据元素。

【学习重点】

◆ 线性表的定义和特性；

◆ 线性表的顺序存储方法及时间性能；

◆ 线性表的链接存储方法及时间性能；

◆ 双向链表、循环链表以及静态链表的设计思想与存储方法；

◆ 顺序存储与链接存储的比较。

【学习难点】

◆ 运用链接存储解决实际问题。

2.1　线性表及其逻辑结构

本节介绍线性表的定义和线性表的抽象数据类型定义。

2.1.1　线性表的定义

线性表(linear list)是一种典型的线性结构，也是最常用且最简单的一种数据结构。线性表是具有相同特性的数据元素的一个有限序列。该序列中所含元素的个数叫作线性表的长度，简称"表长"，用 n 表示，$n \geqslant 0$。$n=0$ 表示线性表是一个空表，表中不含任何数据元素。这个定义中需要注意两个问题：①线性表中数据元素的个数是有限的；②一个线性表中所有数据元素特性是相同的，这里的特性是指数据元素的数据类型是相同的，而不同线性表中数据元素可以是不同特性的，可以是一个数、一个符号、一本书，甚至其他更复杂的信息。

例如，26 个英文字母的字母表就是一个线性表：

$$(A, B, C, \cdots, Z)$$

其中，数据元素是单个字符。

例如，12 个月份的月历表也是一个线性表：

(January, February, March, …, December)

其中，数据元素是一个字符串。

例如，某校近五年的招生人数也是一个线性表：

$$(5160,5340,5822,5427,5860)$$

其中,数据元素是整数。

在复杂一些的线性表中,一个数据元素可以由若干数据项(item)组成。例如,一个班级的学生名单如表 2.1 所示,表中每行是一个数据元素,每个数据元素又由姓名、学号、QQ号、出生日期和生源地 5 个数据项组成,其中出生日期是一个组合项。

表 2.1　20200900 班学生名单

姓　　名	学　　号	QQ 号	出生日期	生源地
王一扬	2020900233	2821851160	2000　2　11	江苏省
周友仁	2020900492	12641023367	2001　9　1	广东省
李一晴	2020900593	1465928823	2000　1　17	陕西省
张鹏程	2020900195	605498354	2001　12　5	陕西省
胡志高	2020901059	543157350	2001　10　18	河南省

一般情况下,可以用一个序列表示线性表:

$$(a_1,a_2,\cdots,a_{i-1},a_i,a_{i+1},\cdots,a_n)$$

其中,$a_i(1\leqslant i\leqslant n)$表示线性表中的第 i 个数据元素,i 表示数据元素 a_i 在当前线性表中的逻辑序号或逻辑位置。a_1 是第一个数据元素,称为首元素或表头元素;a_n 是最后一个数据元素,称为尾元素或表尾元素。a_{i-1} 领先于 a_i,是 a_i 的直接前驱元素;a_{i+1} 在 a_i 之后,是 a_i 的直接后继元素。除去 a_1,其他元素都有且仅有一个直接前驱元素;除去 a_n,其他元素都有且仅有一个直接后继元素。线性表可以用 $L=(D,R)$二元组表示,其中:

```
D = {aᵢ | 1 ⩽ i ⩽ n,n ⩾ 0,aᵢ 是 Element 类型数据}  //Element 是自定义的类型标识符
R = {<aᵢ,aᵢ₊₁ >| 1 ⩽ i ⩽ n - 1}                  //aᵢ 与 aᵢ₊₁ 是前驱和后继的关系
```

线性表的逻辑结构可以用图 2.1 表示。

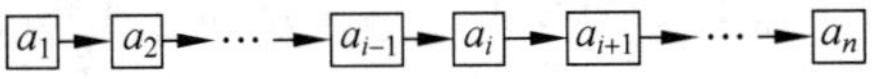

$$\boxed{a_1}\rightarrow\boxed{a_2}\rightarrow\cdots\rightarrow\boxed{a_{i-1}}\rightarrow\boxed{a_i}\rightarrow\boxed{a_{i+1}}\rightarrow\cdots\rightarrow\boxed{a_n}$$

图 2.1　线性表逻辑结构的图形化表示

线性表具有以下三个特性。

(1) 有穷性:一个线性表中的数据元素个数是有限的。

(2) 一致性:一个线性表中所有元素的特性是相同的。从实现的角度看,就是指数据类型相同。

(3) 序列性:一个线性表中所有元素之间的相对位置是线性的,即存在唯一的首元素和尾元素。除此之外,每个元素只有一个直接前驱元素和一个直接后继元素。各元素在线性表中的位置只取决于它们的序号,所以在一个线性表中可以存在多个值相同的元素。

2.1.2　线性表的抽象数据类型定义

线性表是一个非常灵活的数据结构,它的长度可以根据需要增加或减小,对线性表中的数据元素可以进行插入、删除、访问等操作。

抽象数据类型线性表的定义如下：

```
ADT 名:LinearList
  Data:
    数据对象:D = {a_i | a_i ∈ ElemSet, i = 1,2, …, n, n >= 0}, a_i 可以为任意数据。
    数据关系:R = {<a_{i-1}, a_i >| 1 ≤ i ≤ n-1}, a_{i-1} 和 a_i 之间满足一对一的序偶关系。
  Operation:
    InitList(&L):表的初始化,构造一个空的线性表 L。
    DestroyList(&L):销毁表,释放线性表 L 所占用的存储空间。
    Length(L):求线性表的长度,返回线性表 L 中的元素个数。
    Get(L,i):在线性表 L 中取序号为 i 的数据元素。
    Locate(L,x):在线性表 L 中查找元素值等于 x 的元素,返回其逻辑序号;如果这样的元素不存
在,则返回 0。
    Insert(&L,i,x):在线性表 L 的第 i 个位置处插入一个元素 x,L 的长度加 1。
    Delete(&L,i):删除线性 L 的第 i 个数据元素,并返回其值,L 的长度减 1。
    Empty(L):判断线性表 L 是否为空,若为空,返回真,否则返回假。
  End ADT
```

对上述定义的抽象数据类型线性表,程序员可以直接实现用于存放数据,使用其基本操作实现对线性表的处理,也可以结合多种基本操作实现对线性表的更复杂的处理。例如,将多个线性表合并为一个线性表,将一个线性表拆分为多个线性表等。上述定义中所列出的 8 个基本操作是线性表最常用的功能,在实际应用中程序员可根据需求进行增减。

【例 2.1】 有一个线性表 L=(1,2,3,4,5),求 Length(L)、Empty(L)、Get(L,3)、Locate(L,4)、Insert(&L,2,8)和 Delete(&L,2)基本操作依次执行后的结果。

解:线性表 L 中存放的是 1～5 的自然数,各种基本操作执行后的结果如下:

Length(L)=5,即线性表 L 的长度为 5。

Empty(L)=false,即线性表 L 非空。

Get(L,3)=3,即线性表 L 中的第 3 个元素是 3。

Locate(L,4)=4,即线性表 L 中第一个值为 4 的元素的序号是 4。

Insert(&L,2,8),在线性表 L 中序号为 2 的位置插入元素 8,执行后 L 变为(1,8,2,3,4,5)。

Delete(&L,2),在线性表 L 中删除序号为 2 的元素,执行后 L 变为(1,2,3,4,5)。

【例 2.2】 用两个线性表 LA 和 LB 分别表示两个集合 A 和 B,线性表中的数据元素就是集合中的成员。利用线性表的基本操作设计一个算法,求一个新的集合 $A=A\cup B$,即将两个集合的并集放到 LA 中。

解:$A=A\cup B$,也就是扩大 LA,将 LB 不存在于 LA 中的数据元素插入 LA 中。从线性表 LB 依次取得每个数据元素,在线性表 LA 中进行查找,若不存在则插入。假设已经实现了 List 这个数据结构,则求 $A=A\cup B$ 的算法示例见代码 2.1。

代码 2.1 将所有在线性表 LB 中但不在 LA 中的数据元素插入 LA 中

```
void union(LinearList &LA,LinearList LB) {
    int i, LA_length, LB_length;
    Element x;
    LA_length = Length(LA);            //求线性表的长度
```

```
    LB_length = Length(LB);
    for (i = 1; i <= LB_length; i++){
        Get(LB,i);                      //取 LB 中的第 i 个数据元素
        if (!Locate(LA,x))              //LA 中不存在和 x 相同的数据元素,则插入
        Insert(&LA,++LA_length,x);
    }
}
```

上述算法的时间复杂度取决于抽象数据类型 LinearList 中定义的基本操作的执行时间。如果 Get 和 Insert 这两个基本操作的执行时间和表长无关,Locate 的执行时间和表长成正比,则此算法的时间复杂度为 $O(\text{Length(LA)} \times \text{Length(LB)})$。

2.2 线性表的顺序存储和实现

本节讨论线性表的顺序存储结构及其基本操作在顺序存储结构上的实现。

2.2.1 线性表的顺序存储

线性表的顺序存储结构就是把线性表中的数据元素按照其逻辑次序依次存储到计算机的一块连续的存储空间中,如图 2.2 所示。线性表中逻辑上相邻的两个元素在对应的顺序表中的存储位置也相邻,就是直接用存储位置的相邻关系表示逻辑上的相邻关系。线性表的顺序存储结构称为顺序表(sequential list)。

假设线性表中元素的数据类型为 Element,则每个元素占用的存储空间大小为 sizeof(Element),记为 l;若线性表的长度为 n,则整个线性表所占用的存储空间大小为 $n \times l$。假设第 i 个数据元素的存储地址为 $\text{Loc}(a_i)$,则第 $i+1$ 个数据元素的存储地址为 $\text{Loc}(a_{i+1})=\text{Loc}(a_i)+l$。

在 C++语言中,通常借助一维数组实现顺序表,数组元素的数据类型就是线性表中元素的数据类型,数组的大小要大于或等于线性表的长度,如图 2.3 所示。需要注意的是,C++语言中一维数组的下标是从 0 开始的,而线性表中元素的序号(或者位置)是从 1 开始的,也就是说,线性表中第 i 个元素存储在数组中下标 $i-1$ 的位置。

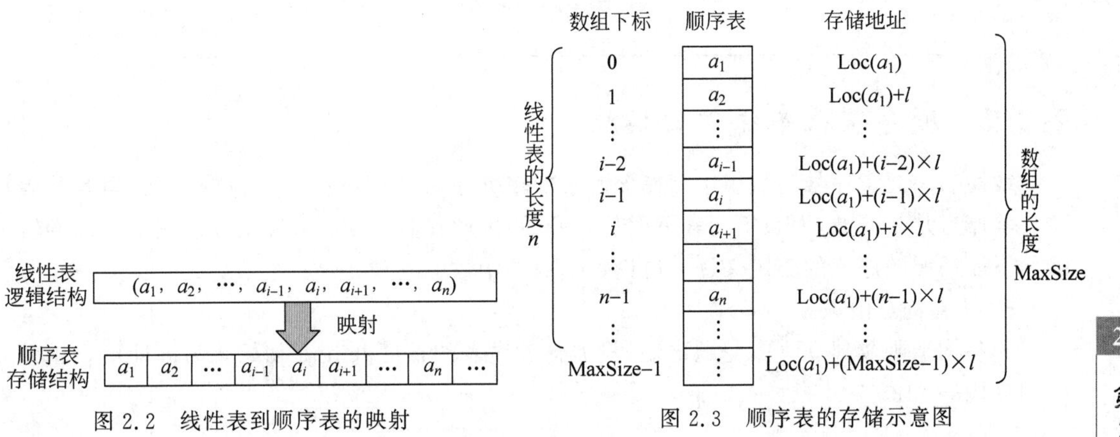

图 2.2 线性表到顺序表的映射

图 2.3 顺序表的存储示意图

从图 2.3 中数据元素的存储地址可以看出,顺序表中数据元素的存储地址是其序号(或数组下标)的线性函数。只要确定了顺序表的起始地址(或数组的基地址),也就是 a_1 的存储地址 Loc(a_1),就可以计算任意一个元素的存储地址,并且计算时间是相等的。具有这一特点的存储结构称为随机存取(random access)结构。

C++语言中数组需要分配固定长度的存储空间,而线性表是可以进行插入操作的,因此需要根据问题的要求预估线性表的长度,数组的长度一般应大于此预估长度。假如一个线性表的长度不超过 1000 个元素,则可将数组的长度定义为整型常量 MaxSize:

```
const int MaxSize = 1000;
```

将线性表的抽象数据类型定义在顺序表存储结构下,用 C++语言中的模板类实现,成员变量实现顺序表存储结构和表长,成员函数实现顺序表的基本操作。算法示例见代码 2.2。

代码 2.2 顺序表的类定义

```
template < typename Element >
class SeqList                           //定义模板类 SeqList
{
public:
    SeqList();                          //无参构造函数,建立一个空顺序表
    SeqList(Element a[ ], int n);       //有参构造函数,建立长度为 n 的顺序表
    ~SeqList();                         //析构函数,销毁顺序表
    int getLength();                    //求顺序表的长度
    Element getItem(int i);             //按位查找,取顺序表中的第 i 个数据元素
    int locate(Element x);              //按值查找,求顺序表中值为 x 的元素序号
    void insert(int i, Element x);      //在顺序表中第 i 个位置插入值为 x 的元素
    Element remove(int i);              //删除顺序表的第 i 个元素
    bool empty();                       //判断顺序表是否为空
    void printList();                   //遍历顺序表,按序号依次输出各元素
private:
    Element data[MaxSize];              //存放数据元素的数组
    int length;                         //顺序表的长度
};
```

2.2.2 顺序表基本操作的实现

线性表中元素序号与数组中存储该元素的单元下标之间有一一对应的关系,但线性表中元素序号从 1 开始,而数组元素下标从 0 开始,因此在具体编程时需要注意它们之间的转换。下面按照顺序表的类定义逐一讨论每个成员函数的实现。

1. 无参构造函数

无参构造函数建立一个空顺序表,只需将顺序表的长度 length 初始化为 0 即可。函数实现见代码 2.3。

代码 2.3 顺序表无参构造函数

```
template <class Element>
SeqList<Element>:: SeqList()
{
    length = 0;
}
```

2. 有参构造函数

有参构造函数建立一个长度为 n 的顺序表,需要将给定的数据元素存入顺序表中,并将 n 赋值给顺序表的长度 length。假定给定的数据元素存放在数组 $a[n]$ 中,建立顺序表的操作如图 2.4 所示。如果顺序表的存储空间小于给定的元素个数,则无法建立顺序表,抛出"参数非法"异常。函数实现见代码 2.4。

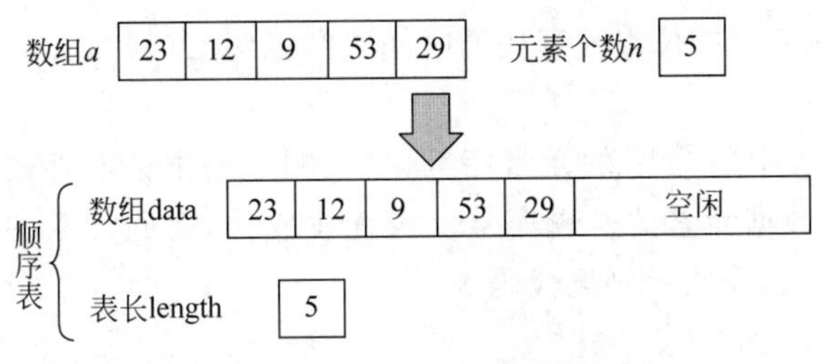

图 2.4 顺序表建立操作示意图

代码 2.4 顺序表有参构造函数

```
template <class Element>
SeqList<Element>:: SeqList(Element a[], int n)            //从数组中读入数据元素
{
    if (n > MaxSize) throw "参数非法";
    for (int i = 0; i < n; i++)
        data[i] = a[i];
    length = n;
}
```

3. 析构函数

析构函数目的是销毁顺序表。顺序表是静态存储分配,在顺序表变量退出作用域时自动释放该变量所占内存空间,所以顺序表无须销毁,析构函数为空。

4. 求顺序表的长度

顺序表的类定义中用成员变量 length 保存线性表的长度。所以,求顺序表的长度只需要返回 length 的值即可。算法示例见代码 2.5。

代码 2.5 求顺序表长度

```
template <class Element>
int SeqList<Element>::getLength()
{
      return length;
}
```

5. 按位查找

按位查找取顺序表中的第 i 个数据元素。顺序表的类定义中成员变量数组 data 中下标为 $i-1$ 的位置存储的是顺序表中的第 i 个数据元素，所以按位查找需要返回 data 中下标为 $i-1$ 的元素。算法示例见代码 2.6。

代码 2.6 顺序表按位查找

```
template < class Element >
Element SeqList < Element >::getItem( int i)
{
    if (i < 1 || i > length) throw "查找位置非法";
    else return data[i - 1];
}
```

值得注意的是，顺序表按位查找算法的时间复杂度为 $O(1)$。

6. 按值查找

按值查找求线性表中值为 x 的元素序号，是在顺序表中依次将数据元素与 x 比较，查找第一个与 x 相等的数据元素的逻辑序号。若查找成功，返回元素的序号(注意不是数组元素下标)，否则返回 0。算法示例见代码 2.7。

代码 2.7 顺序表按值查找

```
template < class Element >
int SeqList < Element >::locate(Element x)
{
    for (int i = 0; i < length; i++)
        if (data[i] == x) return i + 1 ;          //查找成功,返回线性表中的序号 i + 1
    return 0;                                      //退出循环,说明查找失败
}
```

按值查找从第一个数据元素开始，依次比较每一个元素，直到找到 x 或者找完顺序表。如果顺序表的第一个元素就与 x 相等，for 循环内的比较语句只需要执行 1 次，这是最好情况，时间复杂度为 $O(1)$。如果顺序表的最后一个元素与 x 相等或者顺序表中没有与 x 相等的元素，则比较语句需要执行 n 次，这是最坏情况，时间复杂度为 $O(n)$。考虑能查找成功时的平均情况，假设 x 在顺序表中 n 个位置的概率都相等，为 $\frac{1}{n}$，则比较语句平均执行次数为 $\sum_{i=1}^{n}\frac{1}{n}\times i=\frac{n+1}{2}$，几乎是表长的一半，时间复杂度为 $O(n)$。

7. 插入操作

插入操作是在顺序表的第 $i(1\leqslant i\leqslant n+1)$ 个位置上插入元素 x，使长度为 n 的线性表 $(a_1,a_2,\cdots,a_{i-1},a_i,a_{i+1},\cdots,a_n)$ 变成长度为 $n+1$ 的线性表 $(a_1,a_2,\cdots,a_{i-1},x,a_i,a_{i+1},\cdots,a_n)$。$a_{i-1}$ 和 a_i 之间的逻辑关系发生了变化，其存储位置也要反映这个变化，所以需要将数据元素 a_i 到最后一个元素 a_n 都后移一个位置，必须从最后一个元素 a_n 开始移动，从右向左依次后移数据元素，直至第 i 个数据元素 a_i 移动后结束，如图 2.5 所示。

如果顺序表存储空间已满，则抛出"上溢"错误提示；如果元素插入位置 i 不合理，则引发"插入位置错误"异常。成员函数插入操作的实现见代码 2.8。

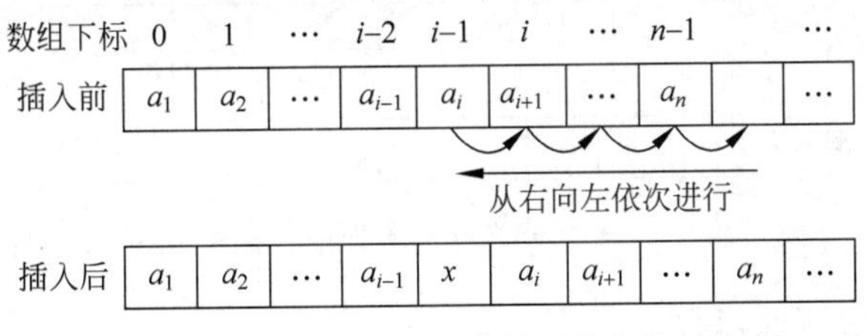

图 2.5　顺序表插入元素前后状态的对比

代码 2.8　顺序表插入函数

```
template <class Element>
void SeqList<Element>::insert(int i, Element x)
{
    if (length >= MaxSize) throw "上溢";              //异常处理
    if (i < 1 || i > length + 1) throw "位置异常";
    for (j = length; j >= i; j-- )
        data[j] = data[j - 1];                       //元素依次后移
    data[i - 1] = x;                                 //第 i 个位置对应数组下标 i - 1
    length++;
}
```

该算法的问题规模是表长 n，基本语句是 for 循环中的元素后移语句。元素后移语句的执行次数不仅与表长 n 有关，与插入位置 i 也有关系。当 $i=n+1$ 时，即在表尾插入，元素不需要后移，后移语句执行次数为 0。当 $i=1$ 时，在表头插入，顺序表中所有元素都需要后移，后移语句执行次数为 n。当在第 i 个位置插入时，需要将 a_i 到 a_n 都后移，后移语句执行 $n-i+1$ 次。假设在第 i 个位置上插入元素的概率为 p_i，等概率情况下 $p_i=\frac{1}{n+1}$，则在长度为 n 的顺序表中插入一个数据元素后移语句的平均执行次数为

$$\sum_{i=1}^{n+1} p_i(n-i+1)=\frac{1}{n+1}\sum_{i=1}^{n+1}(n-i+1)=\frac{1}{n+1}\times\frac{n(n+1)}{2}=\frac{n}{2}$$

在等概率情况下，该算法要移动顺序表中一半的元素，算法的平均时间复杂度为 $O(n)$。

8. 删除操作

删除操作是删除顺序表的第 $i(1\leqslant i\leqslant n)$ 个数据元素，使长度为 n 的线性表 $(a_1,a_2,\cdots,a_{i-1},a_i,a_{i+1},\cdots,a_n)$ 变成长度为 $n-1$ 的线性表 $(a_1,a_2,\cdots,a_{i-1},a_{i+1},\cdots,a_n)$。$a_{i-1}$、$a_i$ 和 a_{i+1} 之间的逻辑关系发生了变化，其存储位置也要反映这个变化，所以需要将第 $i+1$ 个数据元素 a_{i+1} 到最后一个元素 a_n 都前移一个位置，必须从 a_{i+1} 开始，从左至右依次前移数据元素，直至最后一个数据元素 a_n 前移后结束，如图 2.6 所示。

如果顺序表为空，则抛出"下溢"错误提示；如果删除位置 i 不合理，则引发"删除位置错误"异常。成员函数删除操作的实现见代码 2.9。

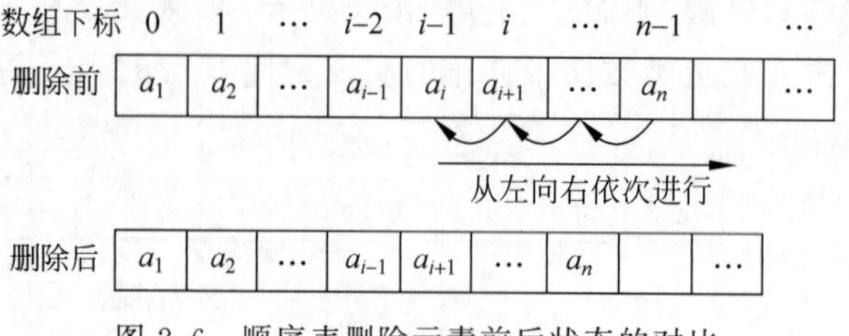

图 2.6　顺序表删除元素前后状态的对比

代码 2.9　顺序表删除函数

```
template <class Element>
Element SeqList<Element>::remove(int i)
{
    if (length == 0) throw "下溢";              //异常处理
    if (i<1 || i>length) throw "删除位置错误";
    x = data[i - 1];
    for (j = i; j < length; j++)
       data[j - 1] = data[j];                   //元素依次前移
    length -- ;
    return x;
}
```

该算法与插入类似，元素前移语句的执行次数与表长 n 和删除位置 i 都有关。当 $i=n$ 时，删除表尾元素，只需要表长减 1 即可，元素不需要前移；当 $i=1$ 时，删除表头元素，元素前移语句执行次数是 $n-1$。当删除第 i 个元素时，需要将 a_{i+1} 到 a_n 依次前移，元素前移语句执行次数是 $n-i$。假设删除第 i 个元素的概率是 p_i，等概率情况下 $p_i=\frac{1}{n}$，则在长度为 n 的顺序表中删除一个数据元素前移语句的平均执行次数为

$$\sum_{i=1}^{n} p_i(n-i)=\frac{1}{n}\sum_{i=1}^{n+1}(n-i)=\frac{1}{n}\times\frac{n(n-1)}{2}=\frac{n-1}{2}$$

在等概率情况下，该算法要移动顺序表中近一半的元素，算法的平均时间复杂度为 $O(n)$。

2.3　线性表的链接存储和实现

本节讨论线性表的链式存储结构及其基本操作在链式存储结构上的实现。

2.3.1　线性表的链接存储

线性表的链式存储结构称为链表(linked list)，特点是用一组任意的存储单元存储线性表的数据元素，这些存储单元可以是连续的，也可以是不连续的。为了表示数据元素之间的关系，不仅要存储数据元素的信息，还需存储数据元素之间关系的信息，这两部分信息组成数据元素 a_i 的存储映像，称为结点(node)。C++语言中用指针表示数据元素之间的关系。一个结点包含两个域，存储数据元素信息的域称为数据域；存储当前数据元素与其他数据元素关系的指针称为指针域。线性表中每个元素最多只有一个直接前驱元素和直接后继元

素，最简单、最常用的链表就是只设置一个指针域，指向其后继结点，这样一个结点只有一个指针域的链表称为单链表。如果一个结点有两个指针域，分别指向其前驱结点和后继结点，这样构成的链表称为双向链表。如果用箭头表示指针域中的指针，单链表和双向链表的示意图如图 2.7 和图 2.8 所示。如果一个结点的某个指针域不需要指向其他任何结点，则它的值为空，C++语言中用常量 nullptr 表示，图中用"∧"表示。

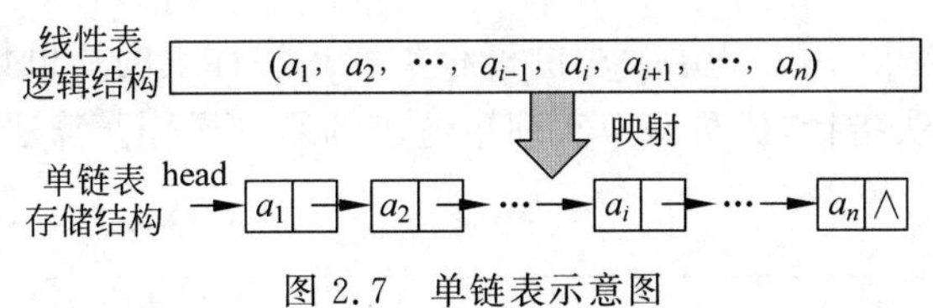

图 2.7　单链表示意图

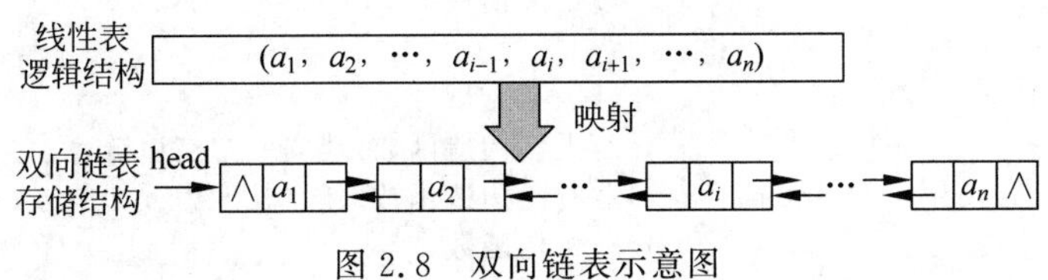

图 2.8　双向链表示意图

一般通过指向第一个元素所在结点的指针标识该链表，称为头指针(head pointer)；也可以用指向尾元素所在结点的指针标识链表，称为尾指针(tail pointer)。

2.3.2　单链表

单链表的每个结点包含两个域，数据域和指针域，如图 2.9 所示。

data	next

图 2.9　单链表结点结构

结点定义可以用 class 或者 struct 实现，本书中将结点数据类型定义为 struct 类型，其声明如代码 2.10 所示。

代码 2.10　单链表结点定义

```
template <class Element>
struct Node
{
    Element data;
    Node<Element> *next;
};
```

从图 2.7 可以看到，除了首元素结点外，其他每个结点的存储地址都存放在其前驱结点的指针域中，而首元素结点是由头指针指示的。这个例外使得单链表在插入和删除结点等操作时需要对首元素结点特殊处理，增加了程序的复杂性和出现 bug 的机会。所以，一般在单链表的首元素结点之前附设一个结构相同的结点，称为头结点(head node)，单链表的头指针直接指向头结点，如图 2.10 所示。头结点的指针域存放首元素结点的存储地址，也就是指向首元素结点，数据域可以存放信息也可以不存放任何信息。例如，表中数据元素类型为整型时，可以把表长存放在头结点的数据域。一般情况下，数据域不存放任何信息。

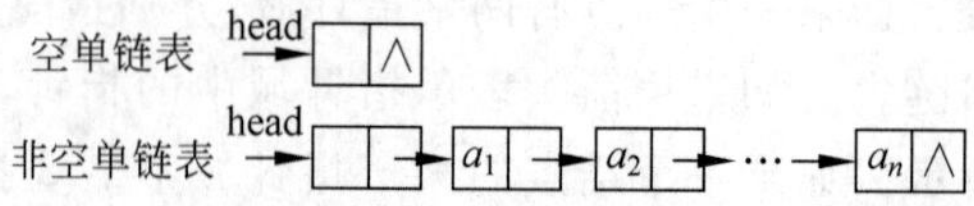

图 2.10 增加头结点的单链表结构示意图

在单链表存储结构下，用 C++语言中的模板类实现线性表的抽象数据类型定义，成员变量 head 表示单链表的头指针，成员函数实现单链表的基本操作。算法示例见代码 2.11。

代码 2.11 单链表的类定义

```
template < typename Element >
class LinkList                          //定义模板类 LinkList
{
public:
    LinkList();                         //无参构造函数,建立一个空单链表
    LinkList(Element a[], int n);       //有参构造函数,建立长度为 n 的单链表
    ~LinkList();                        //析构函数
    int getLength();                    //求单链表的长度
    Element getItem(int i);             //按位查找,取单链表中的第 i 个数据元素
    int locate(Element x);              //按值查找,求单链表中值为 x 的元素序号
    void insert(int i, Element x);      //在单链表中第 i 个位置插入值为 x 的元素
    Element remove(int i);              //删除单链表的第 i 个元素
    bool empty();                       //判断单链表是否为空
    void printList();                   //遍历单链表,按序号依次输出各元素
private:
    Node < Element > * head;            //单链表头指针
};
```

2.3.3 单链表基本操作的实现

头指针唯一标识一个单链表，所以单链表的操作都由头指针开始进行，下面讨论单链表各基本操作如何实现。

1. 无参构造函数

建立空的单链表就是建立一个只有头结点的单链表，使用 C++语言中的操作 new 申请一个结点的存储空间，将其地址赋给头指针，并将结点的指针域置空指针，实现见代码 2.12。

代码 2.12 单链表无参构造函数

```
template < class Element >
LinkList < Element >::LinkList()
{
    head = new Node < Element >;                //创建头结点
    head -> next = nullptr;
}
```

2. 判空操作

判空操作是判断单链表是否为空。如果一个单链表是空表,那就只有头结点一个结点,头结点的指针域必然为空指针,判空操作实现见代码 2.13。

代码 2.13 单链表判空函数

```
template < class Element >
bool LinkList < Element >::empty()
{
    if (head -> next ==  nullptr) return true;          //直接返回头结点的指针域
    else return false;
}
```

3. 遍历操作

遍历操作是按照元素顺序依次访问每个元素,是许多操作的基础。头指针是唯一标识一个单链表的指针,在程序中如果头结点不改变,一般头指针不动。所以,需要定义一个工作指针 p,从单链表的首元素结点开始依次指向每个结点完成访问工作,当指向尾元素结点的后继结点时,p 为空,则遍历操作结束,如图 2.11 所示。遍历操作实现见代码 2.14。

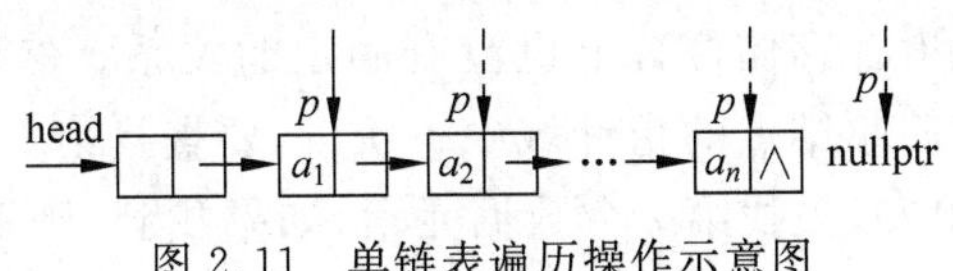

图 2.11 单链表遍历操作示意图

代码 2.14 单链表遍历函数

```
template < class Element >
void LinkList < Element >::printList()
{
    p = head -> next;            //工作指针 p 指向首元素结点
    while (p!= nullptr)
    {
        cout << p -> data <<" ";
        p = p -> next;           //工作指针 p 后移
    }
    cout << endl;
}
```

该算法的基本语句就是工作指针后移语句。当表长为 n 时,该语句需要执行 n 次,所以,遍历操作的时间复杂度是 $O(n)$。

4. 求表长

求表长操作返回单链表的长度。单链表的类定义中没有表长这个成员变量,所以不能直接获得单链表的长度,需要在遍历的基础上计算其长度。定义整型变量 count 做计数器,在遍历的过程中,工作指针 p 每指向一个非空结点,则 count+1,直到 p 为空,则可计算出单链表的长度,实现见代码 2.15。

代码 2.15　单链表求表长函数

```
template < class Element >
int LinkList < Element >::getLength()
{
    p = head -> next;            //工作指针 p 指向首元素结点
    count  = 0;                  //计数器初始化
    while (p!= nullptr)
    {
      count ++;
      p = p -> next;             //工作指针 p 后移
    }
    return count;
}
```

与遍历操作类似,该算法的时间复杂度也是 $O(n)$。

5. 按位查找

按位查找返回单链表中第 i 个数据元素。在顺序表中,逻辑上相邻的元素在存储位置上也是相邻的,每个元素的存储位置都可以从顺序表的起始位置计算得到。但在单链表中,即使逻辑上相邻的两个元素在存储位置上也没有固定的关系。然而,单链表的每个元素的存储位置都包含在其直接前驱结点的指针域中。所以,要查找第 i 个数据元素,需要定义工作指针 p,从首元素结点出发,去找第 i 个数据元素,如果找到,则返回其值;若单链表中不存在第 i 个数据元素,则抛出“查找位置错误”的异常。算法示例见代码 2.16。

代码 2.16　单链表按位查找函数

```
template < class Element >
Element LinkList < Element >::getItem(int i)
{
    p = head -> next;
    count = 1;
    while (p!= nullptr && count < i)
    {
        p = p -> next;
        count++;
    }
    if (p == nullptr)
        throw "查找位置错误";
    else
        return p -> data;
}
```

该算法的基本语句仍是工作指针后移语句,其执行次数与查找位置有关。在查找成功的情况下,若查找位置为 $i(1 \leqslant i \leqslant n)$,则工作指针需要后移 $i-1$ 次。那么平均情况下,按位查找的时间复杂度是 $O(n)$。

6. 按值查找

按值查找返回单链表中值为 x 的元素序号,需要将单链表中的元素依次与 x 进行比较,如果查找成功,则返回元素的序号,否则返回 0 表示查找失败。算法示例见代码 2.17。

代码 2.17 单链表按值查找函数

```
template < class Element >
int LinkList < Element >::locate(Element x)
{
    p = head -> next; j = 1;
    while (p!= nullptr && p -> data!= x)
    {
        p = p -> next;
        j++;
    }
    if (p!= nullptr) return j;             //查找成功,返回其序号 j
    else return 0;                         //查找失败,返回 0
}
```

该算法的基本语句仍是工作指针后移语句,其执行次数与元素 x 在单链表中的位置有关。在查找成功的情况下,若元素 x 在单链表的位置为 $j(1\leqslant j\leqslant n)$,则工作指针需要后移 $j-1$ 次。那么平均情况下,按值查找的时间复杂度也为 $O(n)$。

7. 插入操作

插入操作在单链表第 i 个位置插入元素 x,就是将 x 插入到 a_{i-1} 和 a_i 之间。假设已经找到第 $i-1$ 个结点,即 a_{i-1} 所在结点,并且指针 p 指向它,这时首先需要构造一个结点 s,将元素 x 存入结点的数据域,然后执行两步操作:

① s -> next=p -> next;

② p -> next=s;

插入元素 x 前后指针变化如图 2.12 所示。这里需要注意的是,这两步操作的顺序不能交换,否则就会出现链表部分丢失且 s 结点的指针域指向自身的情况。

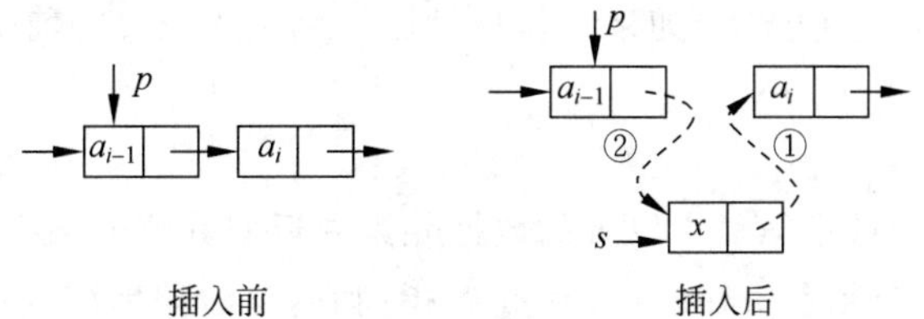

图 2.12 在单链表第 i 个位置插入元素 x 前后指针变化示意图

那么如何找到第 $i-1$ 个结点呢?这可以利用按位查找操作实现。所以,单链表的插入操作首先需要工作指针逐个后移,查找第 $i-1$ 个结点,找到后再插入存储了元素 x 的新结点 s。算法示例见代码 2.18。

代码 2.18 单链表插入函数

```
template < class Element >
void LinkList < Element >::insert(int i, Element x)
{
```

```
    p = head; j = 0;
    while (p!= nullptr && j < i - 1)                //寻找插入位置
    {
        p = p -> next;
        j++;
    }
    if (p == nullptr) throw "插入位置异常";          //插入位置异常
    else {
        s = new Node < Element >;                   //向内存申请一个新结点 s
        s -> data = x;
        s -> next = p -> next;                      //插入,这两行顺序不能交换
        p -> next = s;
    }
}
```

单链表带头结点时,在表头、表中和表尾执行插入数据元素的操作时,都可使工作指针先指向插入位置的直接前驱结点,所以,插入操作的语句相同。当单链表不带头结点时,在表中和表尾插入数据元素时执行的操作语句与此相同,而在表头插入元素时执行的操作语句不同,如图 2.13 所示。因此,对于不带头结点的单链表而言,在表头插入元素时需要单独处理,这将造成算法冗长。所以,对于单链表而言,除非特殊声明不带头结点,否则都带头结点。

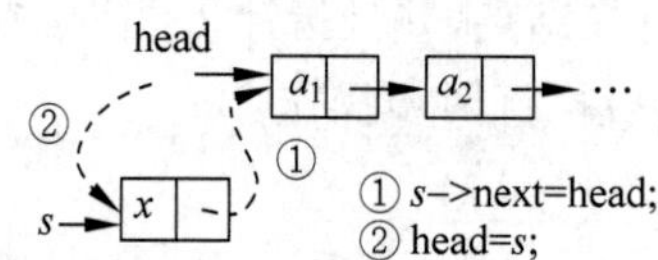

图 2.13　在不带头结点的单链表的表头插入数据元素示意图

该算法的基本语句仍是工作指针后移语句,其执行次数与插入位置有关。平均情况下,插入操作的时间复杂度为 $O(n)$;如果工作指针已指到插入位置的前一个结点,则插入操作时间复杂度为 $O(1)$。

8. 删除操作

删除操作是删除单链表第 i 个位置的数据元素并返回其值。删除第 i 个位置的数据元素需要先找到第 $i-1$ 个元素所在结点,并由 p 指向它,这时如果结点 p 存在并且 p 的后继结点也存在,则可以执行删除操作,让 p 所指结点的指针域直接指向第 $i+1$ 个结点,将 a_i 所在结点从单链表中摘除;否则需要抛出删除位置异常。删除操作的过程如图 2.14 所示,算法示例见代码 2.19。

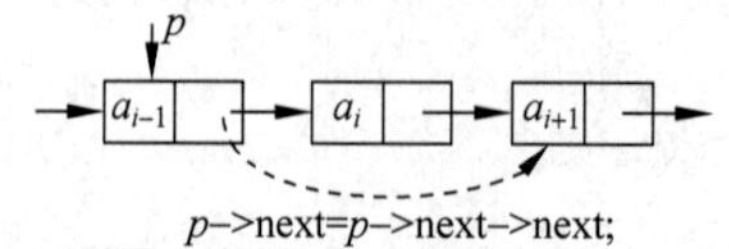

图 2.14　在单链表中删除第 i 个元素示意图

代码 2.19　单链表删除函数

```
template < class Element >
Element LinkList < Element >::remove(int i)
{
    p = head; j = 0;
    while (p!= nullptr && j < i - 1)                //寻找删除位置
    {
        p = p - > next;
        j++;
    }
    if (p == nullptr || p - > next == nullptr)
        throw "删除位置异常";
    else {
        q = p - > next;
        x = q - > data;                             //暂存被删结点
        p - > next = q - > next;                    //摘链
        delete q;
        return x;
    }
}
```

这里需要注意的是，将 a_i 所在结点从单链表中摘除后还需释放该结点的存储空间，这里使用 delete 释放其空间。同插入操作类似，如果单链表不带头结点，则删除首元素和删除其他元素所执行语句不同，读者可以自己画图分析其语句。平均情况下，该算法的时间复杂度为 $O(n)$。

9. 有参构造函数

直接创建一个有 n 个元素的单链表，基本思路是逐一将各个结点插入空链表中，有两种常用方法：头插法和尾插法。顾名思义，头插法是插入单链表的头部，尾插法是插入单链表的尾部。

1）头插法

首先构造一个空的单链表，读取数组 a 中的首元素，生成一个新结点 s，将读取的元素存放在该结点的数据域中，然后将结点 s 插入当前单链表的表头，即头结点之后。依次读取数组 a 中的元素，重复以上操作，直到数组 a 中的所有元素读完为止，如图 2.15 所示。采用头插法建立单链表的算法示例如代码 2.20 所示，其时间复杂度为 $O(n)$。

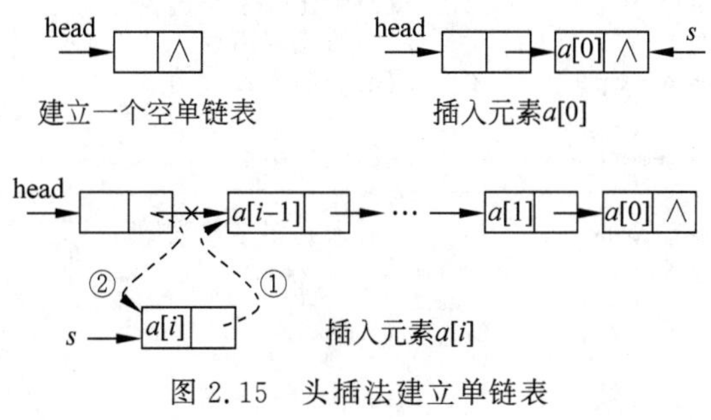

图 2.15　头插法建立单链表

代码 2.20　单链表有参构造函数(头插法)

```
template < class Element >
LinkList < Element >::LinkList(Element a[ ], int n)
{
    head - > next = nullptr;                //初始化一个空链表
    for (int i = 0; i < n; i++)             //逐一插入各个结点
    {
        s = new Node < Element >;           //创建新结点
        s - > data = a[ i];
        s - > next = head - > next;         //插入到头结点之后
        head - > next = s;
    }
}
```

2) 尾插法

尾插法与头插法不同的是，将生成的新结点 s 插入当前链表的表尾上，如图 2.16 所示。因此需要增加一个尾指针 rear，使其始终指向当前单链表的尾结点，每插入一个新结点后都让 rear 指向这个结点；当把最后一个结点插入后，还需将 rear 所指结点(尾结点)的指针域置空。采用尾插法建立单链表的算法示例如代码 2.21 所示，其时间复杂度为 $O(n)$。

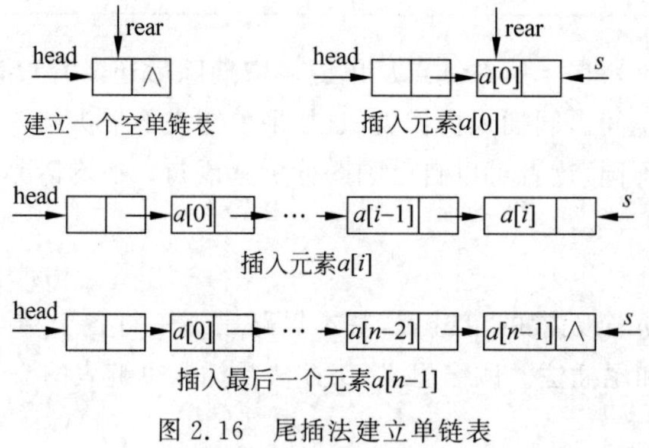

图 2.16　尾插法建立单链表

代码 2.21　单链表有参构造函数(尾插法)

```
template < class Element >
LinkList < Element >::LinkList(Element a[ ], int n)
{
    head - > next = nullptr;                //初始化一个空链表
    rear = head;                            //初始化尾指针
    for (int i = 0; i < n; i++)             //逐一插入各个结点
    {
        s = new Node < Element >;           //创建新结点
        s - > data = a[ i];
        s - > next = rear - > next;         //插入到尾结点之后
        rear - > next = s;
        rear = s;
    }
}
```

10. 析构函数

析构函数用于逐一删除单链表中的各个结点，释放存储空间。当对象生命周期结束后，系统会自动调用析构函数。单链表析构时需要注意，删除某个结点以后，用工作指针保存被删除结点的指针域，这样不会丢失该结点后面的链表。算法示例见代码 2.22。

代码 2.22 单链表析构函数

```
template <class Element>
LinkList <Element>::~LinkList()
{
    p = head;                    //从头结点开始逐一删除
    while (p)                    //结点不为空
    {
        q = p;
        p = p->next;             //保存被删结点的指针域,防止断链
        delete q;
    }
}
```

2.3.4 双向链表

在单链表中查找某个结点的后继结点非常方便，因为后继结点的存储地址就存放在这个结点的指针域中，时间复杂度为 $O(1)$；而要查找某个结点的前驱结点，则需要从头结点开始逐一查找，时间复杂度为 $O(n)$。有什么办法能既方便查找后继结点又方便查找前驱结点呢？这就要用到双向链表了。

双向链表(double linked list)是在单链表的每个结点中，增加一个指向其前驱结点的指针域，如图 2.17 所示，结点定义示例见代码 2.23。

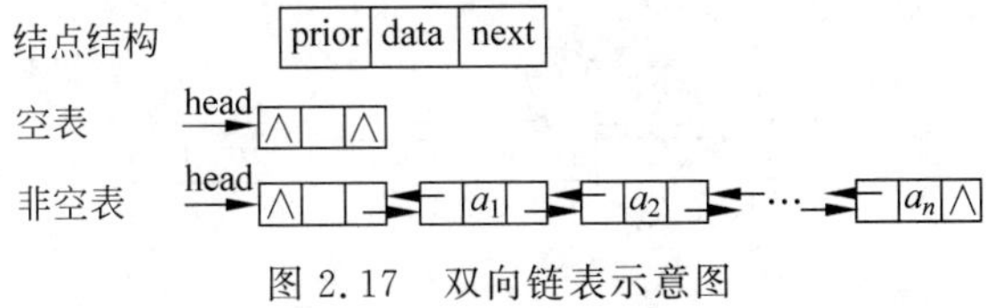

图 2.17 双向链表示意图

代码 2.23 双向链表结点定义

```
template <class Element>
struct DNode
{
    Element data;
    DNode <Element> *prior;        // prior 指向前驱结点
    DNode <Element> *next;         // next 指向后继结点
};
```

在双向链表中，若 p 指向某个结点，且 p->next 和 p->prior 非空，则显然有

$$p\text{->next->prior} = p = p\text{->prior->next}$$

这条语句恰当地反映了双向链表的结构特性。

双向链表的类定义和仅涉及一个方向上指针移动的基本操作(判空、遍历、求表长、按位查找、按值查找)与单链表是相同的,读者可自行实现。但双向链表的插入和删除比单链表稍复杂,下面分别予以讨论。

1. 插入操作

在双向链表第 i 个位置插入元素 x,如图 2.18 所示。

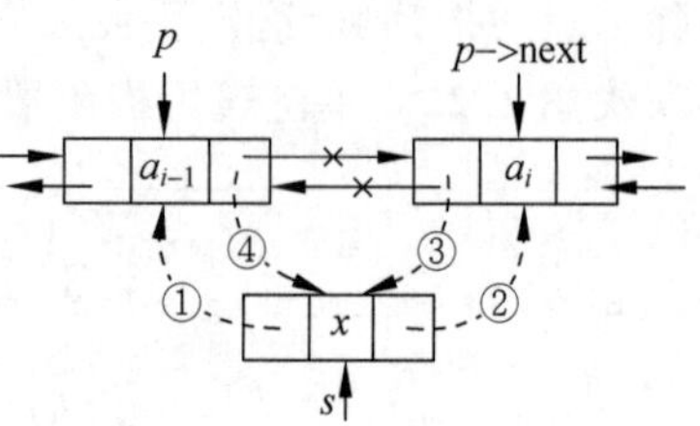

图 2.18　双向链表插入结点

在第 i 个位置插入元素,就需要从头找到第 $i-1$ 个结点,p 指向该结点,那么 p-> next 就指向第 i 个结点。申请一个新的结点,将其地址赋给指针 s,并将待插入元素 x 存入结点 s。接下来将结点 s 插入结点 p 和 p-> next 之间,需要修改四个指针:

```
① s->prior = p;
② s->next = p->next;
③ p->next->prior = s;
④ p->next = s;
```

这四个指针的修改过程中,先修改 s 结点的前驱指针和后继指针,即语句①和语句②,这两条语句间可交换顺序;然后修改结点 p-> next 的前驱指针和结点 p 的后继指针,即语句③和语句④,这两条语句的顺序不可交换,若交换,则 a_i 所在结点及其所有后继结点都将丢失。

2. 删除操作

删除双向链表中第 i 个位置的元素,如图 2.19 所示。

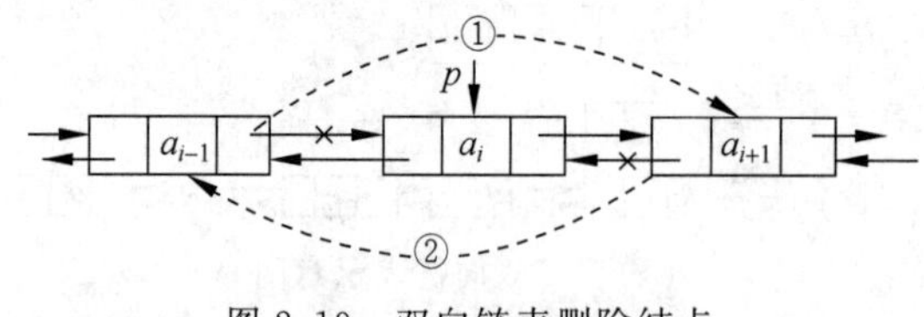

图 2.19　双向链表删除结点

在双向链表中删除第 i 个数据元素,首先需要找到其所在结点,p 指向该结点,然后执行以下两步操作:

```
① p->prior->next = p->next;
② p->next ->prior = p->prior;
```

语句①和语句②在执行时可互换顺序。通过语句①和语句②就可以将结点 p 从双向链表中摘链,最后将结点 p 所占用存储空间释放即可。

双向链表插入和删除操作的时间复杂度与单链表相同,为 $O(n)$。

2.3.5 循环链表

将单链表像小朋友玩丢手绢一样首尾相连，即让表中最后一个结点的指针域指向头结点，就形成了单向循环链表(single circular linked list)，由表中任一结点出发均可找到表中所有结点，如图 2.20 所示。单向循环链表的操作和单链表基本一致，差别仅在于算法中的循环条件不再是 p 或 p-> next 是否为空，而是判断它们是否等于头指针 head。

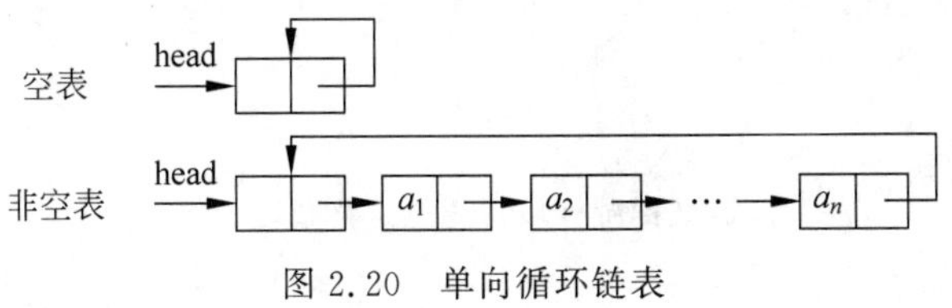

图 2.20　单向循环链表

在单向循环链表中，head-> next 指向首元素结点，而要找到最后一个结点，需要从头指针开始遍历整个链表，时间复杂度为 $O(n)$。所以，如果实际问题中的操作是在表尾或首尾两端进行，则可设立尾指针来指示单向循环链表，如图 2.21 所示。这时，rear 指向尾结点，rear-> next 指向头结点，rear-> next-> next 就指向首元素结点。

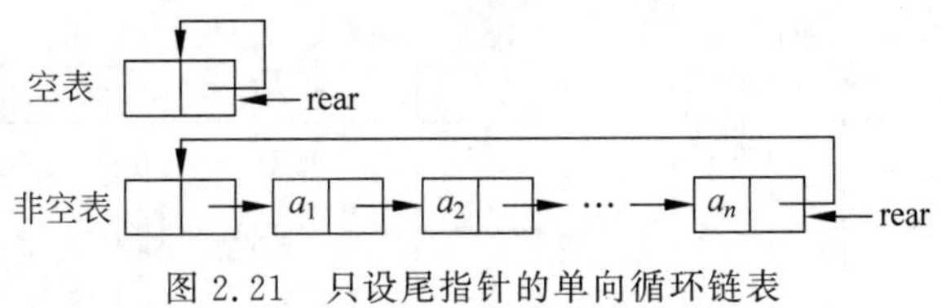

图 2.21　只设尾指针的单向循环链表

对应地，双向链表也可以首尾相连形成双向循环链表(double circular linked list)，如图 2.22 所示。其中，head-> next 指向首元素结点，head-> prior 指向尾结点，时间开销都是 $O(1)$。双向循环链表的基本操作与双向链表基本一致，只是在循环时注意循环条件的改变，可判断工作指针是否等于某一特点指针(如头指针或尾指针)，以免进入死循环。

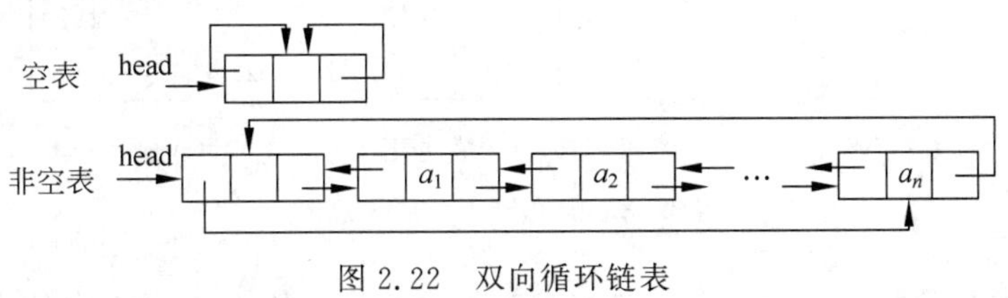

图 2.22　双向循环链表

2.3.6 静态链表

C 语言和 C++语言都有指针这种数据类型，使得它非常容易操作内存中的地址和数据，也容易实现链接存储结构。之后的 Java、C＃ 和 Python 等高级语言虽不适用指针，但因为启用了对象引用机制，从某种角度也间接实现了指针的某些作用。但对于一些语言，如 Basic 和 Fortran 等早期的高级编程语言，没有指针，那怎么实现链接存储结构呢？这是用静态链表实现的。

静态链表(static linked list)就是用数组实现链接存储结构。数组的每个元素都由两个域组成,数据域 data 和指针域 next。数据域用于存放线性表的数据元素;指针域用于存放当前元素的直接后继元素所在数组单元的下标,类似指针的作用。数组元素的结构与单链表的结点结构类似,可以用 class 或者 struct 实现,本书中将数组元素的结构类型定义为 struct 类型,其声明如代码 2.24 所示。

代码 2.24 静态链表数组元素定义

```
template < class Element >
struct SNode
{
    Element data;
    int next;            //指针域(又称游标域),注意是整型
};
```

静态链表的存储如图 2.23 所示,avail 是空闲链表头指针,head 是静态链表头指针,为运算方便,静态链表一般也带头结点,用数组元素下标中不会出现的“-1”表示空指针。这种存储结构仍需要预先分配一个较大的存储空间,但在插入和删除操作时不需移动元素,仅需修改指针,所以仍具有链接存储结构的主要优点。

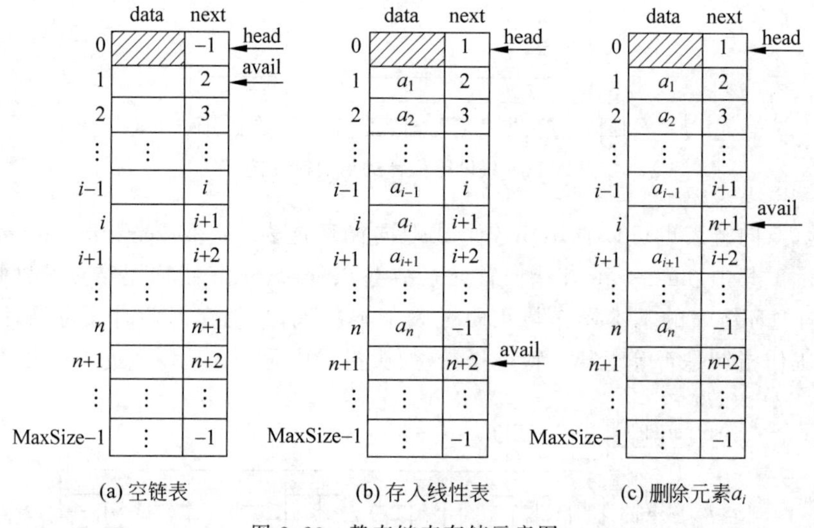

图 2.23 静态链表存储示意图

将线性表的抽象数据类型定义在静态链表存储结构下用 C++语言中的类实现,算法示例见代码 2.25。

代码 2.25 静态链表的类定义

```
const int MaxSize = 1000;
template < typename Element >
class StaList                          //定义模板类 LinkList
{
public:
    StaList ();                        //无参构造函数,建立一个空静态链表
```

```
    StaList (Element a[], int n);           //有参构造函数,建立长度为 n 的静态链表
    ~ StaList ();                           //析构函数
    int getLength();                        //求静态链表的长度
    Element getItem(int i);                 //按位查找,取静态链表中的第 i 个数据元素
    int locate(Element x);                  //按值查找,求静态链表中值为 x 的元素序号
    void insert(int i, Element x);          //在静态链表中第 i 个位置插入值为 x 的元素
    Element remove(int i);                  //删除静态链表的第 i 个元素
    bool empty();                           //判断静态链表是否为空
    void printList();                       //遍历静态链表,按序号依次输出各元素
private:
    SNode Slist[MaxSize];                   //静态链表数组
    int head, avail;                        //静态链表头指针和空闲链表头指针
};
```

静态链表采用静态存储分配,析构函数为空,求表长、按位查找、按值查找、判空和遍历操作与单链表类似,留待读者实现。下面分别讨论静态链表的构造、插入和删除函数的实现。

1. 无参构造函数

无参构造函数就是构造一个空的静态链表,如图 2.23(a)所示。给静态链表头指针和空闲链表头指针赋值,并给每个数组元素的指针域赋值,函数实现见代码 2.26。

代码 2.26 静态链表无参构造函数

```
template <class Element>
StaList <Element>:: StaList ()
{
    head = 0;                           //静态链表头指针赋值
    Slist[head].next = -1;              //静态链表结束标志
    avail = 1;                          //空闲链表头指针赋值
    int i;
    for(i = 1;i < MaxSize - 1;i++)      //空闲单元链成空闲链表
    {
        Slist[i].next = i + 1;
    }
    Slist[MaxSize - 1].next = -1;       //空闲链表结束标志
}
```

2. 插入操作

在静态链表第 i 个位置插入元素 x,就是将 x 插入 a_{i-1} 和 a_i 之间。假设已经找到第 $i-1$ 个结点,即 a_{i-1} 所在结点,并且指针 p 指向它;然后从空闲链表摘下表头第一个结点,让 s 指向它,将元素 x 存入结点的数据域,然后执行插入的两步操作:

① Slist[s]. next= Slist[p]. next;

② Slist[p]. next=s;

插入操作如图 2.24 所示。同单链表类似,这两步操作的顺序不能交换,否则就会出现链表部分丢失且 s 结点的指针域指向自身的情况。函数实现见代码 2.27。

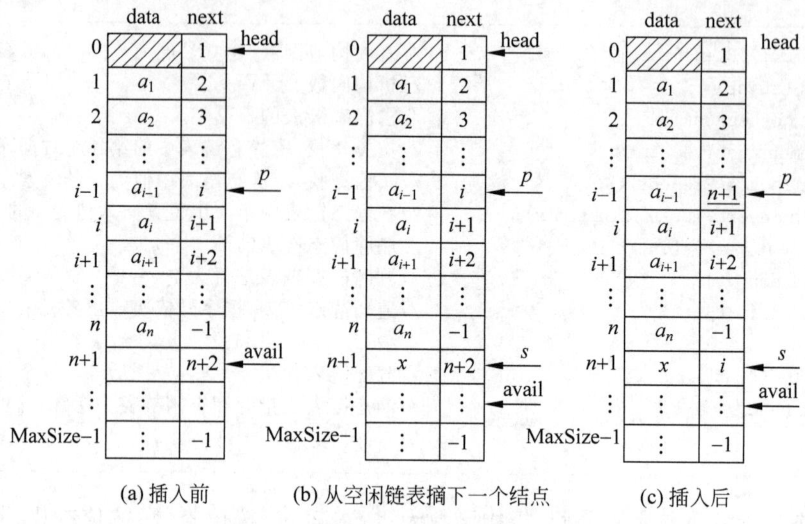

图 2.24　静态链表插入操作示意图

代码 2.27　静态链表插入函数

```
template < class Element >
void StaList < Element >::insert(int i, Element x)
{
    while (Slist[p].next!= - 1 && count < i - 1)          //寻找插入位置
    {
        p = Slist[p].next;
        count ++;
    }
    if (Slist[p].next == - 1)                              //插入位置异常
        throw "插入位置异常";
    if(avail == - 1) throw "溢出";                          //存储空间不足
    else {
        s = avail;                                         //从空闲链表摘下一个结点
        avail = Slist[avail].next;                         //空闲链表头指针更新
        Slist[s].data = x;                                 //装入数据
        Slist[s].next = Slist[p].next;                     //插入,这两行语句不能交换
        Slist[p].next = s;
    }
}
```

该算法的基本语句是循环内工作指针后移语句,其执行次数与插入位置有关。平均情况下,插入操作的时间复杂度为 $O(n)$;如果不限定插入位置,可将新元素直接插入表头,这时插入操作时间复杂度为 $O(1)$。

3. 删除操作

删除静态链表第 i 个位置的数据元素并返回其值,需要先找到第 $i-1$ 个元素所在结点,并将指针 p 指向它,这时如果结点 p 存在并且 p 的后继结点也存在,则可以执行删除操作,让 p 所指结点的指针域直接指向第 $i+1$ 个结点,将 a_i 所在结点从单链表中摘除;否则需要抛出删除位置异常。删除操作的过程如图 2.25 所示,函数实现见代码 2.28。

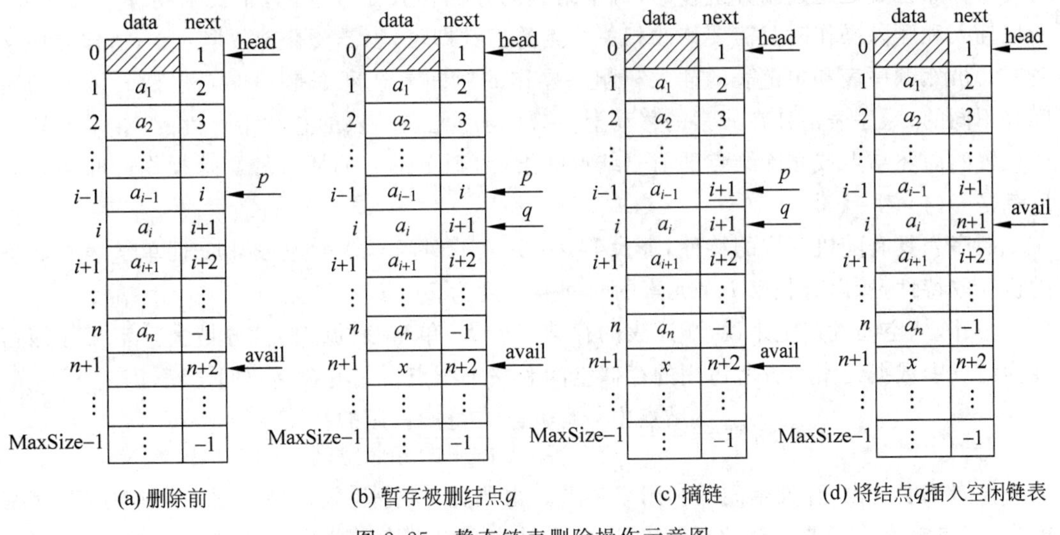

图 2.25　静态链表删除操作示意图

代码 2.28　静态链表删除函数

```
template < class Element >
Element StaList < Element >::remove(int i)
{
    while (p!= - 1&& count < i - 1)          //寻找删除位置
    {
        p= Slist[p].next;
        count ++;
    }
    if (p== - 1 || Slist[p].next == - 1)      //删除位置异常
        throw "删除位置异常";
    else {
        q= Slist[p].next;                     //暂存被删结点 q
        x= Slist[q].data;                     //暂存被删结点数据
        Slist[p].next = Slist[q].next;        //摘链
        Slist[q].next = avail;                //将结点 q 插入空闲链表
        avail = q;                            //空闲链表头指针更新
        return x;
    }
}
```

需要注意的是，将 a_i 所在结点从单链表中摘除后还需将该结点插入空闲链表中，这里是直接插入表头作为新的空闲链表表头结点，所以表头指针 avail 需要更新。平均情况下，该算法的时间复杂度为 $O(n)$。

2.4　顺序表与链表的比较

顺序表中逻辑上相邻的元素对应的物理存储位置也相邻，所以在进行插入或删除操作时平均需要移动大约表长一半的元素，这是相当费时的操作。在链表中，逻辑上相邻的元素对应的存储位置是通过指针链接的,每个结点的存储位置是任意的,不要求物理位置相邻,所以插入和删除操作时只需要修改相关结点的指针即可,不需要移动数据元素,这样方便又省时。虽然顺序表和单链表的插入和删除操作的时间复杂度都是 $O(n)$,但两者消耗的时间是不同的,顺序表消耗在元素的移动上,单链表消耗在结点的查找上。因此,如果已知插入位置的前驱结点或删除结点的前驱结点的指针,则单链表的插入和删除操作的时间复杂度都是 $O(1)$。

顺序表具有随机存取的特性,查找第 i 个元素的时间复杂度为 $O(1)$;而单链表不具备随机存取特性,所以查找第 i 个元素的时间复杂度为 $O(n)$。

另外,从空间性能上来说,顺序表的存储密度大,单链表的结构性开销大。定义存储密度为结点中数据元素本身所占用的存储空间和整个结点占用的存储空间之比,即

$$\text{存储密度}=\frac{\text{结点中数据元素本身所占用的存储空间}}{\text{整个结点占用的存储空间}}$$

那么存储密度越大,存储空间的利用率越高。很明显,顺序表只存储数据元素本身,存储密度为 1;单链表除了要存储数据元素外,每个结点还需要存储指向后继结点的指针,存储密度小于 1。如果单链表中每个结点数据域和指针域所占用的存储空间大小相同,则存储密度为 50%。但是,顺序表若使用数组实现,需要预先确定数组的大小,如果顺序表的长度小于数组的大小,则也存在存储空间浪费的情况。

顺序表与单链表的性能比较如表 2.2 所示,在具体的问题中如何选择线性表的存储结构可按照表 2.2 来选择。

表 2.2 顺序表与单链表的性能比较

性能比较项	顺 序 表	单 链 表
插入和删除	时间复杂度 $O(n)$,需要移动数据元素	时间复杂度 $O(n)$,若已知插入位置或删除结点的前驱结点的指针,则时间复杂度都是 $O(1)$,只需修改指针
查找或修改第 i 个元素	随机存取,时间复杂度 $O(1)$	时间复杂度 $O(n)$
存储密度	1	小于 1
适用条件	表长预先容易估算,且表一旦建立,几乎不需要插入和删除,需要频繁进行查找和修改操作	表长难以预估,表建立后需要频繁插入和删除结点

2.5 可怕的死亡游戏

据说在罗马人占领乔塔帕特后,39 个犹太人与著名的犹太历史学家约瑟夫及他的朋友躲到一个洞中。39 个犹太人宁愿死也不要被敌人抓到,于是决定了一个自杀方式,41 个人排成一个圆圈,由第 1 个人开始报数,每报数到第 3 个人,这个人就必须自杀,然后再由下一个重新报数,直到所有人都自杀身亡为止。然而约瑟夫和他的朋友并不想遵从。首先从一个人开始,越过 $m-2$ 个人(因为第一个人已经被越过),并杀掉第 m 个人。接着,再越过

$m-1$ 个人，并杀掉第 m 个人。这个过程沿着圆圈一直进行，直到最终只剩下一个人留下，这个人就可以继续活着。问题是，给定了 m 值，一开始要站在什么地方才能避免被处决。约瑟夫让他的朋友先假装遵从，他将朋友与自己安排在第 16 个与第 31 个位置，于是逃过了这场死亡游戏。这个游戏在数学和计算机科学中就称为约瑟夫问题或约瑟夫环问题。

本节将使用不同的数据结构解答死亡游戏，以期让读者感受对于同一个问题，不同数据结构在解决问题时的不同特性。

2.5.1 一维数组

将这 41 人存储在一维数组下标从 0 到 40 的数组单元中，每个人的位置就是对应的数组元素下标加上 1(C++语言中数组元素下标从 0 开始，而位置是从 1 开始的，之间相差 1)，每个人的死亡顺序就是数组元素，全部初始化为－1，表示没有死亡。那么用一维数组解决死亡游戏的活动图如图 2.26 所示。

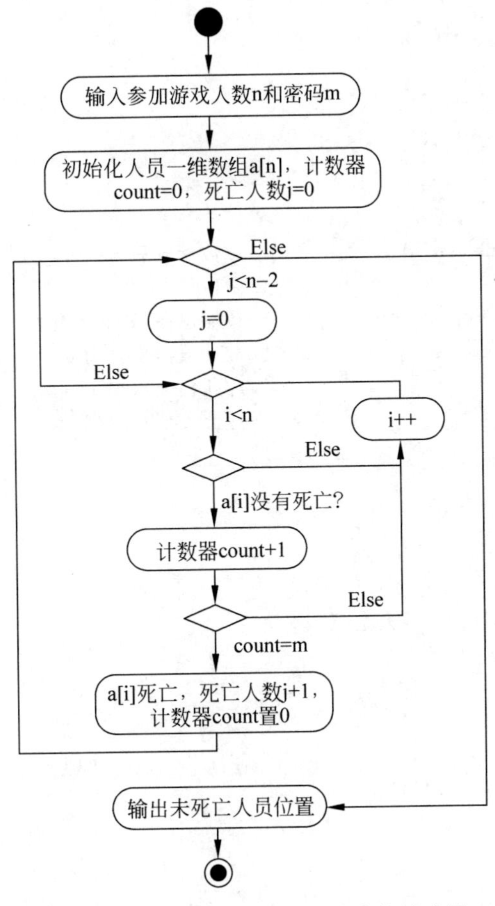

图 2.26　一维数组解决死亡游戏的活动图

具体程序实现如代码 2.29 所示。

代码 2.29 用一维数组实现约瑟夫环

```
int main()
{
    cout << "请输入游戏人数:";                //输入数据
    cin >> n;
    cout << "请输入密码:";
    cin >> m;
    int a[MaxNum];                            //按照人数生成一维数组并初始化
    for (i = 0; i < n; i++)
    {
        a[i] = -1;                            //死亡顺序,-1表示依然健在
    }
    cout <<"死亡顺序是:"<< endl;
    count = 0;j = 0;                          //count是计数器,j是死亡人数
    while (j < n - 2)
    {
        for (i = 0; i < n; i++)
        {
            if (a[i] == -1)
            {
                count++;
                if (count == m)               //数到m后
                {
                    cout << i + 1 << "\t";    //输出序号,此人死亡
                    count = 0;                //计数器重置为0
                    j++;                      //死亡人数加1
                    a[i] = j;                 //此人死亡顺序
                    if (j == n - 2) break;
                }
            }
        }
    }
    cout << endl <<"逃过死亡的人是:";
    for (i = 0; i < n; i++)
    {
        if (a[i] == -1)
        {
            cout << i + 1 << "\t";
        }
    }
}
```

程序运行结果如图 2.27 所示。

2.5.2 顺序表

在 C++语言中,顺序表就是用一维数组实现的,所以用顺序表解决死亡游戏的过程和一

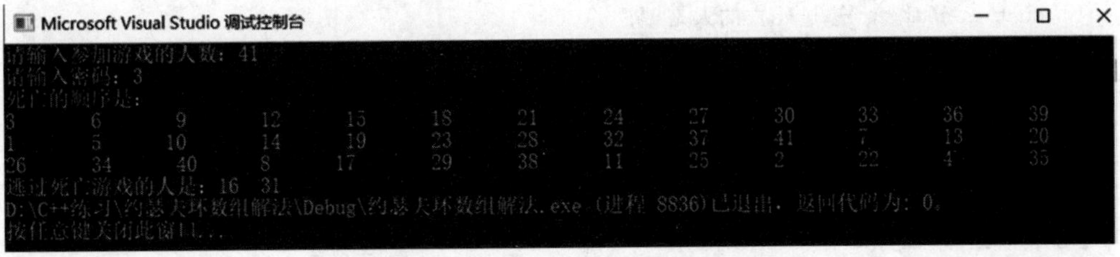

```
Microsoft Visual Studio 调试控制台
请输入参加游戏的人数: 41
请输入密码: 3
死亡的顺序是:
3	6	9	12	15	18	21	24	27	30	33	36	39
1	5	10	14	19	23	28	32	37	41	7	13	20
26	34	40	8	17	29	38	11	25	2	22	4	35
逃过死亡游戏的人是: 16	31
D:\C++练习\约瑟夫环数组解法\Debug\约瑟夫环数组解法.exe (进程 8836)已退出. 返回代码为: 0.
按任意键关闭此窗口...
```

图 2.27　一维数组解决死亡游戏运行结果

维数组有些类似，但又不同。一维数组中用数组下标表示人员的位置，数组元素表示是否死亡，而顺序表实现时顺序表中存储的是未死亡人员的位置。也就是说，每死亡一人，就从顺序表中将其删除，顺序表中最后剩余的两人就是逃过死亡游戏的人，具体程序实现如代码 2.30 所示。

代码 2.30　用顺序表实现约瑟夫环

```
int main()
{
    cout << "请输入游戏人数:";                              //输入数据
    cin >> n;
    cout << "请输入密码:";
    cin >> m;
    int a[MaxNum];
    for (i = 0; i < n; i++)
    {
        a[i] = i + 1;
    }
    SeqList < int > list(a,n);                            //实例化 SeqList 对象 list
    cout << "死亡顺序是:"<< endl;
    count = 0;j = 0;
    while (j < n - 2)
    {
        for (i = 0; i < list.getLength(); i++)
        {
            count++;
            if (count == m)                               //数到 m 后
            {
                cout << list.getItem(i + 1) <<"\t";       //输出序号,此人死亡
                count = 0;                                //计数器重置为 0
                list.remove(i + 1);                       //删除死亡人员
                i--;
                j++;
                if (j == n - 2) break;
            }
        }
    }
```

```
    cout << endl << "逃过死亡的人是:";
    for (i = 1; i <= 2; i++)
        cout << list.getItem(i) <<"\t";
}
```

2.5.3 循环链表

死亡游戏本质就是一个环形问题,所以使用单向循环链表模拟死亡游戏的过程非常合适,在这里采用不带头结点的单向循环链表实现。假设这个游戏中参与人数 $n>2$,密码 $m>1$,编程过程中没有检测非法输入,请读者注意。单向循环链表解决死亡游戏的活动图如图 2.28 所示。

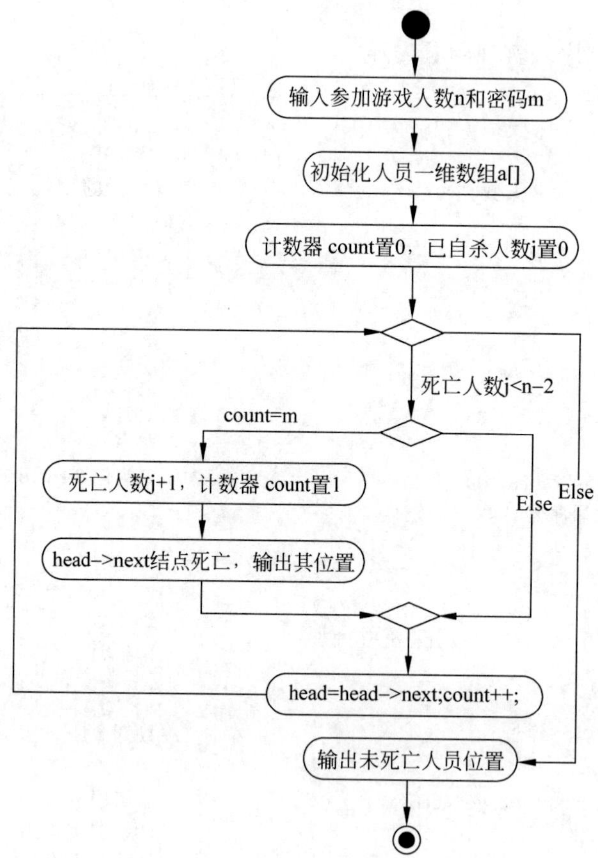

图 2.28　单向循环链表解决死亡游戏的活动图

具体程序实现如代码 2.31 所示。

代码 2.31　用循环链表实现约瑟夫环

```
template < class Element >
void SingleCyclekList < Element >::josephus(int n, int m)
{                                          //约瑟夫函数定义在类里面
```

```
    count = 0; j = 0;
    while (j < n - 2)
    {
        if (count == m)             //此时,下一个结点的人员自杀
        {
            j++;
            count = 1;
            q = p -> next;
            cout << q -> data << "\t"; //输出自杀人员位置
            remove(q);              //删除死亡人员
        }
        p = p -> next;
        count++;
    }
    cout << endl << "逃过死亡的人是:";
    cout << p -> data << "和" << p -> next -> data;
}
int main()
{
    cout << "请输入游戏人数:";
    cin >> n;
    cout << "请输入密码:";
    cin >> m;
    int a[MaxNum];
    for (i = 0; i < n; i++)
    {
        a[i] = i + 1;
    }
    SingleCyclekList < int > list(a, n);     //实例化循环链表
    cout << "死亡的顺序是:" << endl;
    list.josephus(n, m);                     //调用约瑟夫函数
}
```

使用单向循环链表解决死亡游戏问题逻辑上更简单，只是涉及链接存储结构中的指针操作，大家只要理解在链接结构中要删除一个结点，需要找到指向该结点的前驱结点的指针。如图 2.29 所示，要删除第 3 个结点，需要找到第 2 个结点，让 q 指向它。所以，当 q 指向第 2 个结点时，计时器 count＝3；删除第 3 个结点后，q 还是指向第 2 个结点，这时 count 需要重置为 1。

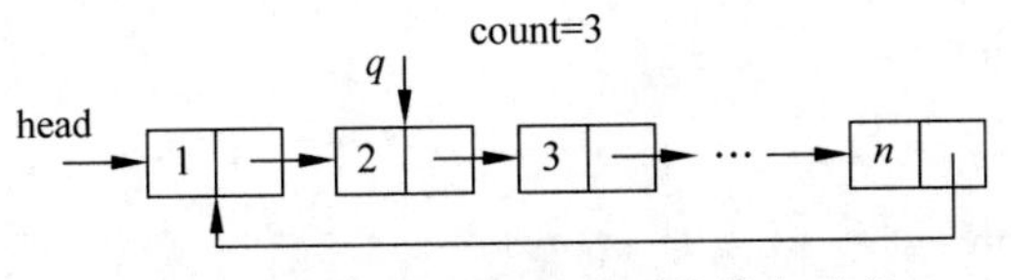

图 2.29　单向循环链表中删除结点示意

2.5.4 数学建模

现在考虑如下过程：

```
1 2 3 4 5 6 … m-1 m m+1 … n-1 n
```

第一次编号为 m 的人自杀，然后剩下 $n-1$ 个人，从 $m+1$ 号继续：

```
m+1 … n-1 n 1 2 3 4 5 6 m-1
```

序号全部在循环意义下减去 m，也就是所有序号减去 m 后加上 n 再对 n 求余，得到如下序列：

```
1   2   3   4   5   6 … n-1
```

这也就是 $n-1$ 个人的情况。

假设最后剩下的一个人，在第 $n-1$ 个人的序列中的编号是 $f(n-1)$，那么他在 n 个人的序列中，编号为$(m+f(n-1))\%n$，也就得到了递推公式：

$$\begin{cases} f(n)=(m+f(n-1))\%n \\ f(1)=1 \end{cases}$$

n 个人的序号是从 1 到 n，而求余的结果是从 0 到 $n-1$，为了统一，将 n 个人的序号也定为 0 到 $n-1$。用 winner1 表示最后逃脱死亡的人，当只有一个人时，编号就是 0；当有两个人时，编号分别是 0 和 1。winner1 的编号可由 $f(n)=(m+f(n-1))\%n$ 计算，此时另外一个人就是倒数第二逃脱的人，用 winner2 表示，其编号肯定与 winner1 不同，就是 0 和 1 中剩下的那个，可用 C++语言中的?:表达式求解。

用 C++语言编程实现如代码 2.32 所示。

代码 2.32 用数学递推公式实现约瑟夫环

```
int main()
{
   cout << "请输入参加游戏的人数:";            //输入数据
   cin >> n;
   cout << "请输入密码:";
   cin >> m;
   int winner1 = 0, winner2 = 0;              //定义游戏的赢家
   winner1 = (winner1 + m) % 2;               //只有两人时的编号
   winner2 = (winner1 == 1) ? 0 : 1;
   for (int i = 3; i <= n; i++)               //递推迭代
   {
      winner1 = (winner1 + m) % i;
      winner2 = (winner2 + m) % i;
   }
```

```
    cout << "逃过死亡的人是:";
    cout << winner1 + 1;
    cout << winner2 + 1 << endl;
}
```

对比 2.5.1 节到 2.5.4 节的四种方法,前三种是用模拟的方式实现,最后一种采用数学建模的方式实现,而数学建模的程序最简单。所以,当遇到实际问题时,如果能够从数学上找到它的规律,建立相应的数学模型,那就能非常简便地解决。如果不能建立数学模型,也可以利用计算机强大的处理能力模拟问题的过程,使问题得以解决。这个模拟的过程涉及不同的数据结构和算法,采用的数据结构不同,模拟的效率和程序的复杂度则不同,所以需要分析问题的特定情况,选择恰当的数据结构。

2.6 本章小结

本章介绍了线性表的定义,详细分析了线性表的顺序存储结构和链接存储结构的实现,并以死亡游戏为例,向读者展示了不同数据结构对程序的影响。本章的重点内容是顺序表和单链表各种基本操作的实现,难点是单链表、双向链表、循环链表和静态链表的实现与使用。

本章习题

一、选择题

1. 线性表是一个(　　)。

A. 有限序列,可以为空　　B. 有限序列,不能为空

C. 无限序列,可以为空　　D. 无限序列,不能为空

2. 下面关于线性表的叙述中,(　　)是错误的。

A. 线性表采用顺序存储,必须占用一片连续的存储单元

B. 线性表采用顺序存储,便于进行插入和删除操作

C. 线性表采用链接存储,不必占用一片连续的存储单元

D. 线性表采用链接存储,便于插入和删除操作

3. 单链表中,增加一个头结点的目的是(　　)。

A. 使单链表至少有一个结点　　B. 标识表结点中首结点的位置

C. 方便运算的实现　　D. 说明单链表是线性表的链式存储

4. 如果线性表中最常用的操作是在最后一个元素之后插入一个元素和删除第一个元素,则采用(　　)存储方式最节省运算时间。

A. 单链表　　B. 仅有头指针的单循环链表

C. 双向链表　　D. 仅有尾指针的单循环链表

5. 在链式存储结构中,数据之间的关系是通过(　　)体现的。

A. 数据在内存的相对位置　　B. 指示数据元素的指针

C. 数据的存储地址　　D. 指针

6. 下面说法错误的是(　　)。

① 静态链表既有顺序存储的优点,又有动态链表的优点。所以,它存取表中第 i 个元素的时间与 i 无关。

② 静态链表中能容纳的元素个数的最大数在表定义时就确定了,以后不能增加。

③ 静态链表与动态链表在元素的插入、删除上类似,不需要移动元素。

A. ①②　　B. ①　　C. ①②③　　D. ②

7. 对于顺序存储的线性表,设其长度为 n,在任何位置上插入或删除操作都是等概率的。删除一个元素时平均要移动表中的(　　)个元素。

A. $n/2$　　B. $(n+1)/2$　　C. $(n-1)/2$　　D. n

8. 在一个单链表中,若 p 所指的结点不是最后一个结点,在 p 之后插入 s 所指的结点,则执行(　)。

A. s->next=p; p->next=s;　　B. p->next=s; s->next=p;

C. p=s; s->next=p->next;　　D. s->next=p->next; p->next=s;

9. 若链表中元素有序,下列叙述中(　　)是正确的。

A. 找第 k 个大元素的时间复杂度为 $\Omega(1)$

B. 查找一个元素 a 是否属于链表的时间复杂度为 $O(n)$

C. 删除一给定元素的时间复杂度为 $O(1)$

D. 插入一给定元素的时间复杂度为 $\Omega(n)$

10. 已知表头元素为 c 的单链表在内存中的存储状态如表 2.3 所示。

表 2.3　存储状态

地　　址	元　　素	链 接 地 址
1000H	a	1010H
1004H	b	100CH
1008H	c	1000H
100CH	d	nullptr
1010H	e	1004H
1014H		

现将 f 存放于 1014H 处并插入单链表中,若 f 在逻辑上位于 a 和 e 之间,则 a,e,f 的"链接地址"依次是(　　)。

A. 1010H,1014H,1004H　　B. 1010H,1004H,1014H

C. 1014H,1010H,1004H　　D. 1014H,1004H,1010H

二、填空题

1. 对长度为 n 的线性表采用顺序查找,在等概率的条件下,查找成功的平均检索长度为________。在长度为 n 的顺序表中删除第 $i(1\leqslant i\leqslant n)$ 个数据元素需要移动________个数据元素。在长度为 n 的顺序表的第 $i(1\leqslant i\leqslant n)$ 个数据元素之前插入一个新元素,需要移动________个数据元素。

2. 在长度为 n 的线性表中插入一个元素,采用顺序存储结构的复杂度为________,采用链式存储结构的复杂度为________。

3. 带头结点的双向循环链表 L 为空表的条件是________。

4. 根据线性表的链式存储结构中每一个结点包含的指针个数，将线性链表分成________和________；而根据指针的连接方式，链表又可分成________和________。

5. 顺序存储结构是通过________表示元素之间的关系的；链式存储结构是通过________表示元素之间的关系的。

6. 在单链表 L 中，指针 p 所指结点有后继结点的条件是________。

7. 已知 L 是有表头结点的非空循环单链表，试从下列提供的答案中选择合适的填入空格中。

(1) 删除 P 结点之后的结点的语句序列是________；

(2) 在 P 结点前插入 S 结点的语句序列是________。

A. P-> next=S；　　B. Q=P-> next；

C. P-> next=S-> next；　　D. S-> next=P-> next；

E. P-> next=Q-> next；　　F. Q=P；

G. P=Q；　　H. while(p-> next!=Q)P=P-> next；

I. free(Q)；

8. 线性结构包括________、________、________和________。线性表的存储结构分成________和________。

9. 下面是用C语言编写的对不带头结点的单链表进行就地逆置的算法，该算法用 L 返回逆置后的链表的头指针，试在空缺处填入适当的语句。

```
void reverse(linklist &L){
    p = null;q = L;
    while(q!= null)
        {___(1)___; q -> next = p;p = q; ___(2)___;}
    ___(3)___;
}
```

10. 一线性表存储在带头结点的双向循环链表中，L 为头指针。对如下算法：

(1)说明该算法的功能；(2)在空缺处填写相应的语句。

```
void unknown (BNODETP * L)
{
    p = L -> next; q = p -> next; r = q -> next;
    while(q!= L)
    {
        while(p!= L)&&(p -> data > q -> data) p = p -> prior;
        q -> prior -> next = r; ___①___;
        q -> next = p -> next;q -> prior = p;
        ___②___; ___③___;q = r;p = q -> prior;
        ___④___;
    }
}
```

三、应用题

1. 简述单链表中设置头结点的作用。

2. 线性表有两种存储结构：一是顺序表，二是链表。试问：如果有 n 个线性表同时并存，并且在处理过程中各表的长度会动态变化，线性表的总数也会自动地改变，那么在此情况下，应选用哪种存储结构？为什么？

3. 若线性表的总数基本稳定，且很少进行插入和删除，但要求以最快的速度存取线性表中的元素，那么应采用哪种存储结构？为什么？

4. 线性表$(a_1,a_2,\cdots,a_n)$用顺序映射表示时，a_1 和 $a_{i+1}(1\leqslant i<n)$的物理位置相邻吗？链接表示时呢？

四、算法设计题

1. 设线性表 $L=(a_1,a_2,a_3,\cdots,a_{n-2},a_{n-1},a_n)$采用带头结点的单链表保存，链表中结点定义如下：

```
struct node{
    int data;
    struct node * next;
}NODE;
```

请设计一个空间复杂度为 $O(1)$且尽可能高效的算法，重新排列 L 中的各结点，得到线性表 $L'=(a_1,a_n,a_2,a_{n-1},a_3,a_{n-2},\cdots)$。

要求：

1）给出算法的基本设计思想。

2）根据设计思想，采用 C 或 C++语言描述算法，关键之处给出注释。

3）说明所设计的算法的时间复杂度。

2. 已知两个链表 A 和 B 分别表示两个集合，其元素递增排列。编写一函数，求 A 与 B 的交集，并存放于链表 A 中。

3. 已知带头结点的单链表有 data 和 next 两个域，设计一个算法，将该链表中的重复元素结点删除。

扩展阅读：复杂系统的计算机仿真方法

在求解真实系统中的问题时，同一个问题往往有多种不同的解决方法，虽然各种方法都能够得到正确的结果，但是它们的效率是不同的。例如，在约瑟夫死亡游戏的例子中，我们提供了四种不同的解决方案，其中数学建模方法是依托数学表达式建立模型，用解析方法推导得出问题的规律，再进行计算；而一维数组、顺序表和循环链表都是通过模拟游戏的实际运行过程，再得出结论。后三种方法都属于计算机模拟方法，也就是计算机仿真方法。计算机仿真方法在计算机上对系统组成实体的行为和相互作用进行模拟，依据相似性原理建立真实系统的模拟模型，运行模型并分析模型的仿真运行结果，达到解释和预测真实系统的目的。

仿真方法是伴随计算机的出现而出现的，从 20 世纪 60 年代开始，逐渐应用于真实社会各式各样复杂系统的研究中，而且得到了越来越多的重视，成为除数学方法以外解决问题的一类重要方法。正如死亡游戏的例子所呈现的，当问题能够通过数学解析方法推导出本质规律时，模拟方法在效率等方面是无法与数学模型相匹敌的。但是，如果所研究的问题非常复杂，或者具有显著的动态性和不确定性等特征，难以通过数学方法建模和求解以获取本质规律时，仿真方法就非常有意义了。数学模型往往有严格的数学假设，真实系统未必能如数学家所愿遵守这些假设，这时，仿真方法往往表现出更好的灵活性。

经典的仿真技术可以分为宏观系统仿真和微观系统仿真。随着计算机技术的不断成熟和计算能力的提升，微观系统仿真得到了更多的重视。其基本思想是：选取构成系统的有代表性的多个微观个体作为研究对象，在计算机上模拟这些微观个体的行为和它们之间的交互，系统的宏观属性随着微观个体的行为和交互而变化。因此，微观系统仿真是一种“自下而上”的建模方法。最常见的微观仿真模型包括以下三类：

(1) 离散时间系统仿真模型。其特点是，系统的状态只在离散的时间点上发生改变，而状态的改变源于系统中事件的发生。因此，离散时间系统仿真主要包含事件类、事件推进表以及仿真时钟的推进等要素。

(2) 元胞自动机。其特点是，系统可以由 n 维空间上的一系列元胞组成，每个元胞都有若干状态，在任一离散的时刻，所有元胞的状态并行同步更新。因此，元胞自动机的仿真建模过程主要考虑元胞如何定义以及元胞状态的更新机制。

(3) 多 agent 仿真。其特点是，将系统中的微观个体看成具有智能性的 agent，能够感知外部环境，并在一定程度上自主控制自身行为。多 agent 也就是系统由多个相互交互的智能 agent 组成，不同 agent 之间可能形成复杂的交互关系。因此，多 agent 仿真主要考虑 agent 的个体行为和交互关系的建模。多 agent 仿真也是最符合面向对象编程思想的仿真模型。

受篇幅所限，本书仅对计算机仿真方法作简单介绍，感兴趣的读者可以自行学习相关内容。

第3章 栈和队列

栈和队列是两种重要的数据结构，在操作系统、编译程序等各种软件系统中都有应用。从数据结构角度看，栈和队列也是线性表，其基本操作是线性表操作的子集，是操作受限的线性表；从数据类型角度看，栈和队列是和线性表大不相同的两类重要的抽象数据类型，在很多复杂问题的求解中，往往采用栈或队列作为辅助数据结构，如树和图的遍历、关键路径等。

【学习重点】

◆ 栈的定义与特征；

◆ 栈的顺序存储与链接存储结构；

◆ 队列的定义与特征；

◆ 队列的顺序存储与链接存储结构；

◆ 栈和队列的应用。

【学习难点】

◆ 函数的递归调用；

◆ 表达式求值。

3.1 引　　言

你玩过正话反说的游戏吗？我说“新年好”，你要说“好年新”。随着字数的增加难度越来越大，这种倒背如流的能力对人类来说难度比较大，但对于栈来说就非常简单了，栈的特性就是“后进先出”，类似货车或者集装箱装卸货物时需要遵循的“后进先出”规则——最后装进去的货物需要最先卸货。

算术表达式中一般会出现三种括号“()”“[]”“{}”，每种括号都是左括号与对应的右括号匹配。从左到右顺序扫描表达式，当遇到一个右括号时，查找已经遍历过的最后一个尚未配对的左括号，如果与该右括号匹配，则该左右括号匹配成功。对于左括号来说，具有最后遍历的最先匹配的特点，通常用栈这种数据结构描述具有后到先处理特征的问题。当然，栈应用的例子还有很多，如数制转换、函数的调用与递归调用、表达式求值、拓扑排序和迷宫问题求解等。

为了保证公平，在生活中经常需要排队，食堂吃饭要排队、医院挂号要排队、乘坐公交车要排队、登机要排队……队列具有“先到先得”的特性，生活中的这些事情都可以用队列模拟。

队列在计算机系统中的应用也非常广泛，它可以解决主机与外部设备之间速度不匹配的问题和由多用户引起的资源竞争问题。打印机的打印速度远远小于计算机处理数据的速度，若将数据直接送到打印机，则会导致计算机处理完一批数据就要等待打印机打印。所以为提高计算机的处理效率，设置一个打印数据缓冲区，计算机把要打印的数据依次写入缓冲区，打印机从缓冲区按照先进先出的原则依次取出数据打印，由此打印数据缓冲区中所存储的数据就是一个队列。在一个带有多终端的计算机系统上，多个用户需要 CPU 运行自己的程序，它们分别通过各自终端向操作系统提出占用 CPU 的请求。操作系统通常按照每个请求在时间上的先后顺序，把它们排成一个队列，每次把 CPU 分配给队头请求的用户使用。这样既相对公平地满足了每个用户的请求，又使 CPU 能够正常运行。

3.2 栈

本节主要讨论栈的定义及其实现。

3.2.1 栈的定义

栈本义是存储货物或供旅客住宿的地方，可引申为仓库、中转站，因此引入到计算机领域就是指数据暂时存储的地方。栈(stack)是一种限定仅在表的一端进行插入和删除操作的线性表，允许插入和删除的一端称为栈顶(stack top)，另一端称为栈底(stack bottom)，如图 3.1 所示。栈顶的当前位置是动态的，当栈中没有数据时称为空栈，在栈顶插入一个数据元素通常称为进栈或入栈(push)，从栈顶删除一个数据元素通常称为出栈、退栈或弹栈(pop)。

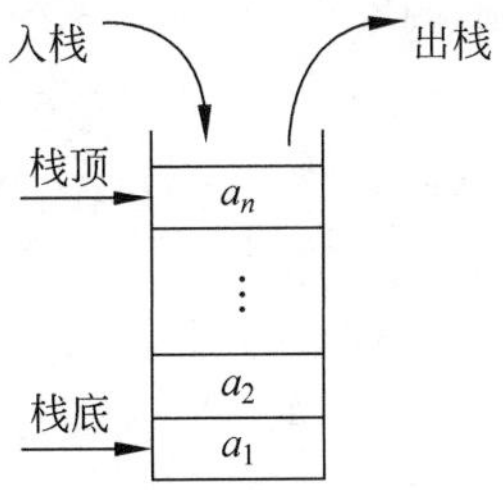

图 3.1 栈的示意图

栈的显著特点是“后进先出”(last in first out，LIFO)，即最后进栈的元素最先出栈。每次进栈的元素都放在原栈顶元素之上成为新的栈顶元素，每次出栈的元素都是当前栈顶元素。例如华山的长空栈道，入选全球十大恐怖悬崖步道，是个断头路，必须原路折返，假设栈道上人和人之间不能错身，那么一队人按顺序走入长空栈道，则必须按照其反序走出长空栈道。

栈的抽象数据类型定义如下：

```
ADT 名:Stack
    Data:
        数据对象:D = {a_i | 1 ≤ i ≤ n,n ≥ 0,a_i 是 Element 类型数据}
        数据关系:R = {<a_i,a_{i+1}>| 1 ≤ i ≤ n-1}
    Operation:
        InitStack(&S):初始化栈,构造一个空栈 S。
        DestroyStack (&S):销毁栈,释放栈 S 所占用的存储空间。
        Empty(S):判断栈是否为空,若栈 S 为空,则返回真值;否则返回假。
        Push(&S,x):入栈,将元素 x 插入到栈 S 中作为新栈顶元素。
        Pop(&S,&x):出栈,从栈 S 中删除栈顶元素,并用 x 返回其值。
        GetTop(S,&x):取栈顶元素,用 x 返回当前的栈顶元素。
    End ADT
```

【例 3.1】 用 S 表示进栈操作，用 X 表示出栈操作，若元素的进栈顺序是 1234，为了得到 1432 的出栈顺序,给出相应的 S 和 X 的操作串。

解:为了得到 1432 的出栈顺序,其操作过程应该是 1 进栈、1 出栈、2 进栈、3 进栈、4 进栈、4 出栈、3 出栈、2 出栈,相应的操作串是 $SXSSSXXX$。

说明:n 个不同的元素通过一个栈可以产生的出栈序列的个数是$\frac{1}{n+1}C_{2n}^{n}$,如有 3 个元素(a、b、c)时,可能的出栈序列个数为 5,大家可以试试是哪 5 个序列。

【例 3.2】 若栈 $S1$ 中保存整数,栈 $S2$ 中保存运算符,函数 $F()$依次执行下述各步操作:

(1) 从 $S1$ 中依次弹出两个操作数 a 和 b;

(2) 从 $S2$ 中弹出一个运算符 op;

(3) 执行相应的运算 b op a;

(4) 将运算结果压入 $S1$ 中。

假定 $S1$ 中的操作数依次是 5、8、3、2(2 在栈顶),$S2$ 中的运算符依次是 *、-、+(+在栈顶)。调用 3 次 $F()$后,$S1$ 栈顶保存的值是多少?

解:第一次调用:①从 $S1$ 中弹出 2 和 3;②从 $S2$ 中弹出+;③执行 3+2=5;④将运算结果 5 压入 $S1$ 中。第一次调用结束后 $S1$ 中剩余 5、8、5(5 在栈顶),$S2$ 中剩余 *、-(-在栈顶)。

第二次调用:①从 $S1$ 中弹出 5 和 8;②从 $S2$ 中弹出-;③执行 8-5=3;④将运算结果 3 压入 $S1$ 中。第二次调用结束后 $S1$ 中剩余 5、3(3 在栈顶),$S2$ 中剩余 *。

第三次调用:①从 $S1$ 中弹出 3 和 5;②从 $S2$ 中弹出 *;③执行 5 * 3=15;④将运算结果 15 压入 $S1$ 中。第三次调用结束后 $S1$ 中仅剩余 15(栈顶),$S2$ 为空。所以,调用 3 次 $F()$后,$S1$ 栈顶保存的值是 15。

3.2.2 栈的顺序存储结构及其实现

栈是一种操作受限的线性表,数据元素之间的关系与线性表相同,所以也可以像线性表一样采用顺序存储结构进行存储,即分配一块连续的存储空间来存放栈中元素,在 C++语言中用数组实现。采用顺序存储结构的栈称为顺序栈(sequential stack)。通常把数组中下标为 0 的一端作为栈底,附设变量 top 指向栈顶元素在数组中的位置。假设栈的元素个数最大不超过正整数 StackSize,则栈空时栈顶位置变量 top=-1,栈满时 top=StackSize-1,入栈时 top+1,出栈时 top-1,如图 3.2 所示。因为这里 top 的值是栈顶元素在数组中的下标,也就是 top 始终指向栈顶元素,所以也将 top 称为栈顶指针,但这与指针不同,请读者注意。

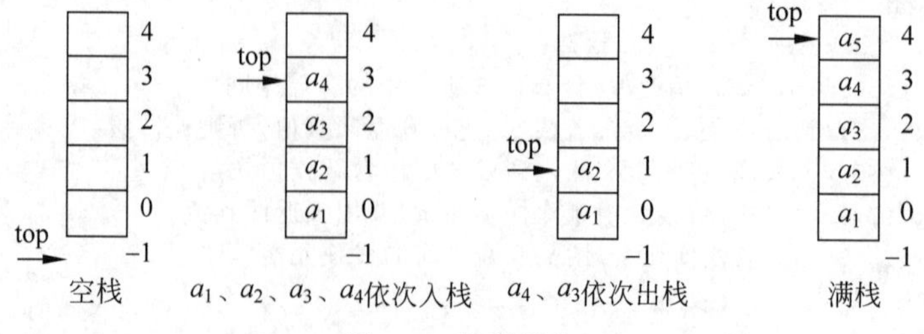

图 3.2 栈的操作

在顺序存储结构下用C++语言中的类实现栈的抽象数据类型定义，见代码3.1。

代码 3.1 顺序栈的类定义

```
const int StackSize = 10;            //根据实际问题具体定义
template < typename Element >
class SStack
{
public:
    SStack();                        //构造函数，构造一个空栈
    ~SStack();                       //析构函数，销毁顺序栈
    void push(Element x);            //入栈操作，将元素 x 入栈
    Element pop();                   //出栈操作，将栈顶元素返回
    Element getTop();                //取栈顶元素
    int isEmpty();                   //判断栈是否为空
private:
    Element data[StackSize];         //存放栈元素的数组
    int top;                         //栈顶元素在数组中的下标，即栈顶指针
};
```

下面按照顺序栈的类定义逐个讨论每个成员函数的实现。

1. 构造函数，构造一个空栈

当栈顶指针 top＝－1 时，栈为空；那么构造一个空栈只需将 top 置－1 即可。

2. 析构函数，销毁顺序栈

顺序栈是静态存储分配，在顺序栈变量退出作用域时系统会自动释放顺序栈所占存储空间，因此顺序栈无须销毁，析构函数为空函数。

3. 入栈操作，将元素 *x* 入栈

该操作首先要判断栈是否已满，若已满则抛出上溢异常；否则先将栈顶指针 top＋1，再将元素 x 插入在该位置上。顺序栈入栈函数实现见代码3.2。

代码 3.2 顺序栈入栈函数

```
template < typename Element >
void SStack < Element > :: push(Element x)
{
    if (top == StackSize - 1) throw "上溢";
    data[++top] = x;
}
```

4. 出栈操作，将栈顶元素返回

该操作首先要判断栈是否为空，若为空则抛出下溢异常；否则先将栈顶指针 top 所指元素赋给 x，然后 top－1，并将 x 返回即可。顺序栈出栈函数实现见代码3.3。

代码 3.3 顺序栈出栈函数

```
template < typename Element >
Element SStack < Element > :: pop()
{
```

```
    if (top ==  - 1) throw "下溢";
    x = data[top -- ];
    return x;
}
```

5. 取栈顶元素

该操作与出栈操作类似,不同之处就是不删除栈顶元素,即栈顶指针 top 不改变。顺序栈取栈顶元素算法示例见代码 3.4。

代码 3.4 顺序栈取栈顶元素

```
template < typename Element >
Element SStack < Element > :: getTop()
{
    if (top ==  - 1) throw "下溢";
    x = data[top];
    return x;
}
```

6. 判断栈是否为空

该操作只需要判断栈顶指针 top 是否为-1 即可。顺序栈判断栈空算法示例见代码 3.5。

代码 3.5 顺序栈判断栈空

```
template < typename Element >
int SStack < Element > :: isEmpty ()
{
    if (top ==  - 1) return 1;
    else return 0;
}
```

3.2.3 两栈共享空间

对于顺序栈来说,最大的缺点就是必须事先确定栈的存储空间的大小。对于一个栈,只能尽量考虑周全,设计大小适合的数组来处理。但对于两个数据类型相同的栈,可以最大限度地利用事先开辟的存储空间进行操作,这就是两栈共享空间,如图 3.3 所示。数组有两个端点,两个栈有两个栈底,让一个栈的栈底在数组的起始端,即下标 0 处,另一个栈底为数组的末端;两个栈顶指针 top1 和 top2 分别指向两个栈的栈顶元素。也就是说,两个栈在数组的两端,两栈入栈时向中间靠拢,出栈时向两边远离。只要两个栈顶不相遇,两个栈就可以一直使用。

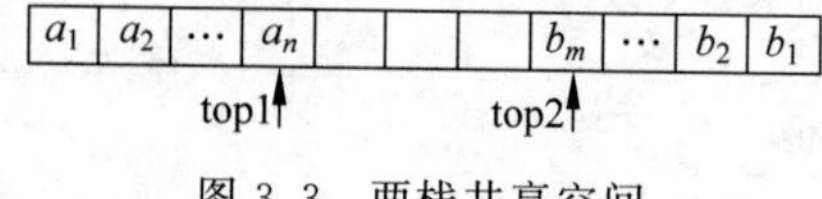

图 3.3 两栈共享空间

假设数组的长度为 MaxSize。那么，栈 1 为空时，top1＝－1；栈 2 为空时，top2＝MaxSize。那什么时候栈满呢？极端的情况，若栈 2 为空，则栈 1 的栈顶指针 top1＝MaxSize－1 时，栈就满了；反之，当栈 1 为空栈时，栈 2 的栈顶指针 top2＝0 时，栈就满了。一般情况下，当两个栈顶指针相遇时，栈就满了，即 top1＋1＝top2 为栈满。

与顺序栈不同，两栈共享空间在实现时，需要定义两个栈顶指针，入栈、出栈、取栈顶元素、判栈空时都需要指定是对哪个栈进行的操作，栈的类定义见代码 3.6。

代码 3.6　两栈共享存储空间的类定义

```
const int MaxSize = 100;
template < typename Element >
class DoubleSStack
{
public:
    DoubleSStack ();
    ~DoubleSStack ();
    void push(Element x, int stackNumber);          //入栈操作,根据栈号将元素 x 入栈
    Element pop(int stackNumber);                   //根据栈号出栈,并返回栈顶元素
    Element getTop(int stackNumber);                //取栈顶元素
    int empty(int stackNumber);                     //判断栈空
private:
    Element data[MaxSize];
    int top1, top2;
}
```

两栈共享空间的构造函数与栈类似，top1＝－1，top2＝ MaxSize 即可。析构函数与栈相同，为空函数。入栈操作时需要判断元素是要入哪个栈，其算法示例见代码 3.7。

代码 3.7　两栈共享存储空间的入栈函数

```
template < typename Element >
void DoubleSStack < Element > :: push(Element x, int stackNumber)
{
    if (top1 + 1 == top2) throw "上溢";
    if(stackNumber == 1)
        data[++top1] = x;
    else if (stackNumber == 2)
        data[ --top2] = x;
}
```

算法中第一个 if 语句判断栈是否已满，后面的＋＋top1 和－－top2 就不用担心溢出的问题了。

对于两栈共享空间的出栈操作，只需要增加判断是栈 1 或栈 2 的参数 stackNumber，算法示例见代码 3.8。

代码 3.8 两栈共享存储空间的出栈函数

```
template < typename Element >
Element DoubleSStack < Element > :: pop(int stackNumber)
{
    if (stackNumber == 1){
        if (top1  ==  - 1) throw "下溢";
        x = data[top1-- ];
    }
    else (stackNumber == 2){
        if (top2  ==  MaxSize) throw "下溢";
        x = data[top2++];
    }
    return x;
}
```

对于两栈共享空间的使用,需要满足两个条件:①两栈数据类型相同,如果不同,使用这种方法不但不能更好地处理问题,反而会使问题变得更复杂;②两个栈的空间需求相反,就是一个栈增长时另一个栈缩短,这样两栈共享空间的存储方法才有较大的意义,否则若两个栈都不停地增长,那很快就会因栈满而溢出了。

3.2.4 栈的链接存储结构及其实现

栈中数据元素之间呈现线性关系,也可以像线性表一样采用链接存储结构,采用链接存储结构的栈称为链栈(linked stack),通常采用单链表实现。不失一般性,可用单链表的头部作栈顶,尾部作栈底;因为栈只在栈顶插入和删除元素,因此设头指针即栈顶指针 top,不需要像单链表那样为了运算方便增加头结点,如图 3.4 所示。

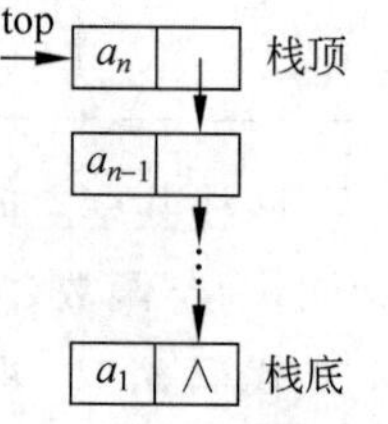

图 3.4 链栈示意图

将栈的抽象数据类型定义在链接存储结构下用 C++语言中的类实现,如代码 3.9 所示,其中成员变量 top 为栈顶指针。

代码 3.9 链栈的类定义

```
template < typename Element >
class LStack
{
public:
    LStack();                   //构造函数,构造一个空栈
    ~LStack();                  //析构函数,销毁栈
    void push(Element x);       //入栈操作,将元素 x 入栈
    Element pop();              //出栈操作,将栈顶元素返回
    Element getTop();           //取栈顶元素
    int empty();                //判断栈空
private:
    Node < Element >  * top;    //栈顶指针
};
```

下面按照链栈的类实现逐个讨论每个成员函数的实现。

1. 构造函数,构造一个空栈

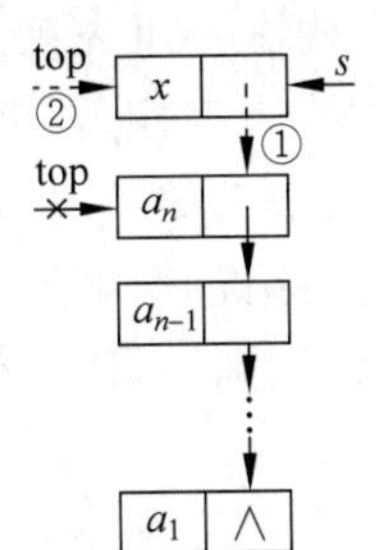

图 3.5 链栈入栈示意图

当栈顶指针 top 为空时,栈为空；那么构造一个空栈只需置 top=nullptr 即可。

2. 析构函数,销毁链栈

链栈是动态存储分配,其析构函数需要释放链栈的所有存储空间,与单链表的析构函数类似。

3. 入栈操作,将元素 x 入栈

对于链栈来说,不存在栈满的情况,除非内存没有可以使用的空间了。假设要入栈的元素是 x,新结点是 s,则将结点 s 入栈的操作如图 3.5 所示,算法示例见代码 3.10。

代码 3.10 链栈的入栈函数

```
template <typename Element>
void LStack<Element> :: push(Element x)
{
    s = new Node<Element>;
    s->data = x;          //申请结点 s 数据域为 x
    s->next = top;        //将结点 s 插在栈顶
    top = s;
}
```

4. 出栈操作,将栈顶元素返回

链栈的出栈操作只在栈顶进行：先判断是否为空栈,若非空,用 p 存储要删除的栈顶结点,将栈顶指针下移一位,如图 3.6 所示,最后释放结点 p 的存储空间即可。算法示例见代码 3.11。

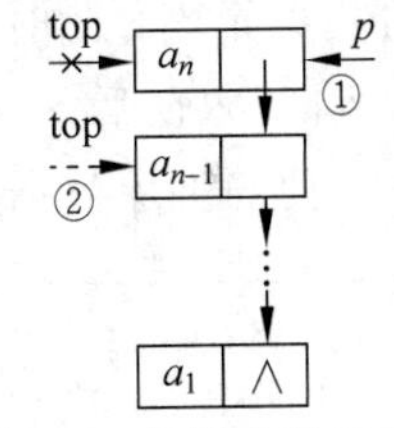

图 3.6 链栈出栈示意图

代码 3.11 链栈的出栈函数

```
template <typename Element>
Element LStack<Element> :: pop()
{
    if (top == nullptr) throw "下溢";
    x = top->data; p = top;         //暂存栈顶元素
    top = top->next;                //将栈顶结点摘链
    delete p;
    return x;
}
```

链栈的入栈和出栈操作都很简单,没有任何循环操作,时间复杂度均为 $O(1)$。

5. 取栈顶元素

该操作与出栈操作类似,不同之处就是不删除栈顶元素,即栈顶指针 top 不改变,只是将栈顶数据元素返回。

6. 判断栈是否为空

该操作只需要判断栈顶指针 top 是否为空即可。

顺序栈与链栈的时间复杂度一样,都是 $O(1)$。对于空间性能,顺序栈需要事先确定一个固定的长度,存在存储元素个数限制和空间浪费的问题,但它的优势是存取时定位非常方便;而链栈要求每个元素都有指针域,从而产生了结构性开销,但不存在栈满的情况,对于栈的长度无限制。所以它们的区别和线性表中的讨论一样,如果在栈的使用过程中元素个数变化不可预料或变化较大,最好使用链栈;反之,如果元素个数在可控范围内,建议使用顺序栈更方便些。

3.3 队 列

队列有广泛的应用,如生活中的排队和运筹学中的排队论。本节主要讨论队列的定义及其实现。

3.3.1 队列的定义

队列(queue)也是一种操作受限的线性表,只允许在表的一端进行插入操作,在表的另一端进行删除操作。队列是一种先进先出(first in first out,FIFO)的线性表,允许插入的一端称为队尾(rear),允许删除的一端称为队头(front),如图 3.7 所示。这个队列中有五个元素,a_1 是队头元素,a_5 是队尾元素;此时如果要出队,则 a_1 出队,a_2 就成为新的队头元素;此时如果要入队一个元素 x,则在 a_5 这一端入队,入队后 x 就成为新的队尾元素。

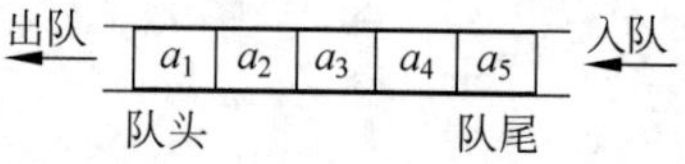

出队 a_1 a_2 a_3 a_4 a_5 入队

队头 队尾

图 3.7 队列的示意图

队列的抽象数据类型定义如下:

```
ADT 名:Queue
    Data:
        数据对象:D = {a_i | 1 ≤ i ≤ n, n ≥ 0, a_i 是 Element 类型数据}
        数据关系:R = {<a_i, a_{i+1}> | 1 ≤ i ≤ n-1}
    Operation:
        InitQueue(&Q):初始化队列,构造一个空队列 Q。
        DestroyQueue (&Q):销毁队列,释放队列 Q 所占用的存储空间。
        Empty(Q):判断队列是否为空,若队列 Q 为空,则返回真值;否则返回假。
        EnQueue(&Q, x):入队,将元素 x 插入队列 Q 中作为新队尾元素。
        DeQueue(&Q, &x):出队,从队列 Q 中删除队头元素,并用 x 返回其值。
        GetQueue(Q, &x):取队头元素,用 x 返回当前的队头元素。
    End ADT
```

【例 3.3】 若元素的进队顺序为 12345,能否得到 32145 的出队顺序?

解:队列不同于栈,若进队顺序为 12345,出队顺序只能有一种,即 12345,所以不能得到 32145 的出队顺序。

3.3.2 队列的顺序存储结构及其实现

队列中的数据元素的逻辑关系呈线性关系，所以也可以像线性表一样采用顺序存储结构进行存储，即分配一块连续的存储空间来存放队列中的元素，在 C++语言中用数组实现；同时，用两个整型变量反映队列中元素的变化，它们分别存储队头元素和队尾元素在数组中的下标，分别称为队头指针(front)和队尾指针(rear)。采用顺序存储结构存储的队列称为顺序队列(sequential queue)。一个空的顺序队列如图 3.8(a)所示。不失一般性，从数组下标为 0 的一端开始入队，所以此时 front 和 rear 都是−1。每入队一个元素，队尾指针 rear+1，rear 总是指向队尾元素；每出队一个元素，队头指针 front+1，front 总是指向队头元素的前一个位置。那么 a_1、a_2、a_3 依次入队后队列的状态如图 3.8(b)所示。此时如果 a_4、a_5、a_6 继续入队，则队列状态如图 3.8(c)所示，队列已满。如果 a_1、a_2、a_3 依次出队，队列的状态如图 3.8(d)所示，此时队列中虽然只有三个元素，但若想继续入队，数组高下标端已经没有存储空间了，表示队列已满，但实际上数组低下标端还有空闲位置，这种状态称为假溢出。随着顺序队列的入队和出队不断进行，队列中的元素在数组中呈现“单向移动性”，也就出现了这种假溢出的现象。

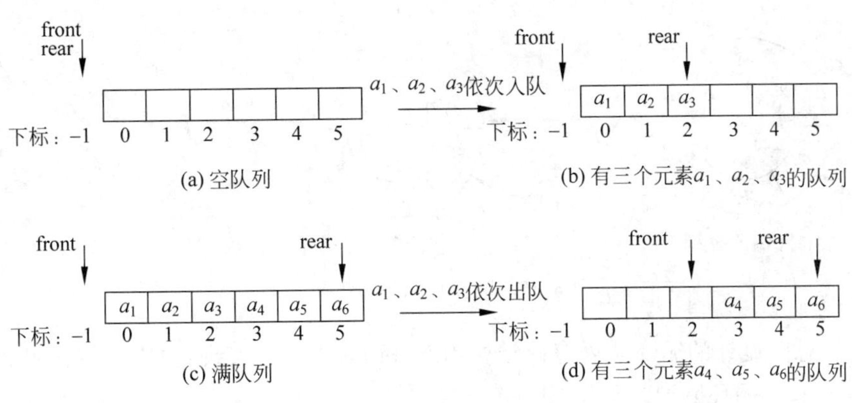

图 3.8 顺序队列入队和出队

那么如何解决假溢出的问题呢？假溢出问题是因为元素从队头出队后的存储单元不能被重新利用而产生的，可以在元素出队时让队列整体前移，始终保持队头元素在下标为 0 的位置。这样处理虽然解决了假溢出的问题，但出队操作的时间复杂度从 $O(1)$ 提高为 $O(n)$。那还有其他解决办法吗？

摩天轮是大朋友小朋友都非常喜欢的一种游乐设施，只要摩天轮上还有空的吊篮，就可以让游客乘坐，不会出现这种假溢出的情况，那顺序队列是否也可以像摩天轮一样让存储单元形成一个环形以避免假溢出呢？答案是肯定的，可以将一维数组从逻辑上首尾相接，形成一个环状存储结构，如图 3.9 所示。

图 3.9(a)是一个空队列，front 和 rear 都是 0；a_1、a_2、a_3 依次入队，rear 为 3；a_4、a_5、a_6 继续入队，rear 在循环状态下经过三次加 1 后又变为 0，这时可以发现：队列为空时，front=rear；队列为满时，front=rear。那么如何区分队空队满呢？有多种方法可以采用：①增加一个队列长度的成员变量，通过对队列长度的判断可以区分队空队满；②增加一个布尔型变量，有元素入队时将其置为 true，有元素出队时将其置为 false，此变量与 front=

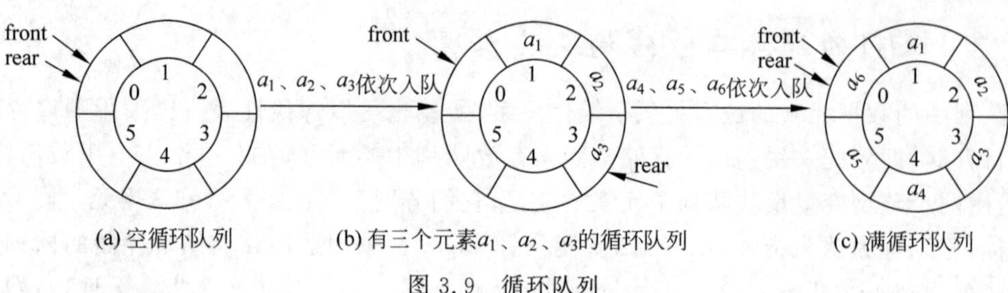

图 3.9 循环队列

rear 结合使用可判断队空队满；③浪费一个单元的存储空间，即当 rear 和 front 的位置正好差 1 时，认为队满，如图 3.10(a)所示。本书采取方法③。

需要注意的是，在循环队列中入队和出队时，rear 和 front 不能单纯加 1，需要在循环意义下加 1。出队一个元素时：front=(front+1)%QueueSize，如图 3.10(b)所示。入队一个元素时：rear=(rear+1)%QueueSize，如图 3.10(c)所示。同样判断队列是否已满时：(rear+1)%QueueSize == front。这里 QueueSize 是队列的容量，即数组的长度，%是 C++语言中的求余符号。

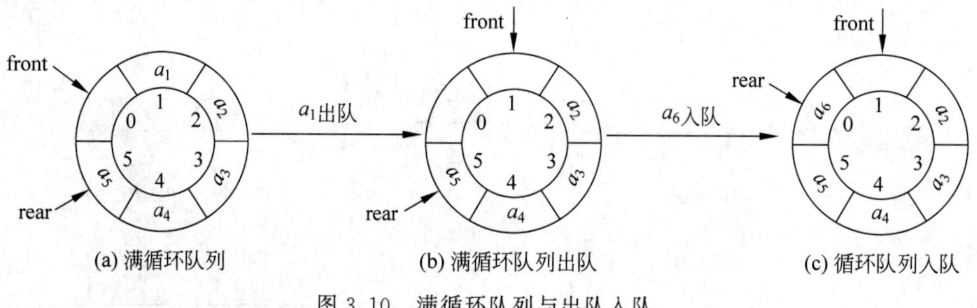

图 3.10 满循环队列与出队入队

按这个思路设计的循环队列存储结构用 C++语言中的类实现，类定义见代码 3.12。

代码 3.12 循环队列的类定义

```
const int QueueSize = 10;           //根据实际问题具体定义
template < typename Element >
class CQueue
{
public:
    CQueue();                       //构造函数,构造一个空循环队列
    ~ CQueue();                     //析构函数
    void enQueue(Element x);        //入队操作,将元素 x 入队
    Element deQueue();              //出队操作,将队头元素返回
    Element getQueue();             //取队头元素
    int empty();                    //判断循环队列是否为空
private:
    Element data[QueueSize];        //存放队列元素的数组
    int front, rear;                //队头和队尾指针
};
```

下面按照循环队列的类定义逐个讨论每个成员函数的实现。

1. 构造函数，构造一个空循环队列

当 front=rear 时，循环队列为空。那么初始化一个空的循环队列，只需要将 front 和 rear 初始化为同一个值即可，不失一般性，可以令 front=rear=−1。

2. 析构函数，销毁循环队列

循环队列是静态存储分配，在循环队列变量退出作用域时系统会自动释放队列所占存储空间，因此循环队列无须销毁，析构函数为空函数。

3. 入队操作，将元素 *x* 入队

该操作首先要判断队列是否已满，若已满则抛出上溢异常；否则先将队尾指针在循环意义下加 1，再将元素 x 插入在该位置上。入队函数实现见代码 3.13。

代码 3.13 循环队列的入队函数

```
template < typename Element >
void CQueue < Element > :: enQueue(Element x)
{
    if ((rear + 1) % QueueSize == front) throw "上溢";
    rear = (rear + 1) % QueueSize;          //队尾指针在循环意义下加 1
    data[rear] = x;                         //在队尾处插入元素
}
```

4. 出队操作，将队头元素返回

该操作首先要判断队列是否为空，若为空则抛出下溢异常；否则先将队头指针在循环意义下加 1，然后将队头指针所指元素返回即可。出队函数实现见代码 3.14。

代码 3.14 循环队列的出队函数

```
template < typename Element >
Element CQueue < Element > :: deQueue()
{
    if (rear == front) throw "下溢";
    front = (front + 1) % QueueSize;          //队头指针在循环意义下加 1
    return data[front];                       //读取并返回出队前的队头元素
}
```

5. 取队头元素

该操作与出队操作类似，不同之处就是不出队，即队头指针 front 不改变。

6. 判断队列是否为空

该操作只需要判断队头指针和队尾指针是否相等即可。

代码 3.15 循环队列判断队空函数

```
template < typename Element >
int CQueue < Element > :: empty()
{
    if (rear == front) return 1;
    else return 0;
}
```

上述基本操作均不包含循环结构,时间复杂度均为 $O(1)$。在循环队列中,队头指针 front 始终指向队头元素的前一个位置,队尾指针 rear 指向队尾元素,队列中的元素个数为(rear－front＋ QueueSize)%QueueSize。

3.3.3 双端队列

双端队列(double-ended queue)是队列的扩展,指两端都可以进行入队和出队操作的队列,如图 3.11 所示。队列的两端分别称为队头和队尾,两端都可以入队和出队,队列中元素的逻辑关系仍是线性关系。从图 3.11 还可以看出,从队尾入队,队头出队或者从队头入队,队尾出队体现出先进先出的特点,从队头入队,队头出队,或者从队尾入队,队尾出队,体现出后进先出的特点。

如果允许在队列的两端入队,但只允许在一端出队,则称为两进一出队列;如果允许在队列的两端出队,但只允许在一端入队,则称为两出一进队列;如果限定双端队列中从某端进队的元素只能从该端出队,则该双端队列就退变为两个栈底相邻的栈了。

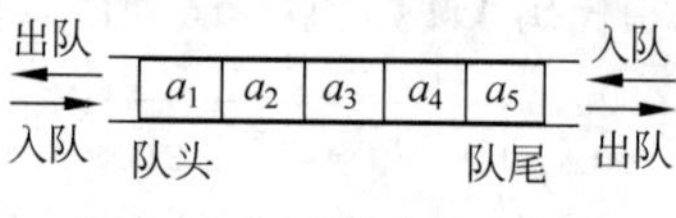

图 3.11 双端队列示意图

双端队列和普通队列类似,都有入队、出队等基本操作,只是操作时需指明操作的位置。双端队列在循环队列这种存储结构下可用 C++语言中的类实现,其类定义见代码 3.16。

代码 3.16 双端队列的类定义

```
const int QueueSize = 10;
template < typename Element >
class DEQueue
{
public:
    DEQueue();                          //构造函数,构造一个空的双端队列
    ~ DEQueue();                        //析构函数
    void enQueueFront(Element x);       //入队操作,将元素 x 从队头入队
    void enQueueRear(Element x);        //入队操作,将元素 x 从队尾入队
    Element deQueueFront();             //出队操作,将队头元素出队并返回
    Element deQueueRear();              //出队操作,将队尾元素出队并返回
    Element getQueueFront();            //取队头元素,将队头元素返回
    Element getQueueRear();             //取队尾元素,将队尾元素返回
    int empty();                        //判断循环队列是否为空
private:
    Element data[QueueSize];            //存放队列元素的数组
    int front, rear;                    //队头和队尾指针
};
```

双端队列的基本操作都与循环队列类似,这里只对队头入队和队尾出队两个操作进行分析实现,其他操作请读者参照循环队列自行实现。

1. 入队操作,将元素 x 从队头入队

循环队列中,队尾指针指向队尾元素,从队尾入队,队尾指针在循环意义下加 1;队头元素指向队头元素的前一个位置,从队头出队时,队头指针在循环意义下加 1。那么对于双端

队列，从队头入队，需要先将入队元素 x 存入队头指针所指位置，然后队头指针在循环意义下减 1，如图 3.12 所示。在算法实现时首先判断队列是否已满，具体算法示例见代码 3.17。

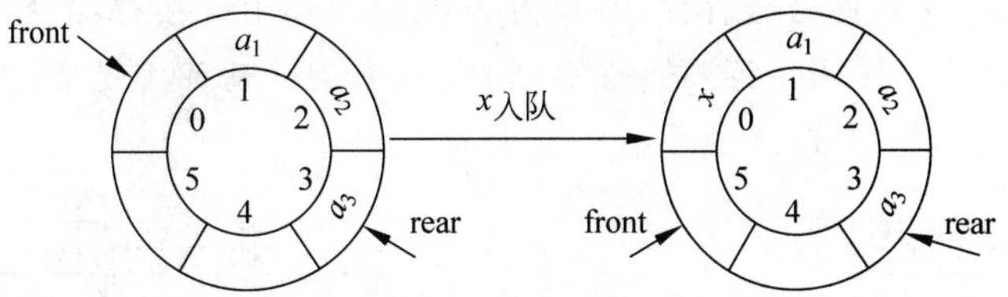

图 3.12　双端队列队头入队示意图

代码 3.17　双端队列的队头入队函数

```
template < typename Element >
void DEQueue < Element > :: enQueueFront(Element x)
{
    if ((rear + 1) % QueueSize == front) throw "上溢";
    data[front] = x;
    front = (front - 1 + QueueSize) % QueueSize;
}
```

2. 出队操作，将队尾元素出队并返回

队尾指针指向队尾元素，首先需要将队尾元素暂存，然后队尾指针在循环意义下减 1，最后把暂存的队尾元素返回，如图 3.13 所示。在算法实现时首先应判断队列是否为空，具体算法示例见代码 3.18。

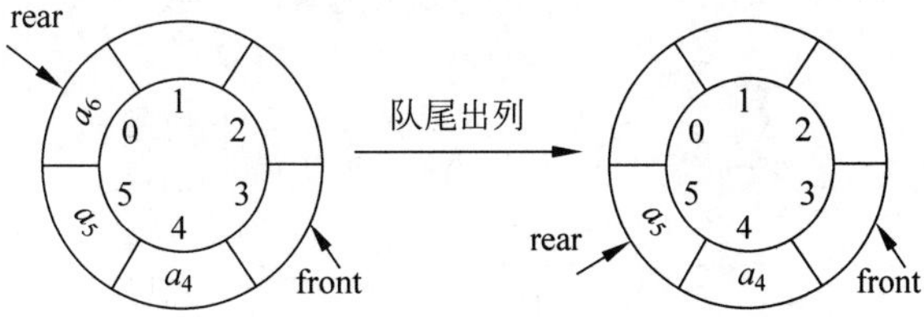

图 3.13　双端队列队尾出队示意图

代码 3.18　双端队列的队尾出队函数

```
template < typename Element >
Element DEQueue < Element > :: deQueueRear()
{
    if (rear == front) throw "下溢";
    Element x = data[rear];
    rear = (rear - 1 + QueueSize) % QueueSize;
    return x;
}
```

3.3.4 队列的链接存储结构及其实现

队列也可以用链接存储方式存储,与单链表类似。采用链接存储结构存储的队列称为链队列(linked queue)。使用单链表实现链队列,队头指针指向单链表的头结点,队尾指针指向单链表的尾结点,如图 3.14 所示。

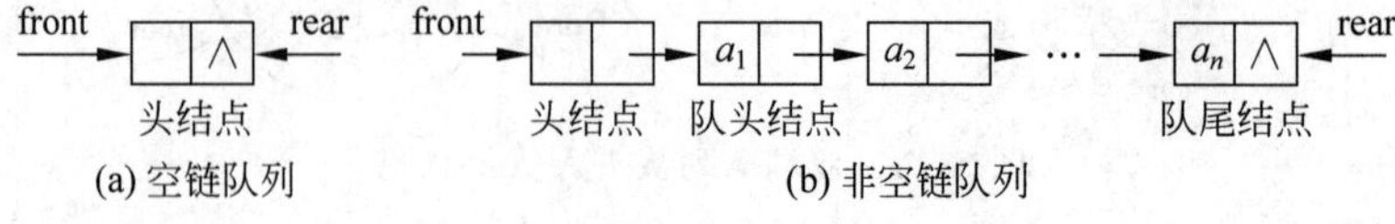

图 3.14 链队列示意图

这里增加头结点的目的是使对空队列和非空队列的操作一致。

将队列的抽象数据类型定义在链队列存储结构下用 C++语言中的类实现,其类定义见代码 3.19。

代码 3.19 链队列的类定义

```
template < typename Element >
class LQueue
{
public:
    LQueue();                          //构造函数,构造一个空链队列
    ~LQueue();                         //析构函数
    void enQueue(Element x);           //入队操作,将元素 x 入队
    Element deQueue();                 //出队操作,将队头元素返回
    Element getQueue();                //取队头元素
    int empty();                       //判断队列是否为空
private:
    Node < Element > * front,  * rear;  //队头和队尾指针
};
```

下面按照链队列的类定义逐个讨论每个成员函数的实现。

1. 构造函数,构造一个空链队列

空链队列包含头指针、尾指针和头结点,构造函数就是要初始化这些参量。函数实现见代码 3.20。

代码 3.20 链队列的构造函数

```
template < typename Element >
LQueue < Element > :: LQueue()
{
    s = new Node < Element >;        //申请头结点,并让其指针域为空
    s -> next = nullptr;
    front = rear = s;                //初始化队头指针和队尾指针指向头结点
}
```

2. 析构函数,销毁链队列

链队列是动态存储分配,在链队列变量退出作用域时需要释放所有结点的存储空间。链队列的析构函数与单链表的析构函数类似,读者可自行实现。

3. 入队操作,将元素 *x* 入队

该操作首先申请一个结点,将元素 x 存入结点数据域,然后将该结点插入尾结点之后,队尾指针需要更新指向该结点。入队函数实现见代码 3.21。

代码 3.21 链队列的入队函数

```
template < typename Element >
void LQueue < Element > :: enQueue(Element x)
{
    s = new Node < Element >;          //申请结点并初始化
    s -> data = x;
    s -> next = nullptr;
    rear -> next = s;                  //插入队尾
    rear = s;
}
```

4. 出队操作,将队头元素返回

该操作首先要判断队列是否为空,若为空则抛出下溢异常;否则先将队头元素暂存,再将队头结点摘链,最后返回暂存的被删元素。出队函数实现见代码 3.22。

代码 3.22 链队列的出队函数

```
template < typename Element >
Element LQueue < Element > :: deQueue()
{
    if (rear == front) throw "下溢";             //判断若栈空,抛出下溢异常
    p = front -> next;                          //p 指向队头元素所在结点
    x = p -> data;                              //暂存队头元素
    front -> next = p -> next;                  //摘链
    if (p -> next == nullptr) rear = front;     //若队列中唯一的元素出队,需更新队尾指针
    delete p;
    return x;
}
```

5. 取队头元素

该操作与出队操作类似,不同之处就是不删除队头结点。

6. 判断队列是否为空

该操作只需要判断队头指针和队尾指针是否相等即可。判断队空函数实现见代码 3.23。

代码 3.23 链队列的判断队空函数

```
template < typename Element >
int LQueue < Element > :: empty()
```

```
    {
        if (rear == front) return 1;
        else return 0;
    }
```

上述基本操作均不包含循环结构,时间复杂度均为 $O(1)$。

可以从时间和空间两方面比较循环队列和链队列。循环队列和链队列基本操作的时间复杂度都是常量阶的,不过循环队列是提前申请好存储空间,使用期间不释放,而链队列每次申请和释放结点都会存在一些时间开销,如果入队出队频繁,则两者还是有细微差别的。从空间上来说,循环队列必须预先确定一个固定的长度,所以就有了存储元素个数有限和空间浪费的问题。而链队列没有这个问题,但是每个元素都需要一个指针域,从而产生了结构性开销。总之,如果可以确定队列的最大长度,建议使用循环队列,反之使用链队列。

3.4 栈和队列的应用

栈和队列都是操作受限的线性表,其基本操作用线性表也完全可以实现,那为什么要引入栈和队列这两种数据结构呢?这样简化了程序设计的问题,划分了不同的关注层次,使得解决问题时需要思考的范围缩小,更能聚焦于所要解决的问题核心。反之,像数组或单链表,要分散精力去考虑数组下标增减或链表指针移动等细节问题,反而掩盖了问题的核心。现在的高级语言,如 C++、Java、C# 等都有对栈和队列的封装,可以直接使用而无须关注其实现细节。

3.4.1 数制转换

十进制数和其他进制数的转换是计算机实现计算的基本问题,解决方法很多,其中一个简单的整数转换算法原理如下:

$$N = (N \text{ div } d) \times d + N \text{ mod } d$$

其中,N 是十进制数,d 是 d 进制,div 是整除运算,mod 是求余运算。

例如:$(2892)_{10} = (5514)_8$,运算过程如下:

```
  N            N div 8         N mod 8
2892             361               4
 361              45               1
  45               5               5
   5               0               5
```

那么现在要编写一个满足下列要求的程序:对于输入的任意一个非负十进制整数,打印输出与其等值的八进制数。观察上述运算过程,是从低位到高位的顺序依次产生八进制数的各个数位,而打印输出时,需要从高位到低位进行,这与运算过程恰好相反,与栈的后进先出的特性一致。因此,将运算过程中得到的八进制数按顺序入栈,然后按出栈顺序逐个打印输出即为与所输入数值对应的八进制数。C++实现程序见代码 3.24。

代码 3.24 数制转换的 C++实现

```
#include < iostream >
#include "SStack.cpp"
using namespace std;
int main()
{
    int n;
    SStack < int > stack;          //定义一个顺序栈对象
    cin >> N;                      //输入十进制数 N
    while (N)                      //N 不为 0 时循环
    {
      stack.Push(N % 8);           //将余数依次入栈
      N = N / 8;
    }
    while (!stack.empty())         //栈非空时循环
    {
      cout << stack.Pop();         //元素依次出栈并打印
    }
}
```

程序中使用了 3.2.2 节实现的顺序栈类,编程时需要使用"#include "SStack.cpp""将此类包含进来。

3.4.2 函数的调用与递归

用高级语言编写的程序中,调用函数和被调用函数之间的链接及信息交换需要通过栈来进行。通常,在一个函数 A 的运行期间调用另一个函数 B 时,在运行被调用函数 B 之前,系统需要完成三项工作:①将所有的实参、返回地址等信息传递给被调用函数 B 保存;②为被调用函数 B 的局部变量分配存储区;③将控制转移到被调函数的入口。而从被调用函数 B 返回调用函数 A 之前,系统也要完成三项工作:①保存被调用函数 B 的计算结果;②释放被调函数 B 的数据区;③按照被调函数 B 保存的返回地址将控制转移到调用函数 A。当有多个函数构成嵌套调用时,按照"先调用后返回"的原则,上述函数之间的信息传递和控制转移需要通过"栈"来实现,即系统将整个程序运行时所需的数据空间安排在一个栈中。每当调用一个函数时,就为它在栈顶分配一个存储区;每当从一个函数退出时,就释放它的存储区,则当前正在运行的函数的数据区就在栈顶。例如,在图 3.15(a)中,主函数 main 中调用了函数 A,而在函数 A 中又调用了函数 B,图 3.15(b)展示了当前正在执行函数 B 中某个语句时栈的状态,而图 3.15(c)展示了从函数 B 返回之后正在执行函数 A 中某个语句时栈的状态(图 3.15 中以语句标号表示返回地址)。

直接调用自己或通过一系列调用语句间接调用自己的函数,称作递归函数。递归函数的运行过程类似多个函数的嵌套调用,只是调用函数和被调用函数是同一个函数。下面以斐波那契数列为例说明递归调用的过程。

斐波那契数列(Fibonacci sequence),又称黄金分割数列,因数学家莱昂纳多·斐波那契(Leonardoda Fibonacci)以兔子繁殖为例子而引入,故又称为"兔子数列"。

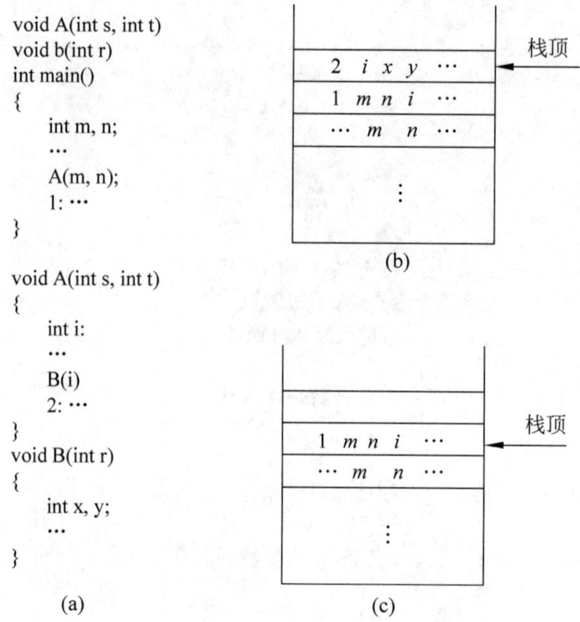
void A(int s, int t)
void b(int r)
int main()
{
int m, n;
…
A(m, n);
1: …
}
void A(int s, int t)
{
int i:
…
B(i)
2: …
}
void B(int r)
{
int x, y;
…
}
(a)
栈顶
2 i x y …
1 m n i …
… m n …
(b)
栈顶
1 m n i …
… m n …
(c)

图 3.15　函数嵌套调用时运行栈的状态

如果兔子在出生两个月后就有繁殖能力，一对兔子每个月能生出一对小兔子。假设所有兔子都不死，那么一年以后可以繁殖多少对兔子呢？

不妨拿新出生的一对幼兔 AA 分析一下：第一个月幼兔 AA 没有繁殖能力，所以还是一对；两个月后，幼兔 AA 长成成兔，生下一对幼兔 BB，对数共有两对；三个月以后，成兔 AA 又生下一对，因为幼兔 BB 还没有繁殖能力，所以一共是三对……依此类推可以列出表 3.1。

表 3.1　兔子数列

经过月数	幼兔对数	成兔对数	总对数
0	1	0	1
1	0	1	1
2	1	1	2
3	1	2	3
4	2	3	5
5	3	5	8
6	5	8	13
7	8	13	21
8	13	21	34
9	21	34	55
10	34	55	89
11	55	89	144
12	89	144	233
…	…	…	…

幼兔对数＝前月成兔对数

成兔对数＝前月成兔对数＋前月幼兔对数

总对数＝本月成兔对数＋本月幼兔对数

可以看出，总体对数构成了一个数列，这个数列有十分明显的特点：前面相邻两项之和，构成了后一项。列式如下：

$$F(0)=0$$

$$F(1)=1$$

$$F(n)=F(n-1)+F(n-2)(n\geqslant 2)$$

用 C++语言编程打印前 20 位的斐波那契数列，程序见代码 3.25。

代码 3.25 斐波那契数列的 C++实现

```
#include < iostream >
using namespace std;
int F(int i)
{
    if (i < 2)
      return i == 0 ? 0 : 1;
    return F(i - 1) + F(i - 2);        //递归调用
}
int main()
{
    int n;
    for (n = 0;n < 20;n++)
    {
      cout << F(n) << "\t";
    }
}
```

递归调用中一个重要的概念是递归函数运行的"层次"，假设调用该递归函数的主函数为第 0 层，则从主函数调用递归函数为进入第 1 层。从第 i 层递归调用本函数为进入"下一层"，即为第 $i+1$ 层；反之，从第 i 层返回至"上一层"，即为第 $i-1$ 层。为了保证递归函数正确执行，系统设立一个"工作栈"作为整个递归函数运行期间使用的数据存储区。每一层递归所需信息构成一个"工作记录"，其中包括所有的实参、局部变量以及上一层的返回地址。每进入一层递归，就产生一个新的工作记录压入栈顶。每退出一层递归，就从栈顶弹出一个工作记录，则当前执行层的工作记录就是工作栈栈顶的工作记录。图 3.16 详细展示了求斐波那契数列中第五位 $F(5)$ 的递归调用过程，图中的"1："和"2："分别对应代码 3.25 中函数 int F(int i)中的两条 return 语句。从图 3.16 中也可以看到，求 $F(5)$ 需要递归调用五层，最后调用的函数最先返回，最先调用的函数最后返回，这也是栈的特性。

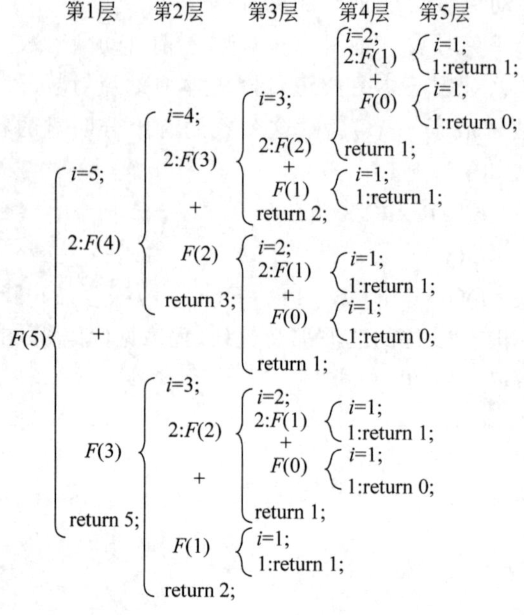

图 3.16　F(5)的递归调用过程

3.4.3　表达式求值

表达式求值是小学生学习数学经常遇到的问题,也是程序设计语言编译中的一个最基本问题,它的实现是栈应用的一个典型例子。这里以简单的只带小括号的四则算术表达式求值为例。

小学数学中学习过,四则运算的规则是:

(1) 先乘除,后加减;

(2) 从左算到右;

(3) 先括号内,后括号外。

例如: 4×(7－2×3)＋26/(5＋8),它的计算顺序如下:

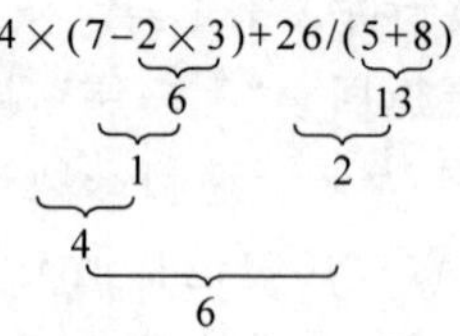

这个表达式非常简单,通过口算很容易就能得到答案,那计算机如何按照这个计算优先顺序实现呢?其中的困难就在于求值时不仅要考虑运算符的优先级,还要处理括号。波兰逻辑学家 J. 卢卡西维兹(J. Lukasiewicz)于 1929 年首先提出了一种表达式的表示方法——逆波兰式,也称为后缀表达式(postfix expression),就是所有的运算符都在对应的操作数后面出现;日常生活中经常使用的表达式形式,也就是运算符在两个操作数的中间,称为中缀表达式(infix expression)。中缀表达式"4 * (7－2 * 3)＋26/(5＋8)"的后缀表达式为"4＃7＃2＃3＃ * － * 26＃5＃8＃＋/＋"。为了在后缀表达式中区分相邻的操作数,在每个操作数末尾添加一个字符"＃"。后缀表达式中没有括号,只有操作数和运算符,越放在前面的运

算符优先级越高。计算机就是先将中缀表达式转换为后缀表达式，然后对后缀表达式求值以得到中缀表达式的运算结果。

1. 后缀表达式求值

为了进一步体会后缀表达式的好处，首先需要了解计算机如何对后缀表达式求值。设有后缀表达式为"4＃7＃2＃3＃ ＊－＊26＃5＃8＃＋/＋"，基本的求值规则：从左到右遍历表达式的每个数字和符号，遇到数字就进栈，遇到运算符就将处于栈顶的两个数字弹出并进行运算，然后将运算结果进栈，一直到最终获得结果。

求值步骤如下：

(1) 初始化一个用于操作数的空栈，表达式的前四个都是数字，依次入栈，如图 3.17(b)所示。

(2) 接下来是"＊"，将栈中的"3"和"2"依次出栈作为乘数，计算"2＊3"得到"6"，再将"6"进栈，如图 3.17 (c)所示。

(3) 紧接着是"－"，将栈中的"6"和"7"依次出栈作为减数和被减数，计算"7－6"得到"1"，再将"1"进栈，如图 3.17 (d)所示。

(4) 接下来又是"＊"，将栈中的"1"和"4"依次出栈作为乘数，计算"4＊1"得到"4"，再将"4"进栈，如图 3.17 (e)所示。

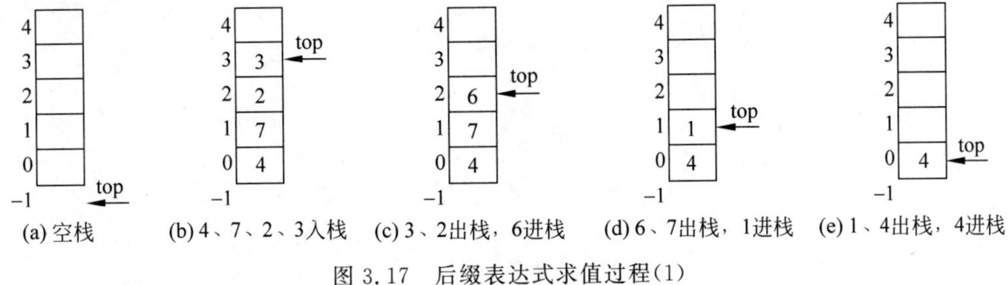

图 3.17 后缀表达式求值过程(1)

(5) 接下来将三个数字"26""5"和"8"依次入栈，如图 3.18(a)所示。

(6) 接着是"＋"，将栈中的"8"和"5"依次出栈作为加数，计算"5＋8"得到"13"，再将"13"进栈，如图 3.18(b)所示。

(7) 紧接着是"/"，将栈中的"13"和"26"依次出栈作为除数和被除数，计算"26/13"得到"2"，再将"2"进栈，如图 3.18(c)所示。

(8) 最后一个符号是"＋"，将栈中的"2"和"4"依次出栈作为加数，计算"4＋2"得到"6"，再将"6"进栈，如图 3.18(d)所示，求值结果就是栈顶元素"6"。

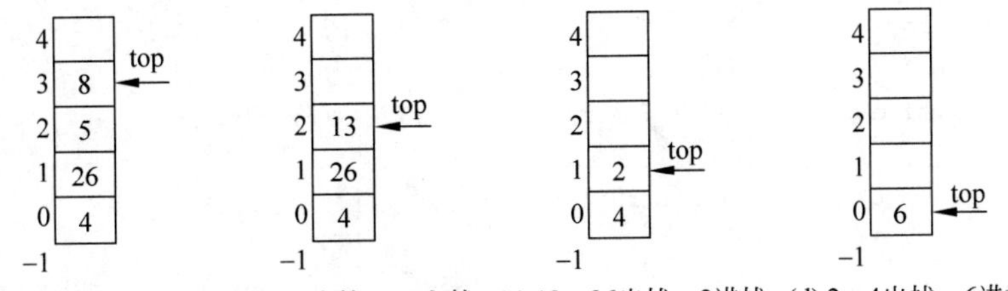

图 3.18 后缀表达式求值过程(2)

后缀表达式求值程序如代码 3.26 所示,这里用栈存储数字,假定使用顺序栈。

代码 3.26 后缀表达式求值的 C++实现

```
int compute(string str)                          //str 是后缀表达式,返回求值结果
{
    SStack < int > stack;                        //定义存储数字的顺序栈
    int i = 0, a, b, c, d;
    while (str[i] != '\0')                       //遍历后缀表达式
    {
        switch (str[i])
        {
        case '+':
            a = stack.Pop();
            b = stack.Pop();
            c = b + a;
            stack.Push(c);
            break;
        case '-':
            a = stack.Pop();
            b = stack.Pop();
            c = b - a;
            stack.Push(c);
            break;
        case '*':
            a = stack.Pop();
            b = stack.Pop();
            c = b * a;
            stack.Push(c);
            break;
        case '/':
            a = stack.Pop();
            b = stack.Pop();
            if (a != 0)
            {
                c = b / a;
                stack.Push(c);
                break;
            }
            else throw "除数不能为 0!";
            break;
        default:
            d = 0;
            while (str[i] >= '0'&&str[i] <= '9')     //处理数字
            {
                d = 10 * d + str[i] - '0';
                i++;
            }
            stack.Push(d);                       //数字入栈
            break;
```

```
            }
            i++;
        }
        return stack.Pop();
    }
```

可见,计算机使用后缀表达式求值非常方便,那怎么才能把中缀表达式转换为后缀表达式呢?下面就来学习这个知识点。

2. 中缀表达式转后缀表达式

中缀表达式“4 * (7－2 * 3)＋26/(5＋8)”转化为后缀表达式“4＃7＃2＃3＃ * － * 26＃5＃8＃＋/＋”,规则如下:

(1) 从左到右遍历中缀表达式,如果是数字就直接输出,如果是运算符,则执行步骤(2)。

(2) 判断其与栈顶运算符的优先级,若优先级相等,则肯定是“)”,栈顶的“(”直接出栈即可;若优先级高,则直接入栈;若优先级低,则栈顶元素依次出栈并输出,直到栈顶元素优先级低于当前运算符,当前运算符入栈。

(3) 执行步骤(1)、步骤(2),一直遍历到表达式结束,栈中运算符依次出栈到栈空为止。

根据四则运算的规则,在运算的每一步中,任意两个相继出现的运算符 θ1 和 θ2 的优先级如表 3.2 所示。

表 3.2 运算符之间的优先级关系

θ2 \ θ1	＋	－	*	/	(	)
＋	＞	＞	＜	＜	＜	＞
－	＞	＞	＜	＜	＜	＞
*	＞	＞	＞	＞	＜	＞
/	＞	＞	＞	＞	＜	＞
(	＜	＜	＜	＜	＜	＝
)	＞	＞	＞	＞	＝	＞

中缀表达式转化为后缀表达式的过程如下:

(1) 初始化一个用于运算符的空栈,第一个字符是数字“4”,直接输出;第二个字符是“ * ”,此时栈空,直接入栈,如图 3.19(a)所示。

(2) 第三个字符是“(”,优先级高于栈顶的“ * ”,直接入栈;第四个字符是数字“7”,直接输出,接下来是“－”,优先级高于栈顶的“(”,直接入栈,如图 3.19 (b)所示。

(3) 第六个字符是数字“2”,直接输出;接下来是“ * ”,优先级高于栈顶的“－”,直接入栈,如图 3.19 (c)所示。

(4) 第八个字符是数字“3”,直接输出;接下来是“)”,优先级低于栈顶的“ * ”,“ * ”输出;此时“)”优先级仍低于栈顶的“－”,继续输出“－”;之后“)”与栈顶的“(”优先级相同,栈顶的“(”直接出栈即可,如图 3.19 (d)所示。

(5) 第十个字符是“＋”,优先级低于栈顶的“ * ”,此时输出“ * ”;这时栈空,“＋”入栈,如图 3.20(a)所示。

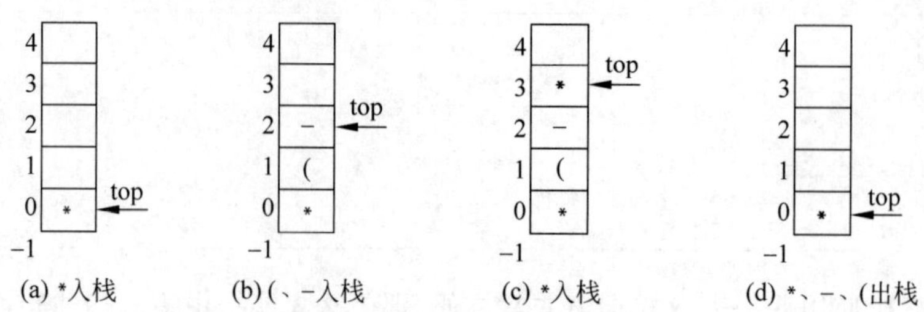

图 3.19　中缀表达式转后缀表达式示意图(1)

(6) 之后是数字"26",直接输出,接下来是"/",优先级高于栈顶的"+",直接入栈;之后是"(",优先级高,直接入栈;接下来是数字"5"输出,"+"优先级高于"(",直接入栈,如图 3.20(b)所示。

(7) 数字"8"直接输出,")"优先级低于栈顶的"+","+"出栈输出;之后")"优先级与栈顶的"("优先级相等,"("出栈,如图 3.20(c)所示;表达式遍历完毕,栈内的运算符依次出栈输出即可,如图 3.20(d)所示。

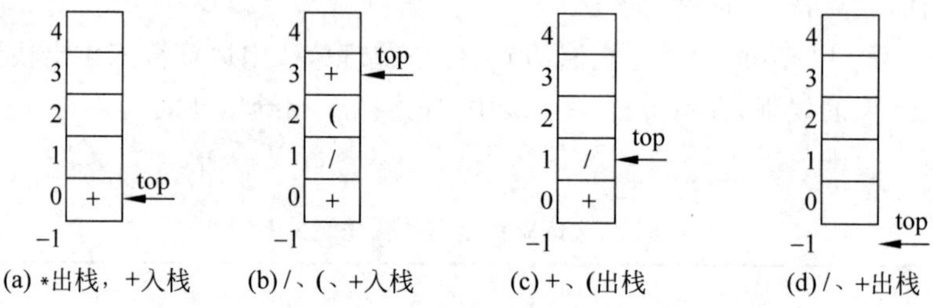

图 3.20　中缀表达式转后缀表达式示意图(2)

中缀表达式转后缀表达式的程序如代码 3.27 所示,其中用抽象数据类型栈存储运算符,这里同样使用顺序栈。

代码 3.27　中缀表达式转后缀表达式的 C++实现

```
string trans(string str1)                          //str1 是中缀表达式,返回转后结果
{
    SStack < char > stack;                         //定义存储运算符的顺序栈
    string str2;
    int i = 0, k;
    stack.Push('#');                               //为避免重复判栈空,增加#
    while (str1[i] != '\0')
    {
        if(str1[i] < '0'|| str1[i] > '9')          //若非数字
        {
            k = compare(stack.GetTop(), str1[i]);  //比较优先级
            switch (k)
            {
            case 0:stack.Pop();                    //优先级相等
                i++;
                break;
            case -1:stack.Push(str1[i]);           //str1[i]优先级高,直接入栈
```

```
            i++;
            break;
        case 1:do                              //str1[i]优先级低,则依次出栈
            {
                str2 = str2 + stack.Pop(); //直到 str1[i]优先级高于栈顶运算符
            }
        while (compare(stack.GetTop(), str1[i]) == 1);
            break;
        default:
            break;
        }
    }
    else                                       //若为数字
    {
        while (str1[i] >= '0'&&str1[i] <= '9')   //处理数字串
        {
            str2 = str2 + str1[i++];
        }
        str2 = str2 + '#';                     //标识一个数字串结束
    }

  }
  while(stack.GetTop()!= '#')
      str2 = str2 + stack.Pop();
  return str2;
}
```

中缀表达式转后缀表达式的算法中,若遍历中缀表达式时遇到运算符,需要与栈顶运算符比较优先级,而若栈为空,则认为该运算符优先级高,直接入栈。编程时为避免重复判断栈是否为空,先入栈一个运算符"#",并且其他所有运算符的优先级都高于"#"。

程序中还用到了优先级比较函数 int compare(char theta1, char theta2),用于比较两个相继出现的运算符 theta1 和 theta2 的优先级,返回值为 1 表示 theta1 优先级高,0 表示相等,−1 表示 theta1 优先级低,其 C++语言实现见代码 3.28。

代码 3.28 优先级比较函数的 C++实现

```
int compare(char theta1, char theta2)
{
    switch (theta1)
    {
    case '+':case '-':if (theta2 == '+'|| theta2 == '-'|| theta2 == ')')return 1;
            else return -1;
        break;
    case '*':case '/':if (theta2 == '(')return -1;
            else return 1;
        break;
    case '(':if (theta2 == ')')return 0;
```

```
            else return -1;
        break;
    case ')':if (theta2 == '(')
        {
            throw "表达式不正确!";
            exit(0);
        }
              else return 1;
        break;
    case'#': return -1;        //其他运算符优先级都高于"#"
        break;
    default:
        break;
    }
}
```

3.4.4 魔王语言翻译官

传说有一个魔王总是使用自己的一种非常精炼而抽象的语言讲话,没人能听得懂。后来有一位智者发现魔王的语言是由以下两种形式的规则由人的语言逐步抽象上去的。

(1) $\alpha \to \beta_1\beta_2\beta_3\cdots\beta_n$

(2) $(\theta\delta_1\delta_2\delta_3\cdots\delta_n) \to \theta\delta_n\theta\delta_{n-1}\cdots\theta\delta_1\theta$

上面的规则(1)和规则(2)中,从左到右表示将魔王语言翻译成人类的语言。魔王语言和人类的语言按照该语法的规则进行转换。

设大写字母表示魔王语言词汇,小写字母表示人类语言词汇,魔王语言可以包含人类的词汇。假设把规则(1)具体化为以下两条规则:①$B \to tAdA$;②$A \to sae$。

则 $B(ehnxgz)B = tsaedsaeezegexenehetsaedsae$,若将小写字母与汉字建立以下对应关系进行翻译,则魔王说的话是:"天上一只鹅地上一只鹅鹅追鹅赶鹅下鹅蛋鹅恨鹅天上一只鹅地上一只鹅。"那么怎样设计一个魔王语言的翻译系统,把魔王的话翻译成人能听懂的话呢?

t	d	s	a	e	z	g	x	n	h
天	地	上	一只	鹅	追	赶	下	蛋	恨

规则(1)和规则(2)不同。规则(1)是直接替换,先输入就先替换,与队列的特性一致,因此可以用队列来实现。规则(2)需要按照输入顺序的反序输出,也就是最后输入的需要先输出,与栈的特性一致,因此使用栈来实现。

魔王的语言中包含括号,如果括号不匹配,即左括号或右括号多余,则不能翻译。那么如何实现括号匹配呢?观察下列括号序列:

```
( ( ( ) ) )
1 2 3 1 2 3
```

当输入第 1 个左括号时，它期待着与它匹配的右括号的出现，而等来的却是第 2 个左括号；这时第 1 个左括号只能靠边站，迫切期待与第 2 个左括号匹配的右括号的出现；这时出现的却是第 3 个左括号，第 2 个左括号也只能暂时靠边站；等到第 1 个右括号出现时，它与第 3 个左括号匹配成功；这时第 2 个右括号出现，第 2 个左括号的期待才能得到满足。对左括号来说，总是最后出现的能最先获得匹配，这与栈的特性相同，所以括号匹配检验可以用栈来实现。在算法中设置一个栈，每读入一个左括号就入栈，读入右括号时或者使得栈顶的左括号的期待得以满足，或者是不匹配；当算法结束时，栈若空就匹配成功，否则栈中的左括号就是多余的。

魔王语言翻译官的活动图如图 3.21 所示。

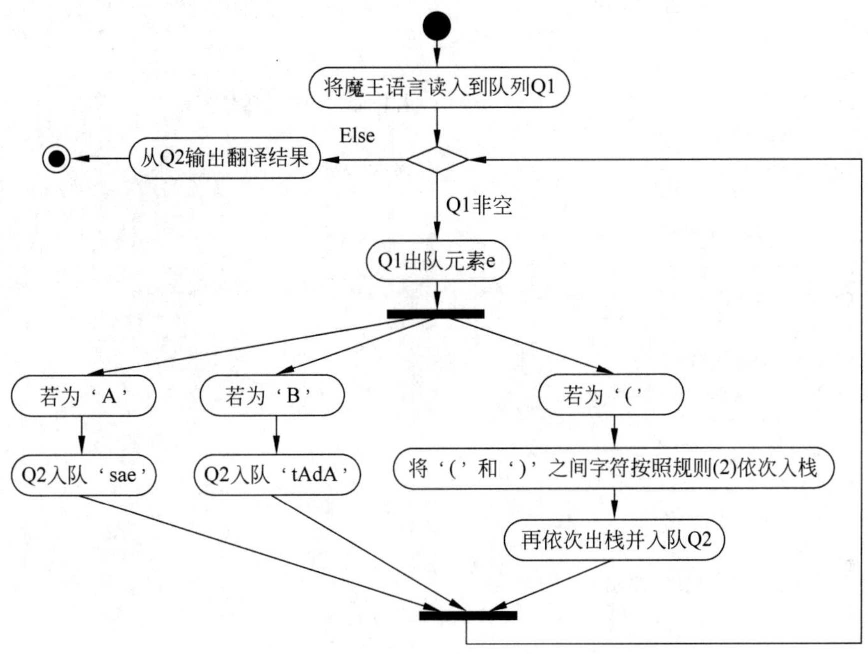

图 3.21　魔王语言翻译官算法活动图

不失一般性，程序中使用顺序栈和链队列，对应的顺序栈类和链队列类的实现读者可参考 3.1 节和 3.2 节内容，魔王语言翻译官程序见代码 3.29。

代码 3.29　魔王语言翻译官的 C++实现

```
#include <iostream>
#include <string>
using namespace std;
#include "SStack.cpp"                 //包含顺序栈类
#include "LQueue.cpp"                 //包含链队列类

//将魔王语言读入到队列
bool read(LQueue<char> &Q)
{
    int m,i;
    string str;
```

```
    SStack<char> stack;                    //用于括号匹配检验的栈
    cout << "请输入魔王语言:" << endl;
    cin >> str;
    m = str.length();
    for (i = 0;i < m;i++)                   //括号匹配检验
    {
        if (str[i] == '(') stack.Push(str[i]);
        else if (str[i] == ')')
        {
            if (stack.empty())              //若栈空,则右括号多余
                return false;
            else stack.Pop();
        }
    }
    if (!stack.empty())                     //若栈非空,则左括号多余
        return false;
    for (i = 0;i < m;i++)                   //读入队列
    {
        Q.enQueue(str[i]);
    }
    return true;
}
//字母'A'用'sae'代替
void enQueue_A(LQueue<char> &Q)
{
    Q.enQueue('s');
    Q.enQueue('a');
    Q.enQueue('e');
}
//将魔王语言转换为汉字输出
void show(LQueue<char> &Q)
{
    char e;
    cout << endl << "若将小写字母与汉字建立以下对应关系:" << endl;
    cout << "t  d  s a    e z g x n h" << endl;
    cout << "天 地 上一只鹅追赶下蛋恨" << endl;
    cout << "则魔王说的话是:" << endl;
    while (!Q.empty())
    {
        e = Q.deQueue();
        switch (e)
        {
        case 't':cout << "天";break;
        case 'd':cout << "地";break;
        case 's':cout << "上";break;
        case 'a':cout << "一只";break;
        case 'e':cout << "鹅";break;
        case 'z':cout << "追";break;
        case 'g':cout << "赶";break;
```

```
            case 'x':cout << "下";break;
            case 'n':cout << "蛋";break;
            case 'h':cout << "恨";break;
            }
        }
}
int main()
{
    LQueue<char> q1,q2;             //魔王语言读入到 q1,翻译后存入 q2
    SStack<char> s;                 //规则(2)用栈来实现
    if (!read(q1))                  //读入魔王语言
    {
        cout << "括号不匹配,无法解释!" << endl;
        return 0;
    }
    char e,theta;
    while(!q1.empty())              //翻译魔王语言
    {
        e = q1.deQueue();
        switch (e)
        {
        case 'A':enQueue_A(q2);     //字母'A'直接用'sae'代替
            break;
        case 'B':q2.enQueue('t');   //字母'B'用'tAdA'代替
            enQueue_A(q2);
            q2.enQueue('d');
            enQueue_A(q2);
            break;
        case'(':theta = q1.deQueue();     //'('开始规则(2)
            q2.enQueue(theta);
            e = q1.deQueue();
            while (e != ')')        //将')'之前部分入栈
            {
                s.Push(e);
                e = q1.deQueue();
            }
            while (!s.empty())      //逐个出栈,并按照规则(2)入队
            {
                q2.enQueue(s.Pop());
                q2.enQueue(theta);
            }
        }
    }
    cout << "魔王语言可以解释为:" << endl;
    LQueue<char> q3;                //用于汉字输出显示的队列
    while (!q2.empty())             //输出翻译结果
    {
        q3.enQueue(q2.GetQueue());
        cout << q2.deQueue();
    }
    show(q3);                       //显示为汉字
}
```

3.5 本章小结

本章介绍了栈和队列两种数据结构的定义、顺序存储结构和链接存储结构的实现、两栈共享空间和双端队列两种特殊情况下的存储结构,以及栈和队列的典型应用。重点内容包括栈和队列的两种数据结构的特性、顺序和链接存储结构的实现,难点是栈在函数递归调用中作用的理解、表达式求值、魔王语言翻译官的实现。

本章习题

一、选择题

1. 若栈 $S1$ 中保存整数,栈 $S2$ 中保存运算符,函数 $F()$依次执行下述各步操作:

(1) 从 $S1$ 中依次弹出两个操作数 a 和 b;

(2) 从 $S2$ 中弹出一个运算符 op;

(3) 执行相应的运算 a op b;

(4) 将运算结果压入 $S1$ 中。

假定 $S1$ 中的操作数依次是 5,8,3,2(2 在栈顶),$S2$ 中的运算符依次是 *,-,+(+在栈顶)。调用 3 次 $F()$后,S 栈顶保存的值是(　　)。

A. -15　　B. 15　　C. -20　　D. 20

2. 现有队列 Q 与栈 S,初始时 Q 中的元素依次是 1,2,3,4,5,6(1 在队头),S 为空。若仅允许下列 3 种操作:①出队并输出出队元素;②出队并将出队元素入栈;③出栈并输出出栈元素,则不能得到的输出序列是(　　)。

A. 1,2,5,6,4,3　　B. 2,3,4,5,6,1

C. 3,4,5,6,1,2　　D. 6,5,4,3,2,1

3. 为解决计算机主机与打印机之间的速度不匹配问题,通常设置一个打印数据缓冲区,主机将要输出的数据依次写入该缓冲区,而打印机则依次从该缓冲区中取出数据。该缓冲区的逻辑结构应该是(　　)。

A. 栈　　B. 队列　　C. 树　　D. 图

4. 某队列允许在其两端进行入队操作,但仅允许在一端进行出队操作。若元素 a,b,c,d,e 依次入此队列后再进行出队操作,则不可能得到的出队序列是(　　)。

A. b,a,c,d,e　　B. d,b,a,c,e

C. d,b,c,a,e　　D. e,c,b,a,d

5. 中缀表达式$(A+B)*(C-D)/(E-F*G)$的后缀表达式是(　　)。

A. $A+B*C-D/E-F*G$　　B. $AB+CD-*EFG*-/$

C. $AB+C*D-E/F-G*$　　D. $ABCDEFG+*-/-*$

6. 与中缀表达式 $a*b+c/d-e$ 等价的前缀表达式是(　　)。

A. $-+*ab/cde$　　B. $*+/-abcde$　　C. $abcde*+/-$　　D. $+*ab-/cde$

7. 有六个元素按 6,5,4,3,2,1 的顺序进栈,下列(　　)不是合法的出栈序列。

A. 5 4 3 6 1 2　　B. 4 5 3 1 2 6　　C. 3 4 6 5 2 1　　D. 2 3 4 1 5 6

8. 向一个栈顶指针为 h 的带头结点的链栈中插入指针 s 所指的结点时,应执行(　　)。

A. h-> next=s;　　B. s-> next=h;

C. s-> next=h; h-> next=s;　　D. s-> next=h-> next; h-> next=s;

9. 设顺序队列的容量为 MaxSize,其头指针为 front,尾指针为 rear,空队列的条件为(　　)。

A. front=rear　　B. front=MaxSize　　C. front+1=rear　　D. rear=0

10. 已知一个算术表达式的中缀形式为 $A+B*C-D/E$,后缀形式为 $ABC*+DE/-$,则其前缀形式为(　　)。

A. $-A+B*C/DE$　　B. $-A+B*CD/E$

C. $-+*ABC/DE$　　D. $-+A*BC/DE$

二、填空题

1. 若某堆栈初始为空,PUSH 与 POP 分别表示对栈进行一次进栈与出栈操作,那么,对于输入序列 a,b,c,d,e,经过 PUSH,PUSH,POP,PUSH,POP,PUSH,PUSH 以后,输出序列是________。

2. 栈是________的线性表,其运算遵循________的原则。

3. 堆栈是一种操作受限的线性表,它只能在线性表的________进行插入和删除操作,对栈的访问是按照________的原则进行的。

4. 当两个栈共享一个存储区时,栈利用一维数组 stack$(1,n)$表示,两栈顶指针为 top[1]与 top[2],则当栈 1 空时,top[1]为________,当栈 2 空时,top[2]为________,栈满时为________。

5. 表达式 23+((12*3-2)/4+34*5/7)+108/9 的后缀表达式是________。

6. 用 S 表示入栈操作,X 表示出栈操作,若元素入栈顺序为 1,2,3,4,则为了得到 1,3,4,2 的出栈顺序,相应的 S 和 X 操作串为________。

7. 在具有 n 个元素的非空队列中插入一个元素或者删除一个元素的操作的时间复杂度采用大 O 形式表示为________。

8. 循环队列是队列的一种________存储结构。

9. 栈和队列的共同特点是只允许在端点处进行________和________。

10. 用带头结点的单链表表示栈,则栈空的标志是________。

三、应用题

1. 有 5 个元素,其入栈次序为 A,B,C,D,E,在各种可能的出栈序列中,第一个出栈元素为 C 且第二个出栈元素为 D 的出栈序列有哪几个?

2. 用栈实现将中缀表达式 8-(3+5)*(5-6/2)转换成后缀表达式,画出栈的变化过程图。

3. 请设计一个队列,满足以下要求:①初始时队列为空;②入队时,允许增加队列占用空间;③出队后,出队元素占用的空间可重复使用,即队列所占用的空间只增不减;④入队和出队操作时间复杂度始终保持 $O(1)$。

(1) 该队列应使用链式存储还是顺序存储结构?

(2) 画出该队列的初始状态,并给出队空和队满的判断条件。

(3) 画出第一个元素入队后的队列状态。

(4) 画出入队和出队操作的基本过程。

4. 以栈为工具,将十进制 9027 转化为八进制数,画出运算过程中栈中元素的变化过程。

四、算法设计题

1. 如果用一个循环数组 $q[0\cdots m-1]$表示队列,该队列只有一个队列头指针 front,不设队列尾指针 rear,而设置计数器 count 用以记录队列中结点的个数。

(1) 编写实现队列的三个基本运算:判空、入队、出队。

(2) 队列中能容纳元素的最多个数是多少?

2. 设有两个栈 $S1$、$S2$ 都采用顺序栈方式,并且共享一个存储区[O…maxsize−1]。为了尽量利用空间,减少溢出的可能,可采用栈顶相向迎面增长的存储方式。试设计 $S1$、$S2$ 有关入栈和出栈的操作算法。

3. 假设称正读和反读都相同的字符序列为"回文",例如,'abcba'是回文,'abcde'和'ababab'则不是回文。试写一个算法判别读入的一个以"@"为结束符的字符序列是否是"回文"。

4. 已知有 n 个元素存放在向量 $\boldsymbol{S}[1..n]$中,其值各不相同,请写一递归算法,生成并输出 n 个元素的全排列。

扩展阅读:排队论

本章学习了队列这种特殊的线性结构,它可以解决许多实际问题。日常生活中许多地方都能见到排队现象,例如在超市的收银台、高速公路收费站等。排队现象对人们的生活有重要的影响,因此在数学上,有一个专门的分支来研究各种有形和无形的排队现象,称为排队论(queuing theory)。

排队论起源于 20 世纪初,丹麦数学家和电气工程师埃尔朗(A. K. Erlang)用概率论方法研究电话通话问题时提出了排队问题。20 世纪 30 年代中期,费勒(W. Feller)引进了生灭过程,排队论也被数学界承认是一门重要的学科,逐渐成为运筹学领域中的一项重要内容。

排队论是通过对服务对象到来及服务时间的统计研究,得出这些数量指标(等待时间、排队长度、忙期长短等)的统计规律,然后根据这些规律来改进服务系统的结构或重新组织被服务对象,使得服务系统既能满足服务对象的需要,又能使机构的费用最经济或某些指标最优。它是数学运筹学的分支学科,也是研究服务系统中排队现象随机规律的学科。

从数学上,一个简单的排队系统可以用符号 $X/Y/Z$ 描述。其中,X 表示顾客到来的时间间隔分布;Y 表示服务台时间的分布;Z 表示服务台个数。例如一个超市收银台,就可以用 $M/M/1$ 表示。其中,第一个 M 表示顾客到来的时间间隔服从参数为 λ 的负指数分布;第二个 M 表示收银员的收银时间也服从参数为 μ 的负指数分布;1 表示只有一个收银员在工作。基于这些假设,从概率角度可以计算出乘客的平均等待时间 $\dfrac{\lambda}{\mu(\mu-\lambda)}$,平均逗留时间 $\dfrac{1}{\mu-\lambda}$,平均队长 $\dfrac{\lambda}{\mu-\lambda}$ 等重要的统计数据。另外,还可以在给定服务水平(例如乘客平均等待时间小于给定值)条件下,计算出应有多少个收银员同时工作等问题。

排队论同样可以用仿真方法求解，属于离散事件系统仿真的一个分支，具体的实现就是使用本章中介绍的队列，根据服务台的个数建立若干队列，再将到来的乘客分配到各个队列中，就可以模拟排队的生成和消散过程，并计算相应的统计数据值。正如第 2 章所介绍的，与数学方法相比，排队系统仿真虽然不具备优秀直观的解析性，但具有更好的灵活性。例如，大学中的理发店，顾客到来后发现等待人数较多，有可能会暂时离开，先去上课，下课以后再来排队。解析方法难以解决类似的灵活问题，而用仿真方法就很容易实现。

第4章 串和数组

串是以字符作为数据元素的线性表,其应用范围非常广泛,如文字编辑、信息系统、编译程序等领域都大量用到字符串的存储和处理。它的实现已经被内置到各种高级编程语言中。本章将重点讨论串的存储结构及模式匹配算法的实现。

数组是大量相同类型数据元素的一种组织方式,可以看成是线性表的推广和扩展,其应用也非常广泛。在数学中,矩阵是高等代数中的常见工具,在统计分析、物理学、计算机科学等领域中都有大量的应用。本章在介绍数组定义和寻址的基础上,重点介绍如何用数组对矩阵进行压缩存储。

【学习重点】

- ◆ 字符串、数组与其他线性结构的区别与联系;
- ◆ 字符串的存储结构;
- ◆ 字符串的模式匹配操作;
- ◆ 数组的寻址;
- ◆ 特殊矩阵的压缩存储;
- ◆ 稀疏矩阵的压缩存储。

【学习难点】

- ◆ KMP 算法;
- ◆ 稀疏矩阵的十字链表存储方法。

4.1 引　　言

字符串是以字符作为数据元素的线性表。在计算机领域,字符串是最为重要的处理对象之一。用编程语言编写程序代码,存储和编译过程都是以字符串形式进行处理的。在各种信息管理系统中,人员姓名、身份证号、地址、物品名称、详细说明等,一般都是按字符串保存和存储。在网络中进行数据传输,目前比较流行的两种数据格式 JSON 和 XML,以及浏览网页所传输的 HTML 数据,也全是字符串格式的。在大数据时代,各个行业每天都会产生海量的数据,在这些数据中字符串类型也占了很大的比例。由于字符串的应用范围广泛,因此在各种高级计算机语言中,不管是编译型还是解释型,都把字符串作为最重要的数据类型进行实现,并提供大量的处理函数和方法。如在 C++语言中,除了一般的字符串操作函数外,还定义了专门处理字符串的 STL 中的 string 类。在 Python 语言中,对字符串处理提供了异常丰富和细致的各种操作。因此,字符串的逻辑结构是什么,是如何存储的,都有哪些基本操作,这些问题都是需要了解的。但鉴于计算机语言中都已经内嵌了其存储和操作,因此读者只需要在了解基本概念和基础操作的同时熟练应用即可，不需要花太多精力关注其实现。

大家在玩游戏时会遇到游戏地图，在扫码购物或者微信添加好友时会扫描二维码，在数学中求解方程组时会用到系数矩阵，如图 4.1 所示。在其他如图像处理、三维建模等领域，数据的表示都会用到矩阵，其保存都会用到二维或者高维数组。因此，数组的具体定义是什么，数组在内存中如何存储和表示，利用数组如何存储特殊矩阵和压缩矩阵，都是本章需要讲解的内容。

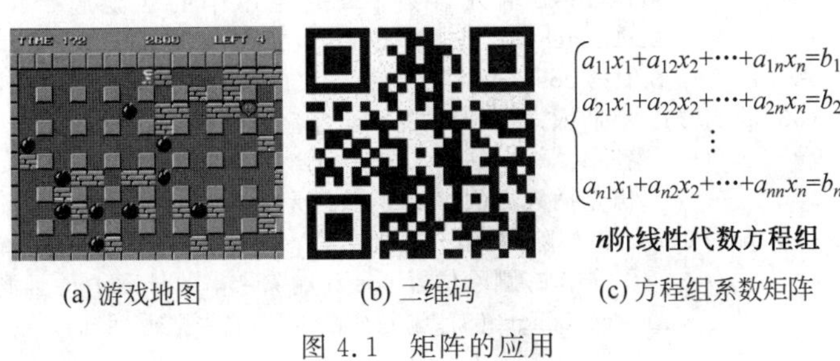

(a) 游戏地图　(b) 二维码　(c) 方程组系数矩阵

图 4.1　矩阵的应用

4.2　字符串与模式匹配

字符串是一种特殊的线性结构，在计算机领域中，其应用可以说是无处不在。本节主要介绍字符串的逻辑结构和存储结构，并重点讲述字符串的模式匹配算法。

4.2.1　字符串的逻辑结构

串(string)即字符串，是由零个或多个字符组成的有限序列，也是一种特殊类型的线性表。串中所包含的字符个数(≥0)，称为串长度。长度不为 0 的串，通常记为 $S=$ "$s_1s_2\cdots\cdots s_n$"。其中，S 是串名，双引号是定界符，双引号内部是串值，s_i $(1\leqslant i\leqslant n)$是一个任意字符。长度为 0 的串叫空串(null string)，记为""。串中任意连续字符组成的子序列称为该串的子串(substring)，包含子串的串称为主串。通常称字符在序列中的序号为该字符在串中的位置。子串在主串中的位置则以子串的第一个字符在主串中的位置来表示。

1. 串的抽象数据类型

字符串的抽象数据类型定义如下：

```
ADT String
{
数据对象:D = { a_i | a_i ∈ CharacterSet, i = 1,2, … ,n, n≥0, 即数据元素由字符组成, 约束为某个字
         符集}
数据关系:R_1 = { < a_{i-1}, a_i> | a_{i-1}, a_i ∈ D, i = 2, … ,n, 即相邻数据元素具有前驱和后继关系}
基本操作:
    strAssign(&T, chars):串赋值操作,将 chars 赋值给字符串 T。
    strLength (S):求串长,即 S 中元素的个数,对应于 c 库函数 strlen()。
    strCpy (&T, S):串拷贝,由串 S 复制得串 T,对应于 c 库函数 strcpy()。
```

```
    strCat(&T, S1, S2): 串连接,将 S1 和 S2 联接形成的新串,存放到字符串 T 中,对应于 C 库函数
                        strcat()。
    strSub(&Sub, S, pos, len): 求取子串,将串 S 的第 pos 个字符起长度为 len 的子串存放到字符
                               串 Sub 中,字符串 S,起始位置 pos,子串长度 len,满足条件
                               1≤pos≤strLength(S)且 0≤len≤strLength(S) - pos + 1。
    strCmp(S, T): 串比较,比较字符串的大小,对应于 C 库函数 strcmp(),若 S>T,则返回值>0;
                  若 S = T,则返回值 = 0;若 S<T,则返回值<0。
    strIndex (S, T, pos): 子串定位即模式匹配,查询子串 T 在主串 S 中的位置,对应于 C 库函数
                          strstr(),输入参数 pos 是主串中的匹配起始位置,且 1≤pos≤
                          strLength(S),若主串 S 中存在和串 T 值相同的子串,则返回它在主串
                          S 中第 pos 个字符之后第一次出现的位置;否则函数值为 0。
    strInsert (&S, pos, T): 串插入,在串 S 的第 pos 个字符之前插入串 T。输入是字符串 S 和字
                            符串 T,S 中的插入位置 pos,满足条件 1≤pos≤StrLength(S) + 1,输
                            出是插入后的串 S,返回值是插入成功返回 0,失败返回 - 1。
    strDelete (&S, pos, len): 串删除,从串 S 中删除第 pos 个字符起长度为 len 的子串,输入是字
                              符串 S,删除位置 pos 和删除子串的长度 len,且满足条件 1≤pos≤
                              strLength(S),删除成功返回 0,失败返回 - 1。
}
```

2. 串的基本操作

作为一种常用的数据结构,串在各种高级语言中都已经实现,读者只需要熟练使用即可。在串的抽象数据类型定义中,给出了部分基本操作与 C 语言中串处理函数的对应关系。下面仅就部分基本操作加以说明。

1) strCmp 串比较

通过组成串的字符(ASCII 码)之间的比较来进行。给定两个串 $X=$"$x_1x_2\cdots x_n$"和 $Y=$"$y_1y_2\cdots y_m$",则:

(1) 当且仅当 $n=m$ 且 $x_1=y_1,\cdots,x_n=y_m$ 时,称 $X=Y$。

(2) 当下列条件之一成立时,称 $X<Y$:

① $n<m$ 且 $x_i=y_i(1\leqslant i\leqslant n)$;

② 存在 $k\leqslant\min(m,n)$,使得 $x_i=y_i(1\leqslant i\leqslant k-1)$且 $x_k<y_k$。

(3) 其他情况,称 $X>Y$。

2) strIndex 模式匹配

给定主串 $S=$"$s_1s_2\cdots s_n$"和子串 $T=$"$t_1t_2\cdots t_m$",在 S 中寻找 T 的过程称为模式匹配。如果匹配成功,返回 T 在 S 中的位置;如果匹配失败,返回 0。在模式匹配操作中,S 又可以称为目标串,T 又称为模式串。

串的逻辑结构和线性表极为相似,区别仅在于串的数据对象约束为字符集,或者说串是一种特殊的线性表。串的基本操作和线性表有很大差别:①在线性表的基本操作中,大多以"单个元素"作为操作对象;②在串的基本操作中,通常以"串的整体"作为操作对象。

4.2.2 字符串的存储结构

从逻辑结构上讲,串是一种特殊形式的线性表,区别在于串的数据元素被限定为字符。因此,线性表的存储方式,例如顺序表和链表,理论上都可以存储串。但串的应用场合和基

本操作又与线性表有很大的差别，这就决定了串不能照搬线性表的存储方式，它的存储结构具有自己的特点。与线性表类似，串也有两种存储方式：顺序存储方式（也称为顺序串）和链式存储方式（也称为块链）。

1. 串的顺序存储

串的顺序存储就是要用一段地址连续的存储空间存储串的内容，在各种高级计算机语言中，实现串时一般采用顺序结构。在这种存储结构中，需要解决的问题主要有三个：如何记录存储空间的首地址、如何记录串的长度、如何记录存储空间的大小。

记录存储空间首地址比较简单，在C/C++语言中，数组的名称就是存储空间的首地址。串的长度可以存储在存储空间的第0号单元内，串的元素从1号单元开始存放，具体如图4.2所示。由于存储长度的0号存储单元只有1字节，因此这种存储方式的最大字符串长度只能到255。为了处理方便，可以令存储空间的长度固定为255，因此这种存储方式也称为定长顺序存储。串的实际长度可在这个固定长度的范围内随意设定，超过固定长度的串值则被舍去，称之为“截断”。

下标	0	1	2	3	4	5	6	7	8	9	10	11	12	13	14	15	…	255
元素值	11	d	a	t	a	&	s	t	r	u	c	t					…	

图4.2　串的顺序存储(1)

串的定长顺序存储方式的C++定义见代码4.1。

代码4.1　串的顺序存储(1)

```
const int MAXSTRLEN = 255;      //用户可在 255 以内定义最大串长, 0 号单元存放串的长度
unsigned char SString[MAXSTRLEN + 1];
```

在串的定长顺序表示中，串的长度受到限制，只适合存储长度较短的字符串。为了解决这个问题，将串长度用一个整型变量存储，具体如图4.3所示。

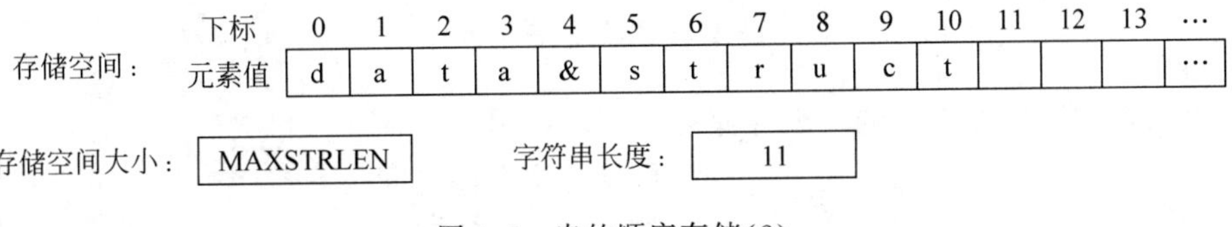

图4.3　串的顺序存储(2)

其C++定义见代码4.2。

代码4.2　串的顺序存储(2)

```
const int MAXSTRLEN = 1024;         //存储空间大小
struct SString {
    unsigned char * cpString;       //存储空间首地址
    int maxStrLen;                  //最大字符串长度,即存储空间大小
    int strLen;                     //字符串长度
};
```

在实现时,需要将符号常量 MAXSTRLEN 赋值给 maxStrLen,cpString 用 new 操作符或者 malloc()函数动态分配内存。

但是这种存储方式需要单独定义一个变量存储串长,便利性差,所以在 C++语言中,采取另一种方式,在串尾存储一个串中不会出现的特殊字符'\0'作为终结符来表示字符串结束,串长是一个隐含值,不再直接存储,如图 4.4 所示。

存储空间:

下标	0	1	2	3	4	5	6	7	8	9	10	11	12	13	…
元素值	d	a	t	a	&	s	t	r	u	c	t	\0			…

存储空间大小: MAXSTRLEN

图 4.4　串的顺序存储(3)

其 C++定义见代码 4.3。

代码 4.3　串的顺序存储(3)

```
const int MAXSTRLEN = 1024;           //存储空间大小
struct SString {
    unsigned char * cpString;         //存储空间首地址
    int maxStrLen;                    //最大字符串长度,即存储空间大小
};
```

在实现时,需要将符号常量 MAXSTRLEN 赋值给 maxStrLen,cpString 用 new 操作符或者 malloc()函数动态分配内存。

2. 串的链式存储

作为一种特殊的线性表,串也可以采用链表方式进行存储,由于串的数据元素是字符,因此在串的链表结构中,数据域 data 为一个字符,如图 4.5 所示。

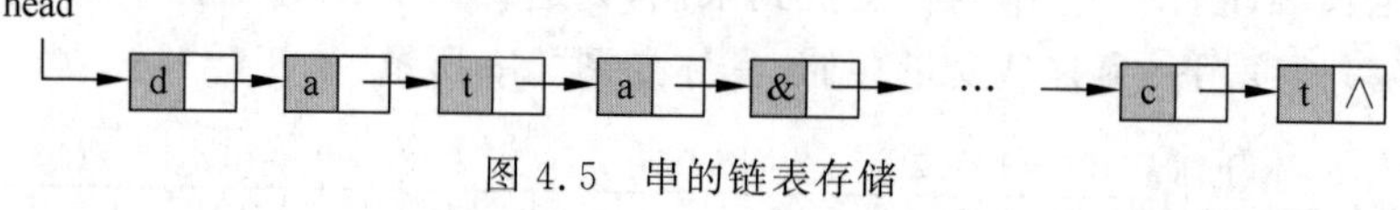

图 4.5　串的链表存储

可以用存储密度评价串的链表存储对空间的使用情况。

$$存储密度 = \frac{数据元素存储空间}{实际分配的存储空间}$$

每个链表结点的数据域为 1 字符,占用内存 1 字节,而指针域占用内存 4 字节,链表结点的存储密度仅为 0.2,空间利用率较低。因此用链表存储串时,通常在一个结点中存放的不是一个字符,而是若干字符,这种存储方法称为串的块链存储结构。例如,在编辑系统中,整个文本编辑区可以看成是一个文本串,每一行是一个子串,构成一个结点。同一行的串用定长结构(80 个字符),行和行之间用指针连接,此时结点的存储密度达到了$\frac{80}{80+4}=0.95$。图 4.6 给出了数据域长度为 4 时块链存储结构的例子。

块链结构的 C++代码见代码 4.4。

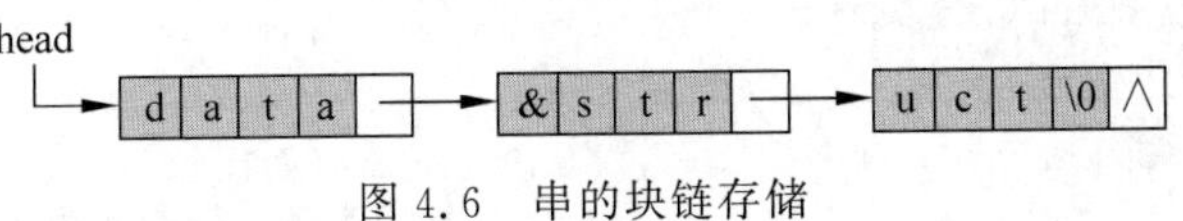

图 4.6　串的块链存储

代码 4.4　串的块链存储

```
const int CHUNKSIZE = 80;           //存储空间大小
struct Chunk {                      //结点结构
    char cpBuff[CHUNKSIZE];         //数据域,为顺序结构
    struct Chunk * next;            //指针域
} Chunk;
```

块链中每个结点的数据域用一段地址连续的存储单元存储多个数据元素,具有顺序存储结构的特点(块内);不同结点之间,地址不一定连续,通过指针来指示前驱后继关系,具有链表存储结构的特点(块间);块链的存储密度比串的单链表存储密度高。

4.2.3　模式匹配

在主串 S 中寻找模式串 T 的过程称为模式匹配,也称为子串定位。模式匹配是串的一种重要操作,过程较为复杂,应用非常广泛。例如,在文本编辑程序中,经常要查找某一特定单词在文本中出现的位置。此外,在邮件过滤、杀毒软件、编译系统、搜索引擎等方面都有重要应用。下面介绍两种模式匹配的方法。为了与 C/C++语言中字符串的实现方式保持一致,以下讨论均采用第 3 种顺序存储方式,即在串尾存储终结符'\0'的方式。

1. BF 算法

BF(Brute-Force,暴力)算法,也称为简单匹配算法,其基本思想是,从主串 S 的第一个字符开始和模式 T 的第一个字符进行比较,若相等,则继续比较两者的后续字符;否则,从主串 S 的第二个字符开始和模式 T 的第一个字符进行比较。重复上述过程,直到 T 中的字符全部比较完毕,则说明本趟匹配成功;或 S 中的字符全部比较完毕,则说明匹配失败。BF 算法的活动图如图 4.7 所示,BF 算法的 C++实现见代码 4.5。

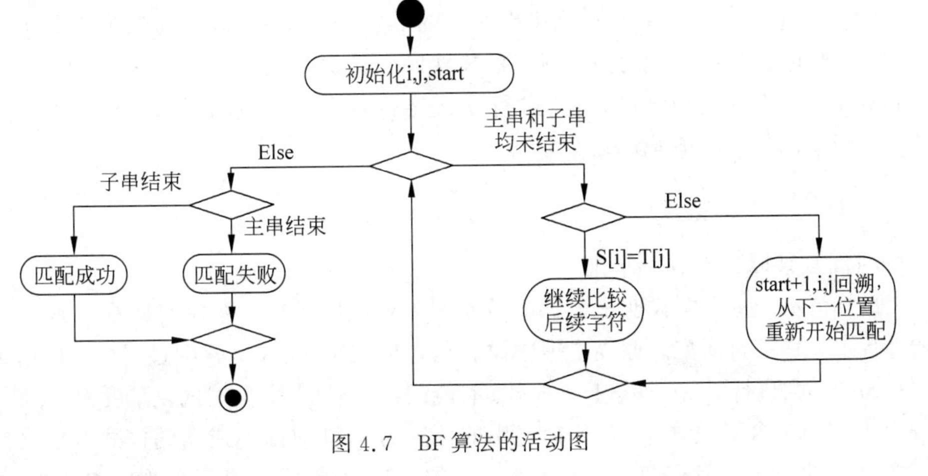

图 4.7　BF 算法的活动图

代码 4.5 BF 算法的 C++实现

```
int bfIndex(char S[], char T[]) {            //从 0 号元素开始比较
    i = 0; j = 0;                            //start 标记本趟匹配起始位置
    start = 0;
    while (S[i]!= '\0'&&T[j]!= '\0'){        //主串和子串均未结束
        if (S[i] == T[j]) {                  //当前字符相等,继续比较后续字符
            i++;
            j++;
        }
        else {                               //失配,从下一位置重新开始匹配
            start++;
            i = start;                       //主串
            j = 0;                           //子串
        }
    }
    if (T[j] == '\0') return start;          //匹配成功,返回匹配位置
    else return - 1;                         //匹配失败,返回 - 1
}
```

字符串匹配的基本操作是字符匹配,在模式匹配尝试过程中,当模式串的全部字符都与主串对应字符匹配成功时,本次模式匹配尝试成功,整个模式串的匹配才算成功。因此 BF 算法分别给主串和模式串定义变量 i 和 j,都初始化为 0。每次字符匹配成功时,i 和 j 都往后移动一个位置,进行下一个字符的匹配;当对应的字符匹配不成功时,本次模式串的匹配尝试失败,需要将 i 和 j 都要进行回溯,进行新的模式匹配尝试。具体操作是,i 回溯到上次主串开始匹配的下一个位置,而 j 回溯到模式串的 0 位置。BF 算法最大的特点是 i 和 j 需要回溯到起始位置,重新开始模式匹配尝试。

设主串 S 长度为 m,模式 T 长度为 n,下面分析其一般的匹配过程。

(1) 最好情况。每次模式匹配尝试失败是因为模式串第一个字符匹配失败($j=0$ 时),只进行了 1 次字符匹配。假设主串中没有包含模式串,例如当主串 $S=$"aaaaaaaaaaaaaaaaaaaaaaaaa",模式串 $T=$"baa"时,模式串匹配过程中 i 的值依次为 $0,1,2,\cdots,m-n$,共进行了 $m-n+1$ 次字符匹配,其时间复杂度为 $O(m-n)$。

假设主串中包含了模式串,例如当主串 $S=$"aaaaaaaaaaaaaaaaaabaaaaa",模式串 T="baa"时,并且模式串的位置为 i,则前面不成功的模式匹配尝试共有 i 次,每次只需要进行 1 次字符匹配;对于第 i 次的成功尝试,需要进行 n 次字符匹配;i 的位置可以从 0 到 $m-n$。在等概率情况下,平均的字符匹配次数为

$$\sum_{i=0}^{m-n} p_i \times (i+n) = \sum_{i=0}^{m-n} \frac{1}{m-n+1} = \frac{m+n}{2} \tag{4.1}$$

其对应的时间复杂度为 $O(m+n)$。

(2) 最坏情况。每次模式匹配尝试失败是因为模式串最后一个字符匹配失败($j=n-1$ 时),共进行了 n 次字符匹配。假设主串中没有包含模式串,模式串匹配过程中 i 的值依次为 $0,1,2,\cdots,m-n$,共进行了$(m-n+1)\times n$ 次字符匹配,在 $m \gg n$ 时,其时间复杂度为 $O(m\times n)$。

假设主串中包含了模式串,并且模式串的位置为 i,则前面不成功的模式匹配尝试共有 i 次,每次需要进行 n 次字符匹配;对于第 i 次的成功尝试,需要进行 n 次字符匹配;i 的位

置可以从 0 到 $m-n$。在等概率情况下，平均的字符匹配次数为

$$\sum_{i=0}^{m-n} p_i \times (i+1) \times n = \sum_{i=0}^{m-n} \frac{1}{m-n+1} \times (i+1) \times n = \frac{n(m-n+2)}{2} \qquad (4.2)$$

在 $m \gg n$ 时，其时间复杂度为 $O(m \times n)$。

可以证明，在一般情况下，其时间复杂度也为 $O(m \times n)$。也就是说，该算法的平均时间性能接近最坏情况，还需要进一步优化。

2. KMP 算法

KMP 算法是 D. E. Knuth、J. H. Morris 和 V. R. Pratt 共同提出的，称之为 Knuth-Morria-Pratt 算法，简称 KMP 算法。该算法相对于 Brute-Force 算法有较大的改进，主要是消除了主串指针的回溯，从而使算法效率有了较大程度的提高。KMP 算法的活动图如图 4.8 所示。

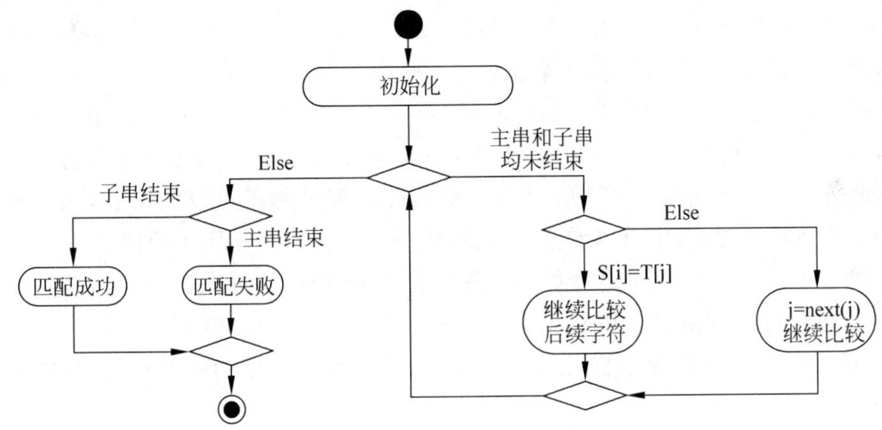

图 4.8　KMP 算法的活动图

由图 4.8 可知，KMP 算法与 BF 算法的主要差别在于，当失配时，主串不回溯，而是将子串滑动到一个位置 next(j)，从这个位置和主串对齐，继续进行匹配。因此，next(j)就是 KMP 算法的关键，下面分析如何获得 next(j)。

假设当主串 $S=$"ababaababcb"，模式串 $T=$"ababc"时，则 BF 算法的执行过程如图 4.9 所示。

下面对图中的过程进行逐趟分析。

(1) 第 1 趟。从 $i=0, j=0$ 开始向右逐字符匹配，到 $i=4, j=4$ 时失配。

(2) 第 2 趟。从 $i=1, j=0$ 开始向右逐字符匹配，到 $i=1, j=0$ 时失配。第 1 趟时 $i=4, j=4$ 失败，说明前面匹配成功，即有 $s[1]=t[1]$；仅通过模式串自身可知 $t[0] \neq t[1]$；由此可以推知 $t[0] \neq s[1]$，即第 2 趟匹配过程可以省略。

(3) 第 3 趟。从 $i=2, j=0$ 开始向右逐字符匹配，到 $i=5, j=3$ 时失配。因为第 1 趟时从 $i=0, j=0$ 开始，$i=4, j=4$ 时失配，所以 $t[2]t[3]=s[2]s[3]$；仅通过模式串自身可知 $t[0]t[1]=t[2]t[3]$；由此可以推知 $t[0]t[1]= s[2]s[3]$，所以第 3 趟匹配过程虽然不可以完全省略，但只需要从 $i=4, j=2$ 时开始向右进行字符匹配即可，也可以看成 i 不变，把模式串向右滑动两个距离。

(4) 第 4 趟。从 $i=3, j=0$ 开始向右逐字符匹配，到 $i=3, j=0$ 时失配。因为第 3 趟从

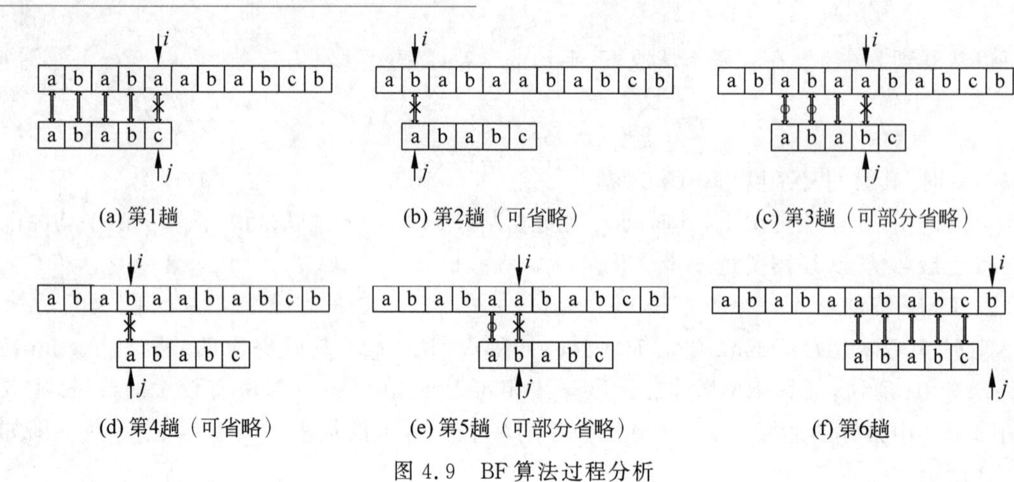

图 4.9 BF 算法过程分析

$i=2, j=0$ 开始，到 $i=5, j=3$ 时失配，所以 $t[1]=s[3]$；仅通过模式串自身可知 $t[0]\neq t[1]$；由此可以推知 $t[0]\neq s[3]$，即第 4 趟匹配过程可以省略。

(5) 第 5 趟。从 $i=4$，$j=0$ 开始向右逐字符匹配，到 $i=5, j=1$ 时失配。因为第 3 趟从 $i=2, j=0$ 开始，到 $i=5, j=3$ 时失配，所以 $t[2]=s[4]$；仅通过模式串自身可知 $t[0]=t[2]$；由此可以推知 $t[0]=s[4]$，所以第 5 趟匹配过程虽然不可以完全省略，但只需要从 $i=5, j=1$ 开始匹配即可，也可以看成 i 不变，把模式串向右滑动两个距离。

(6) 第 6 趟。从 $i=5$，$j=0$ 开始向右逐字符匹配，最终匹配成功。

由分析过程可以得出以下几个结论：

(1) BF 算法的有些匹配过程可以完全省略，可能省略一整趟的匹配过程，也可能只是省略某些字符匹配步骤；

(2) 需要 i 回溯的匹配过程和匹配步骤，都是可以省略的；

(3) i 可以不回溯，只需要将模式串向右滑动到新比较起点 k 即可；

(4) 以上结论，是在每趟匹配尝试不成功时，进行后续匹配尝试时利用已经部分匹配结果的基础上完成的，仅与模式串 T 有关，与主串 S 没有直接关系。

那么如何由当前部分匹配结果确定模式向右滑动的新比较起点 k 呢？模式串应该向右滑多远才是最合适的呢？首先分析一下部分匹配时的情况，如图 4.10 所示。

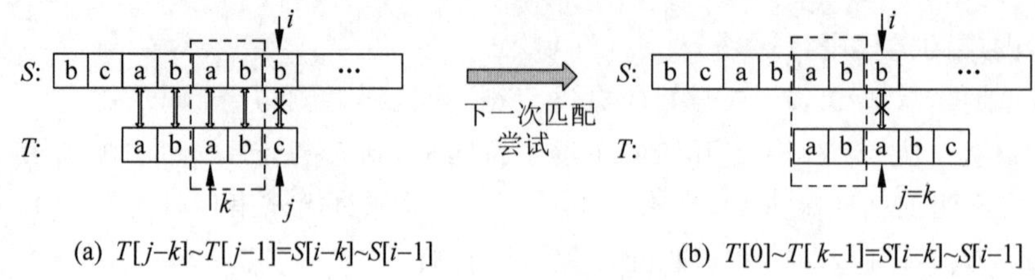

图 4.10 部分匹配时的特征

可以看出，当部分字符匹配时，由图 4.10(a)可知 $T[j-k]\sim T[j-1]=S[i-k]\sim S[i-1]$，由图 4.10(b)可知 $T[0]\sim T[k-1]=S[i-k]\sim S[i-1]$，可以得到下一次新比较起点 k 满足的条件是：$T[0]\sim T[k-1]=T[j-k]\sim T[j-1]$。在该条件中，$j$ 表示本次匹配失配的字符位置在模式串中的位置，k 代表下一次匹配时在模式串中的开始位置，主串位

置 i 不回溯。条件中只有 j 和 k，只与模式串有关，与主串和 i 没有关系。可以把 k 看作是 j 的函数，即 j 确定唯一的 k，并且这个函数关系在模式匹配之前即可确定，只需要确定一次。

可以将 j 和 k 之间的函数 next(j)定义如下：

$$\text{next}(j)=\begin{cases}-1, & \text{当 } j=0 \text{ 时}\\ \max\{k \mid 0<k<j \text{ 且 } T[0]\sim T[k-1]=T[j-k]\sim T[j-1]\}, & \text{当 } k \text{ 有值时}\\ 0, & \text{其他情况}\end{cases} \tag{4.3}$$

模式串中相似部分越多，next[j]函数值越大，表示模式 T 字符之间的相关度越高，越有可能出现漏检的情况，模式串向右滑动的距离就越小。或者说，next[j]函数值表示模式 T 中最大相同前缀和后缀(是真子串)的长度。

k=next[j]的计算方法如下：

(1) 当 $j=0$ 时，next[j]=-1，表示第 0 个字符失配，下一次匹配时，i 加 1，j 从 0 开始。

(2) 当 $j>0$ 时，next[j]的值为：模式串的位置从 0 到 $j-1$ 构成的串中所出现的首尾相同的真子串的最大长度，下一次匹配时，i 不变，j 从 next[j]开始。

(3) 当无首尾相同的子串时，next[j]的值为 0，下一次匹配时，i 不变，j 从 0 开始，$j=1$ 字符失配时是该种情况。

next[j]函数的 C++实现见代码 4.6。

代码 4.6　next[j]函数的 C++实现

```
void getNext(SString t, int *next, int length)          //以指针方式传递数组
{
    int j = 0, k = -1;
    next[0] = -1;                                        //0 号位置失配时为 -1
    while(j < length - 1){                               //逐一计算 next(j)
        if(k == -1 || t[j] == t[k]){                     //前后缀相同,比较下一字母
            j++; k++;
            next[j] = k;
        }
        else k = next[k];                                //回溯,利用前面的比较结果
    }
}
```

【例 4.1】 模式串 T="ababc"，求 next(j)函数的过程如图 4.11 所示。

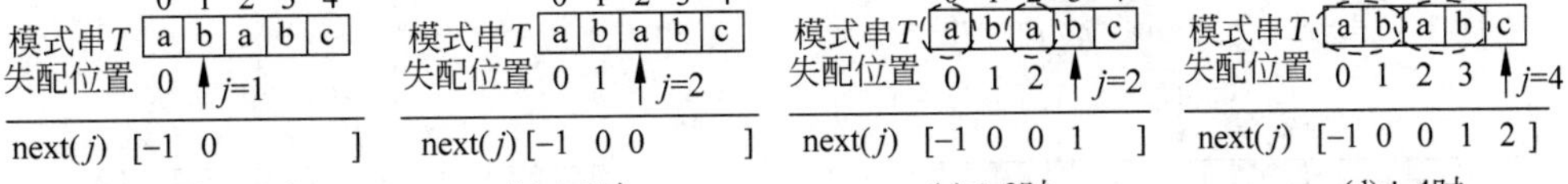

(a) j=0和j=1时	(b) j=2时	(c) j=3时	(d) j=4时
模式串T: a b a b c (0 1 2 3 4)	模式串T: a b a b c	模式串T: a b a b c	模式串T: a b a b c
失配位置 0, j=1	失配位置 0 1, j=2	失配位置 0 1 2, j=2	失配位置 0 1 2 3, j=4
next(j) [-1 0]	next(j) [-1 0 0]	next(j) [-1 0 0 1]	next(j) [-1 0 0 1 2]

图 4.11　next(j)函数求解过程

解：$j=0$ 时，next[j]=-1；

$j=1$ 时，next[j]=0；

$j=2$ 时，$T[0]\neq T[1]$，因此 $k=0$；

$j=3$ 时，$T[0]=T[2]$，$T[0]T[1]\neq T[1]T[2]$，因此 next$[j]=1$；

$j=4$ 时，$T[0]\neq T[3]$，$T[0]T[1]=T[2]T[3]$，$T[0]T[1]T[2]\neq T[1]T[2]T[3]$，因此 next$[j]=2$。

求出 next(j)函数之后，模式匹配过程就比较简单了。总体上与 BF 算法类似，不过在 KMP 算法中，每次字符失配时，主串指针 i 不回溯，而是将模式串滑动到第 k 个位置与主串的 i 位置继续进行下一趟的匹配。由于 i 不回溯，因此 KMP 算法的时间性能要比 BF 算法高。KMP 算法的 C++实现如代码 4.7 所示。

代码 4.7　KMP 算法的 C++实现

```
int kmpIndex(SString s, SString t)           //使用自定义的字符串格式
{
    int next[MaxSize],i = 0; int j = 0;
    getNext(t, next, t.length());            //计算并获取 next(j)
    while(i < s.length&&j < t.length){       //主串子串均未结束
          if(j == -1 || s[i] == t[j]){ //若 j = -1,使 i 加 1,j = 0 继续比较
             i++;
             j++;
          }
          else j = next[j];                  //j 滑动到 next(j)的位置,继续匹配
       }
       if(j >= t.length)
          return (i - t.length);             //匹配成功,返回子串位置
       else return -1;                       //匹配失败
    }
}
```

因此，对于 KMP 算法来说，算法过程分为两个步骤：①分析模式串，求得 next(j)函数；②根据 next(j)函数的值，完成逐趟匹配。例如，假设当主串 $S=$"ababaababcb"，模式串 $T=$"ababc"时，在例 4.1 中已经求得模式串 T 的 next(j)$=[-1, 0, 0, 1, 2]$，则 KMP 算法的执行过程如图 4.12 所示。可以看出，与图 4.8 的分析完全相符。

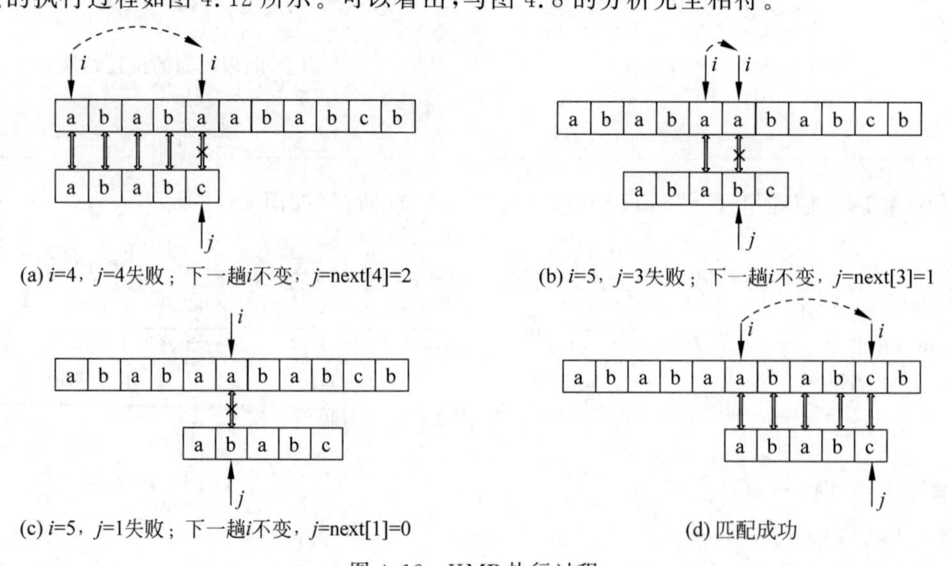

图 4.12　KMP 执行过程

4.3 数组和矩阵的压缩存储

数组也是一种线性结构，应用非常广泛，因而在程序设计语言中大都提供了数组作为基本的构造数据类型，本章重点讨论数组的寻址，以及如何用数组对特殊矩阵和稀疏矩阵进行压缩存储。

4.3.1 数组与矩阵

1. 数组的逻辑结构

从逻辑结构上看，一维数组 A 是 $n(n\geqslant 1)$ 个相同类型数据元素 $a_1,a_2,\cdots,a_n$ 构成的有限序列，其逻辑结构如下：

$$A=(a_1,a_2,\cdots,a_n)$$

其中，$a_i(1\leqslant i\leqslant n)$ 表示数组中的第 i 个元素。很显然，一维数组是一种线性表。

二维数组可以看作是每个数据元素都是相同类型的一维数组，可以看作一种特殊的线性表。依此类推，多维数组($d\geqslant 3$)也可以看作特殊的一维数组，其数据元素为相同类型的 $d-1$ 维数组。或者换一个角度定义数组，数组(Array)是由一组类型相同的数据元素构成的有序集合，每个数据元素称为一个数组元素(简称为元素)，每个元素受 $d(d\geqslant 1)$ 个线性关系的约束，每个元素在 d 个线性关系中的序号 i_1、i_2、…、i_d 称为该元素的下标，下标的取值范围称为维界，并称该数组为 d 维数组。数组可以看成是线性表的推广。

例如，对于二维数组：

$$A=\begin{bmatrix} a_{11} & a_{12} & \cdots & a_{1n} \\ a_{21} & a_{22} & \cdots & a_{2n} \\ \vdots & \vdots & \ddots & \vdots \\ a_{m1} & a_{m2} & \cdots & a_{mn} \end{bmatrix}$$

其中的一个数组元素 a_{22}，受两个线性关系的约束，在行上有一个行前驱 a_{21} 和一个行后继 a_{23}，在列上有一个列前驱 a_{12} 和一个列后继 a_{32}。

与线性表不同，数组是一种具有固定格式和数量的数据组织形式，数组一旦被定义或者构造，其维数和维界便不再改变。因此，除结构的初始化和销毁外，数组只具有存取元素和修改元素的操作，没有删除和插入数据元素的功能。给定一组下标，读出对应的数组元素，被称为数组的读取操作；给定一组下标，存储或修改与其相对应的数组元素，称为数组的修改操作。

2. 数组的存储结构

数组没有插入和删除操作，所以不用预留空间，适合采用顺序存储，一般不采取链式存储。因此对于数组，一般采取随机存取方式，即给定一组下标，可以在 $O(1)$时间内寻址到元素的存储位置并进行操作。

数组的存储结构按在 C/C++语言中的习惯，下标从 0 开始，则 n 个元素的一维数组存储在地址从 0 到 $n-1$ 的连续存储空间中，单个数组元素占用 c 个存储单元，如图 4.13 所示。任一元素 $a_i(1\leqslant i\leqslant n)$的存储地址为可由式(4.4)确定：

$$\mathrm{LOC}(a_i)=\mathrm{LOC}(a_1)+(i-1)\times c \tag{4.4}$$

即当一维数组元素的下标 i 确定后，其存储位置可以由数组第 1 个元素的存储位置计算得到。

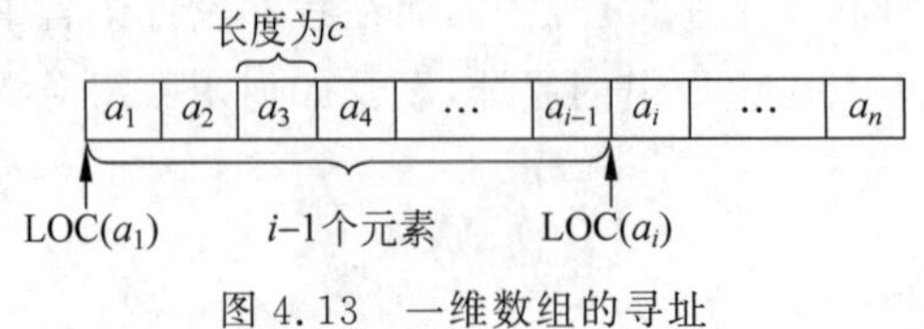

图 4.13　一维数组的寻址

对于二维数组和多维数组，是二维结构和多维结构，而计算机内存是按线性编址的，将一个二维或者多维结构存储在一维结构中，需要进行特殊的映射操作。二维数组的每个元素受到两个线性关系的约束，由两个下标唯一标识。将二维数组映射为一维结构进行存储时，可以采用两种映射方法：行优先和列优先。

1）二维数组按行优先存储

按行优先存储时，先行后列，按照行号从小到大的顺序依次存储各行，同一行内，按照列号从小到大的顺序存储各个元素。设二维数组的行下标和列下标的范围分别是$[1,n_1]$和$[1,n_2]$，对于数组元素 a_{ij}，其存储位置可以表示为

$$\mathrm{LOC}(a_{ij})=\mathrm{LOC}(a_{11})+[(i-1)\times n_2+(j-1)]\times c \tag{4.5}$$

其中，c 是单个数组元素所占用的存储单元数量。

对于数组 A_{32}，按行优先方式在内存中的存储形式如图 4.14 所示。

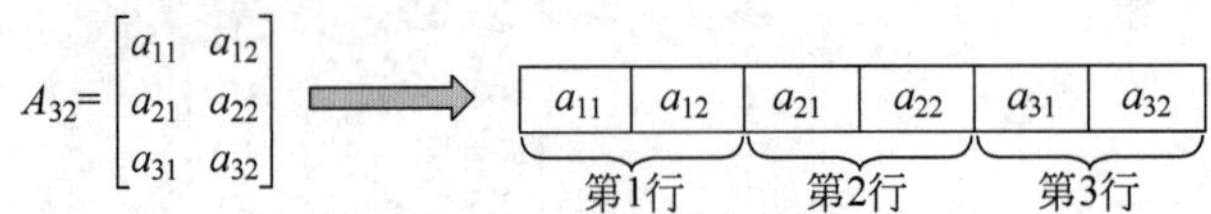

图 4.14　数组按行优先存储

2）二维数组按列优先存储

按列优先存储时，先列后行，按照列号从小到大的顺序依次存储各列，同一列内，按照行号从小到大的顺序存储各个元素。设二维数组的行下标和列下标的范围分别是$[1,n_1]$和$[1,n_2]$，对于数组元素 a_{ij}，其存储位置可以表示为

$$\mathrm{LOC}(a_{ij})=\mathrm{LOC}(a_{11})+[(j-1)\times n_1+(i-1)]\times c \tag{4.6}$$

其中，c 是单个数组元素所占用的存储单元数量。

对于数组 A_{32}，按列优先方式在内存中的存储形式如图 4.15 所示。

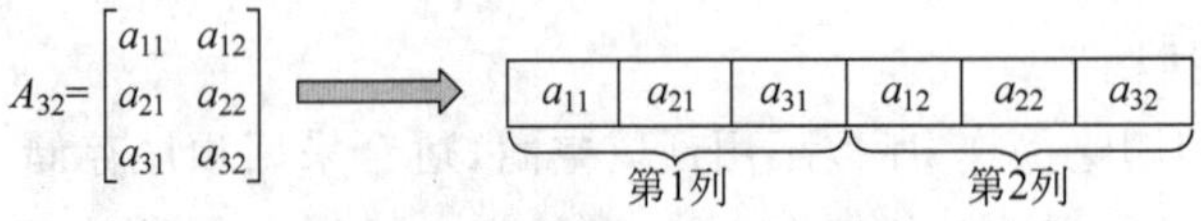

图 4.15　数组按列优先存储

对于多维数组，一般也采用行优先和列优先两种存储方法。按行优先存储的基本思想是：最右边的下标优先变化，即最右边下标从小到大依次存储，循环一遍后，右边第 2 个下标再依次变化，依此类推，直到最左边下标存储完成为止。按列优先存储的基本思想正好相

反，先从最左边的下标从小到大依次存储，然后左边第 2 个下标，依此类推，直到最右边下标循环结束为止。

3. 矩阵

在数学中，矩阵(matrix)是一个按照长方阵列排列的复数或实数集合，这一概念由 19 世纪英国数学家凯利首先提出，最早来自方程组的系数所构成的方阵。矩阵是高等代数中的常见工具，也常见于统计分析等应用数学学科中。在物理学中，矩阵于电路学、力学、光学和量子物理中都有应用；计算机科学中，三维动画制作也需要用到矩阵。矩阵的运算是数值分析领域的重要问题，在数据结构中，主要讨论如何在节省存储空间的前提下，正确高效地对矩阵进行运算。

用二维数组存储矩阵是最为常用的方法，但在实际应用中，经常出现一些阶数很高的矩阵，同时在矩阵中有很多值相同的元素并且它们的分布有一定的规律，称为特殊矩阵。还有一些矩阵中有很多零元素，称为稀疏矩阵。可以对这些特殊矩阵和稀疏矩阵进行压缩存储，从而节省存储空间，并使矩阵的各种运算能够有效进行。

4.3.2 特殊矩阵的压缩存储

特殊矩阵是指矩阵中很多值相同的元素并且它们的分布有一定的规律。主要形式有对称矩阵、三角矩阵、对角矩阵等，都是方阵。特殊矩阵存储的基本思路是：为多个值相同的元素只分配一个存储空间；并且保证随机存取，即在 $O(1)$时间内寻址。

1. 对称矩阵的压缩存储

在一个 n 阶方阵 $\boldsymbol{A}_{nn}$ 中，对于矩阵元素 a_{ij} 有关系 $a_{ij}=a_{ji}(1\leqslant i,j\leqslant n)$，则称 $\boldsymbol{A}$ 为对称矩阵。也就是说，在对称矩阵中存在着大量值相同的元素，它们的分布规律是关于 a_{11} 到 a_{nn} 这条主对角线对称。如图 4.16 中的矩阵都为对称矩阵。

$$\boldsymbol{A}_{55}=\begin{bmatrix}1&4&3&7&8\\4&5&6&3&8\\3&6&3&8&6\\7&3&8&6&1\\8&8&6&1&5\end{bmatrix}\qquad \boldsymbol{I}_{44}=\begin{bmatrix}1&0&0&0\\0&1&0&0\\0&0&1&0\\0&0&0&1\end{bmatrix}\qquad \boldsymbol{A}_{nn}=\begin{bmatrix}a_{11}&a_{12}&a_{13}&\cdots&a_{1n}\\a_{12}&a_{22}&a_{23}&\cdots&a_{2n}\\a_{13}&a_{23}&a_{33}&\cdots&a_{3n}\\\vdots&\vdots&\vdots&\ddots&\\a_{1n}&a_{2n}&a_{3n}&\cdots&a_{nn}\end{bmatrix}$$

图 4.16　对称矩阵例子

一个 n 阶的对称矩阵，其所有元素分为三个部分(如图 4.16 中的 $\boldsymbol{A}_{nn}$ 所示)：下三角部分、对角线部分和上三角部分，其中下三角部分和上三角部分关于对角线对称，因此对称矩阵压缩存储的基本思路是只存储下三角部分和对角线部分的元素，让对称的两个元素共享一个存储空间。

图 4.17 显示了对称矩阵的压缩存储方法。对于需要存储的下三角和对角线部分，先按行优先保存第 1 行的 1 个元素，然后保存第 2 行的 2 个元素，依此类推，到保存元素 $a_{ij}(i\geqslant j)$时，前面共保存了 $i-1$ 行元素，$i\times(i-1)/2$ 个，再加上第 i 行的序号 j，因此 a_{ij} 是矩阵中的第 $i\times(i-1)/2+j$ 个元素，考虑到 C/C++语言中数组下标从 0 开始编号，得到矩阵元素下标 i,j 与数组存储下标 k 的关系如下：

$$k=i\times(i-1)/2+j-1 \tag{4.7}$$

对于上三角部分的元素 $a_{ij}(i<j)$，由于对称性和下三角部分的 a_{ji} 相等，此时有：

$$k=j\times(j-1)/2+i-1 \tag{4.8}$$

综上所述,元素 a_{ij} 在数组中保存位置 k 满足如下关系:

$$k=\begin{cases} i\times(i-1)/2+j-1, & i\geqslant j \\ j\times(j-1)/2+i-1, & i<j \end{cases} \tag{4.9}$$

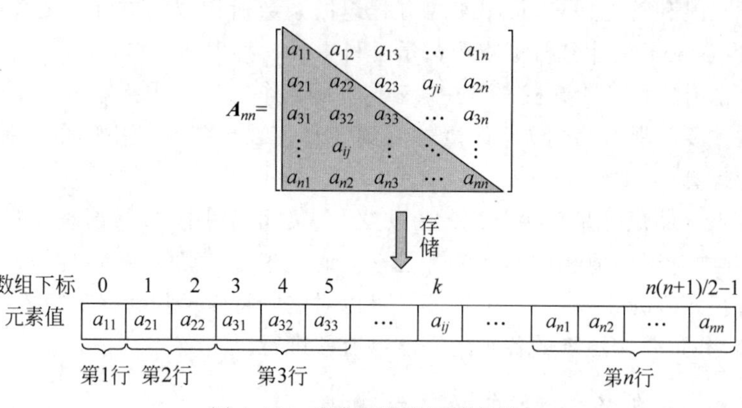

图 4.17 对称矩阵的压缩存储

2. 三角矩阵的压缩存储

三角矩阵是方形矩阵的一种,是指矩阵主对角线上方或者下方的三角形部分元素为常数的矩阵。其中,主对角线上方三角形部分元素为常数的称为下三角矩阵,主对角线下方三角形部分元素为常数的称为上三角矩阵。如图 4.18 显示了两个三角矩阵的例子。

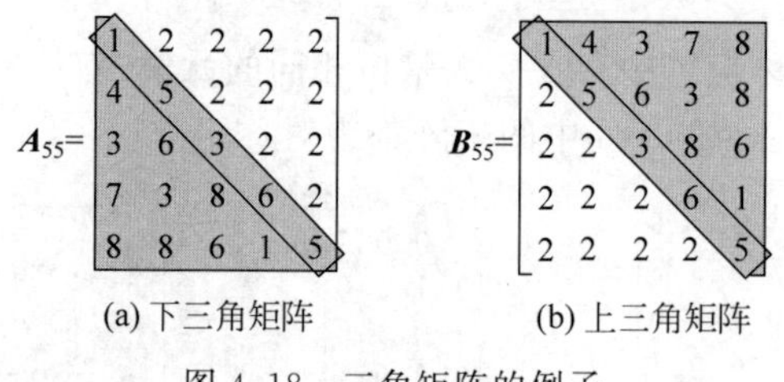

图 4.18 三角矩阵的例子

对于下三角矩阵,其压缩存储的方法是采用按行优先存储每个下三角和主对角线部分的元素数值,最后用 1 个存储单元存放上三角部分的常数值。具体方法如图 4.19 所示。对于需要存储的下三角和对角线部分,先按行优先保存第 1 行的 1 个元素,然后保存第 2 行的 2 个元素,依此类推,保存元素 a_{ij} $(i\geqslant j)$时,前面共保存了 $i-1$ 行元素,$i\times(i-1)/2$ 个,再加上第 i 行的序号 j,因此 a_{ij} 是矩阵中的第 $i\times(i-1)/2+j$ 个元素,考虑到 C/C++语言中数组下标从 0 开始编号,得到矩阵元素下标 i,j 与数组存储下标 k 的关系如下:

$$k=i\times(i-1)/2+j-1 \tag{4.10}$$

对于上三角部分的元素 a_{ij} $(i<j)$,将其存储为常数 c,有 $k=n(n+1)/2$。

综上所述,元素 a_{ij} 在数组中保存位置 k 满足如下关系:

$$k=\begin{cases} i\times(i-1)/2+j-1, & i\geqslant j \\ n(n+1)/2, & i<j \end{cases} \tag{4.11}$$

对于上三角矩阵,其压缩存储的方法是采用按行优先存储上三角和主对角线部分的元

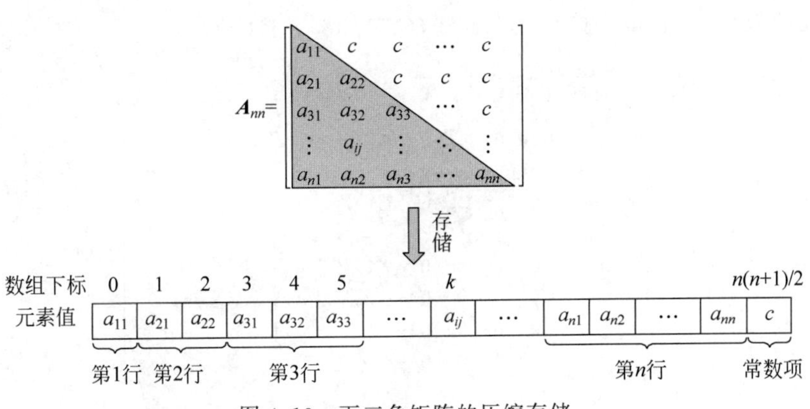

图 4.19 下三角矩阵的压缩存储

素数值，最后用 1 个存储单元存放下三角部分的常数值。

上三角矩阵的存储方法如图 4.20 所示。对于需要存储的上三角和对角线部分，先按行优先保存第 1 行的 n 个元素，然后保存第 2 行的 $n-1$ 个元素，依此类推，保存元素 $a_{ij}(i\leqslant j)$时，第 $i-1$ 行共 $n-i+1$ 个元素，前 $i-1$ 行共保存了$(i-1)\times(2n-i+2)/2$ 个元素，再加上第 i 行的 j 列前有 $j-i+1$ 个，因此 a_{ij} 是矩阵中的第$(i-1)\times(2n-i+2)/2+j-i+1$ 个元素。对于下三角的常数部分，a_{ij} 的存储在最后一个位置。考虑到 C/C++语言中数组下标从 0 开始编号，可以得到如下关系：

$$k=\begin{cases}(i-1)\times(2n-i+2)/2+j-i, & i\leqslant j\\ n(n+1)/2, & i>j\end{cases} \tag{4.12}$$

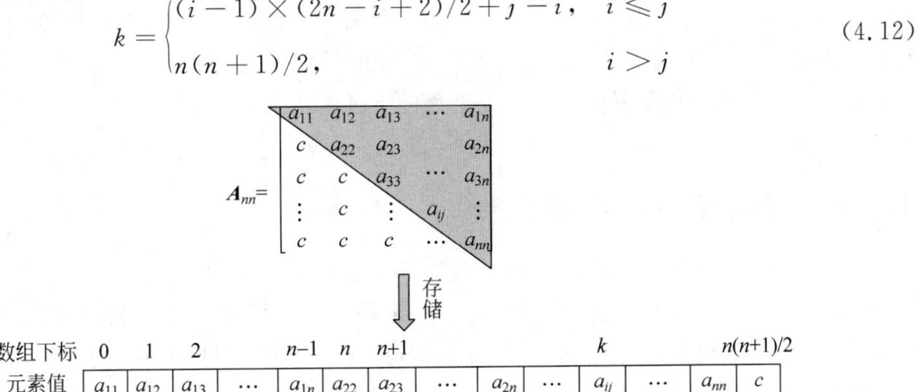

图 4.20 上三角矩阵的压缩存储

3. 对角矩阵的压缩存储

若矩阵中所有非零元素都集中在以主对角线为中心的带状区域中，区域外的值全为 0，则称为对角矩阵，也称为带状矩阵。带状区域的宽度一般为奇数，根据宽度的不同，对角矩阵又分为三对角矩阵、五对角矩阵、七对角矩阵等。在本书中仅讨论三对角矩阵的压缩存储，其他对角矩阵可以做类似分析。

在一个 $n\times n$ 的三对角矩阵中，只有 $n+n-1+n-1$ 个非零元素，故只需 $3n-2$ 个存储单元即可，零元素已不占用存储单元。故可将 $n\times n$ 三对角矩阵 **A** 压缩存放到只有 $3n-2$

个存储单元的数组中,假设仍按行优先顺序存放,如图 4.21 所示。

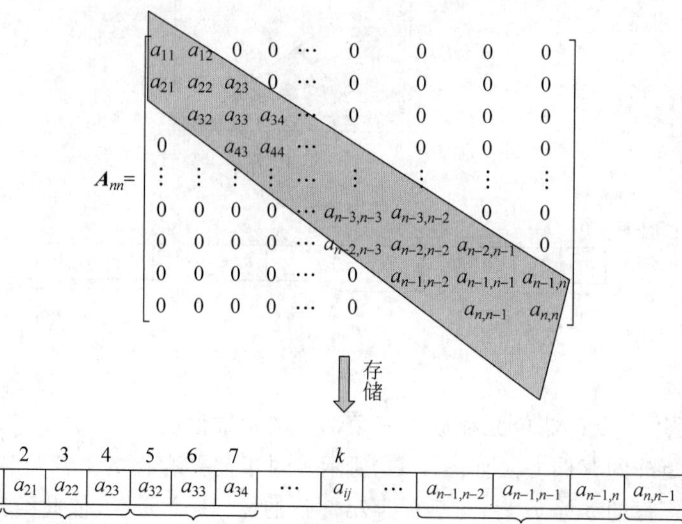

图 4.21 三对角矩阵的压缩存储

第 1 行和最后 1 行都是存储 2 个元素,其他行各存储 3 个元素,对任一元素 a_{ij} $(1\leqslant i\leqslant n, i-1\leqslant j\leqslant i+1)$来说,前 $i-1$ 行共保存了 $3(i-2)+2$ 个元素;在第 i 行,第 1 个非 0 元素是 $a_{i,i-1}$,a_{ij} 是此行第 $j-(i-1)+1=j-i+2$ 个元素。因此 a_{ij} 是整个矩阵按行优先存储时的第 $3(i-2)+2+j-i+2=2i+j-2$ 个元素,考虑到 C/C++语言中数组下标从 0 开始编号,得到矩阵元素下标 i,j 与数组存储下标 k 的关系如下:

$$k=2i+j-3 \tag{4.13}$$

4.3.3 稀疏矩阵的压缩存储

在矩阵中,若数值为 0 的元素数目远远多于非 0 元素的数目,并且非 0 元素分布没有规律时,则称该矩阵为稀疏矩阵,稀疏矩阵不一定是方阵。稀疏矩阵几乎产生于所有的大型科学工程计算领域,包括流体力学计算、统计物理、电路模拟、图像处理、纳米材料计算等。与之相区别的是,特殊矩阵非 0 元素的分布有规律,并且必须是方阵。

由于稀疏矩阵中非零元素较少,零元素较多,因此可以采用只存储非零元素的方法来进行压缩存储。由于非零元素分布没有任何规律,所以在进行压缩存储时,需要在存储非零元素值的同时存储非零元素在矩阵中的位置,即非零元素所在的行号和列号,构成了一个三元组(行号、列号、非零元素值)。将稀疏矩阵所有非零元素对应的三元组所构成的集合,按行优先的顺序排列成一个线性表,称为三元组表或三元组线性表。

与其他逻辑结构类似,三元组线性表的存储结构也包括顺序存储和链式存储两种。

1. 三元组顺序表

三元组顺序表是三元组表的顺序存储结构,是用一块地址连续的存储空间存储三元组表。顺序表中除了存储三元组外,还应该存储矩阵行数、列数和总的非零元素数目,这样才能唯一确定一个矩阵。图 4.22 给出一个稀疏矩阵及其对应的三元组表以及三元组顺序表的例子。

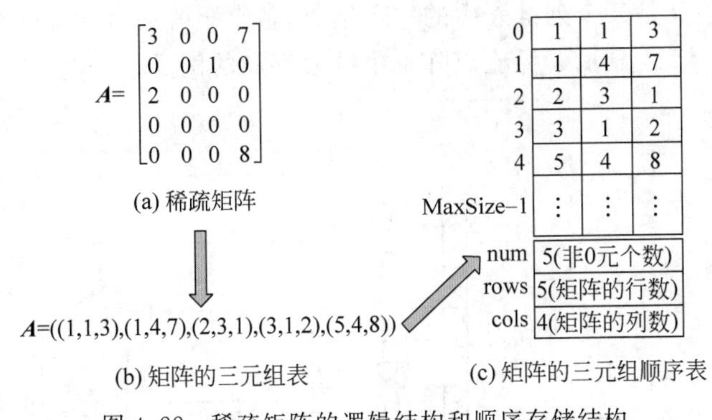

图 4.22　稀疏矩阵的逻辑结构和顺序存储结构

在 C++语言中，三元组和三元组顺序表的结构体定义见代码 4.8。

代码 4.8　三元组顺序表结构

```
template < class DT >
struct {
    int row;           //行号
    int col;           //行号
    DT data;           //非 0 元素值
} TupData;             //三元组数据类型
```

2. 十字链表

当矩阵的非零元个数和位置在操作过程中变化较大时，就不宜采用顺序结构存储三元组线性表了。在这种情况下，采用链式存储结构表示三元组表更为恰当。因为矩阵中的一个元素受两个线性关系的约束，每个元素既在行中有前驱后继关系，也在列中具有前驱后继关系，因此三元组线性表的链式存储不能像单链表那样每个结点只有一个指针域，必须包含两个指针域来表示行和列的关系，因此这种链式存储称为十字链表。十字链表是一种高级的数据结构，在 Linux 内核源代码中应用广泛。

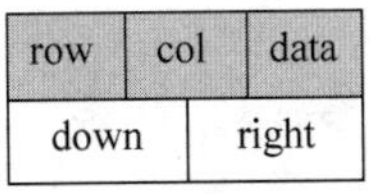

row	col	data
down	right	

图 4.23　十字链表结点结构

在十字链表中，每个非零元素可以用一个包含 5 个域的结点表示，其结点结构如图 4.23 所示，C++结构体定义见代码 4.9。

代码 4.9　十字链表结点结构

```
struct {
    TupData data;          //三元组
    TupNode * right;       //同一行下一个元素
    TupNode * down;        //同一列下一个元素
} OrthogonalNode;          //十字链表结点
```

其中 data 为数据域，其中的 row、col 和 data 这 3 个域分别表示该非零元素所在的行、列和非零元素的值，右指针域 right 用来链接同一行中下一个非零元素，而向下指针域 down 用来链接同一列中下一个非零元素。同一行的非零元素通过 right 域链接成一个线性链表，同一列的非零元素通过 down 域链接成一个线性链表。每个非零元素既是某个行

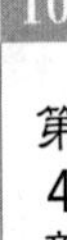

链表中的一个结点,又是某个列链表中的一个结点,整个矩阵通过这样的结构形成了一个十字交叉的链表。图 4.24 显示了稀疏矩阵十字链表存储的例子。

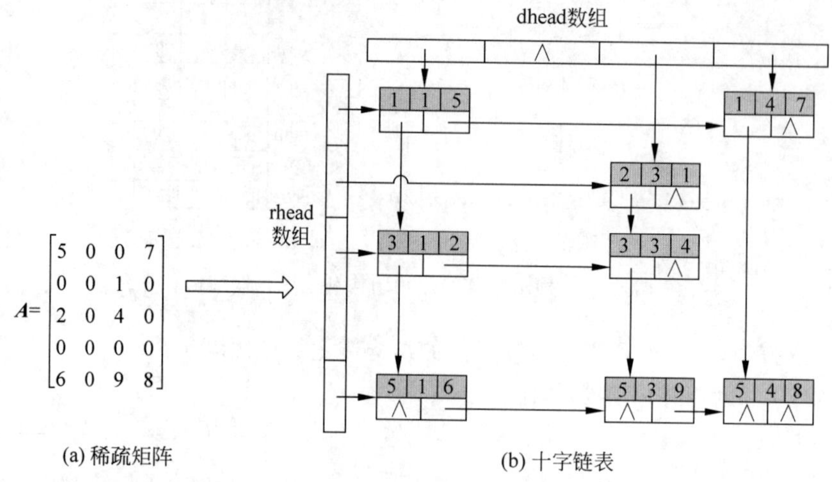

图 4.24 稀疏矩阵的十字链表存储

4.4 本章小结

字符串是一种特殊的线性结构,其特殊性体现在两方面:一是其数据元素限定为字符,二是其操作对象主要是子串和串整体。字符串的存储结构主要有顺序存储和块链存储。鉴于字符串的操作大都在计算机语言中进行了实现,本章主要介绍了串的两种模式匹配算法——BF 算法和 KMP 算法,后者设计比较巧妙,是学习的难点。数组也是一种特殊的线性结构,其存储和寻址方式有行优先和列优先。利用数组,可以对特殊矩阵和稀疏矩阵进行压缩存储。其中,稀疏矩阵可以用三元组线性表进行描述,对应的存储方式有三元组顺序表和十字链表。

本章习题

一、选择题

1. 已知字符串 S 为"abaabaabacacaabaabcc",模式串 T 为"abaabc",采用 KMP 算法进行匹配,第一次出现"失配"($s[i]!=t[i]$)时,$i=j=5$,则下次开始匹配时,i 和 j 的值分别是(　　)。

A. $i=1,j=0$　　B. $i=5,j=0$　　C. $i=5,j=2$　　D. $i=6,j=2$

2. 串是一种特殊的线性表,特殊性体现在(　　)。

A. 串可以顺序存储　　B. 数据元素是一个字符

C. 可以链接存储　　D. 数据元素可以是多个字符

3. 下面关于串的叙述中,(　　)是不正确的。

A. 串是字符的有限序列

B. 空串是由空格构成的串

C. 模式匹配是串的一种重要运算

D. 串既可以采用顺序存储,也可以采用链式存储

4. 模式串 t="ababaaababaa"的数组下标从 1 开始,则其 next 数组值为(　　)。

A. 012345678999　　B. 012121111212　　C. 011234223456　　D. 012301232234

5. 设 S 是一个长度为 n 的字符串,其中的字符各不相同,则 S 中互异的非平凡子串(非空且不同于 S 本身)的个数为(　　)。

A. $2n-1$　　B. n^2

C. $(n^2/2)+(n/2)$　　D. $(n^2/2)+(n/2)-1$

E. $(n^2/2)-(n/2)-1$　　F. 其他情况

6. 设有一个 12×12 的对称矩阵 $\boldsymbol{M}$,将其上三角部分的元素 m_{ij} $(1\leqslant i\leqslant j\leqslant 12)$按行优先存入 C 语言的一维数组 N 中,元素 $m_{6,6}$ 在 N 中的下标是(　　)。

A. 50　　B. 51　　C. 55　　D. 66

7. 适用于压缩存储稀疏矩阵的两种存储结构是(　　)。

A. 三元组表和十字链表　　B. 三元组表和邻接矩阵

C. 十字链表和二叉链表　　D. 邻接矩阵和十字链表

8. 设二维数组 $A[1..m,1..n]$(即 m 行 n 列)按行存储在数组 $B[1..m*n]$中,则二维数组元素 $A[i,j]$在一维数组 B 中的下标为(　　)。

A. $(i-1)*n+j$　　B. $(i-1)*n+j-1$

C. $i*(j-1)$　　D. $j*m+i-1$

9. 若 6 行 5 列的数组以列序为主序顺序存储,其地址为 1000,每个元素占两个存储单元,则第 3 行第 4 列(无第 0 行第 0 列)的元素地址是(　　)。

A. 1040　　B. 1042

C. 1026　　D. 以上答案均不对

10. 用数组 r 存储静态链表,结点的 next 域指向后继,工作指针 j 指向链中结点,使 j 沿链移动的操作为(　　)。

A. $j=r[j]$.next　　B. $j=j+1$　　C. $j=j$->next　　D. $j=r[j]$->next

二、填空题

1. 两个字符串相等的充分必要条件是________。

2. 空格串是指________,其长度等于________。

3. 组成串的数据元素只能是________。

4. 串是一种特殊的线性表,其特殊性表现在________;串的两种最基本的存储方式是________、________;两个串相等的充分必要条件是________。

5. 设正文串长度为 n,模式串长度为 m,则串匹配的 KMP 算法的时间复杂度为________。

6. 数组的存储结构采用________存储方式。

7. 二维数组 A[10..20,5..10]采用行序为主序方式存储,每个数据元素占 4 个存储单元,且 $A[10,5]$的存储地址是 1000,则 $A[18,9]$的存储地址是________。

8. 用一维数组 B 以列优先存放带状矩阵 $\boldsymbol{A}$ 中的非零元素 $A[i,j]$$(1\leqslant i\leqslant n,i-2\leqslant j\leqslant$

$i+2$),B 中的第 8 个元素是 **A** 中的第________行第________列的元素。

9. 已知三对角矩阵 **A**[1..9,1..9]的每个元素占 2 个单元,现将其三条对角线上的元素逐行存储在起始地址为 1000 的连续的内存单元中,则元素 $A[7,8]$的地址为________。

10. 上三角矩阵压缩的下标对应关系为________。

三、应用题

1. 给出 KMP 算法中失败函数 next 的定义,并说明利用 next 进行串模式匹配的规则。该算法的技术特点是什么?

2. 设目标 $S=$"abcaabbcaaabababaabca",模式为 $T=$"babab"。

(1) 手动计算 T 的 next[]数组。

(2) 画出利用 KMP 算法进行模式匹配的过程。

3. 假设按低下标优先存储整型数组 $A[-3:8,3:5,-4:0,0:7]$时,第一个元素的字节存储地址是 100,每个整数占 4 字节,则 $A[0,4,-2,5]$的存储地址是什么?

4. 用三元组表示稀疏矩阵的转置,写出简要求解步骤。

四、算法设计题

1. 给定 $n\times m$ 矩阵 $\boldsymbol{A}[a..b,c..d]$,并设 $A[i,j]\leqslant A[i,j+1]$($a\leqslant i\leqslant b,c\leqslant j\leqslant d-1$)和 $A[i,j]\leqslant A[i+1,j]$($a\leqslant i\leqslant b-1,c\leqslant j\leqslant d$)。设计一算法判定 x 的值是否在 A 中,要求时间复杂度为 $O(m+n)$。

2. 以顺序存储结构表示串,设计算法。求串 S 中出现的第一个最长重复子串及其位置,并分析算法的时间复杂度。

3. 设整数 $x_1,x_2,\cdots,x_n$ 已存放在数组 A 中,编写一递归过程,输出从这 n 个数中取出所有 k 个数的所有组合($k\leqslant n$)。例如,若 A 中存放的数是 1,2,3,4,5,k 为 3,则输出结果应为 543,542,541,532,531,521,432,431,421,321。

扩展阅读:暴力破解

暴力破解法,又称穷举法、列举法、枚举法等,是一种简单而直接解决问题的方法。其基本思想是逐一列举问题所涉及的所有情形,并根据问题提出的条件检验哪些是问题的解,哪些应予排除。

暴力破解法是用计算机求解问题时常用的方法之一,一般用来解决那些通过公式推导、规则演绎等方法不能解决的问题。采用暴力破解法求解一个问题时,通常先建立一个数学模型,包括一组变量以及这些变量需要满足的条件。问题求解的目标就是确定这些变量的值。根据问题的描述和相关的知识,能为这些变量分别确定一个大概的取值范围。在这个范围内对变量依次取值,判断所取的值是否满足数学模型中的条件,直到找到全部符合条件的值为止。用穷举法解决问题,通常可以从以下两方面进行分析。

(1) 问题所涉及的情况:应用穷举时对问题所涉及的有限种情形必须一一列举,既不能重复,也不能遗漏。重复列举直接引发增解,影响解的准确性;而列举的遗漏可能导致问题解的遗漏。

(2) 答案需要满足的条件:分析出来的这些情况,需要满足什么条件,才成为问题的答案。

暴力破解法通常应用循环结构来实现。在循环体中，根据所求解的具体条件，应用选择结构实施判断筛选，求得问题的解。

【例 4.2】 有 50 枚硬币，可能包括 4 种类型，1 元、5 角、1 角和 5 分，已知所有硬币的总价值为 20 元，求各种硬币的数量。例如，2、34、6、8 就是一种方案。而 2、33、15、0 是另一个可能的方案，方案不是唯一的。

解题思路：直接对四种类型的硬币的个数进行穷举。其中，1 元最多 20 枚、5 角最多 40 枚、1 角最多 50 枚、5 分最多 50 枚。

暴力破解法对计算机资源耗费严重，如果条件太复杂，运算速度缓慢，为了解决这一问题，可以对算法进行优化，事先把与之不相关的条件进行限制，减少运算量。

如例 4.2 的硬币方案采用暴力破解法求解比较简单，但在穷举结构的设置、穷举参数的选取等方面存在优化空间。一般来说，在采用穷举法进行问题求解时，可从以下两方面来优化考虑。

1）建立简洁的数学模型

数学模型中变量的数量要尽量少，它们之间相互独立。这样问题解的搜索空间的维度就小。反映到程序代码中，循环嵌套的层次就少。例如，采用变量 a、b、c、d 分别表示 1 元、5 角、1 角和 5 分硬币的枚数，对这 4 个变量穷举，循环层次为 4 层。实际上这 4 个变量彼此间有两个条件在约束，或者枚数等于 50，或者总价值为 20 元。因此，可以只穷举 3 个变量，另外一个变量通过约束条件求出，从而将循环层次减少为 3 层。

2）减小搜索的空间

利用已有的知识，缩小数学模型中各个变量的取值范围，避免不必要的计算。反映到程序代码中，循环体被执行的次数就减少。例如，在穷举时，先考虑 1 元的枚数 a，最多为 20 枚(即 $0\leqslant a\leqslant 20$)，再考虑 5 角的枚数 b，若采用总价值不超过 20 元约束，则其枚数最多为 $(2000-a*100)/50$(即 $0\leqslant b\leqslant(2000-a*100)/50$)，之后考虑 1 角的枚数 c，其枚数最多为 $(2000-a*100-b*50)/10$(即 $0\leqslant c\leqslant(2000-a*100-b*50)/10$)。这样穷举的循环次数会大大减少。

第5章 树和二叉树

线性表、栈、队列、串、数组都是线性的逻辑结构，数据元素之间具有前驱后继的线性关系。树形结构是比线性结构更为复杂的逻辑结构，其中以树和二叉树最为常用，比较适合描述具有层次关系的数据，如家族族谱、社会组织机构等。在计算机领域，树形结构也具有广泛的应用，如在编译软件中用语法树表示源程序的语法结构，在人工智能应用中用决策树进行分类等。

树的结构较为复杂，为处理方便，可转换为二叉树进行存储和处理。本章在讲述树的基础上，重点讨论二叉树的存储和实现，并研究了树和二叉树的转换关系，最后给出了二叉树的典型应用。

【学习重点】

◆ 树的遍历操作；

◆ 二叉树的基本性质；

◆ 二叉树的遍历操作；

◆ 二叉树的存储结构、操作实现；

◆ 二叉树和树的相互转换及关系；

◆ 哈夫曼树和哈夫曼编码。

【学习难点】

◆ 二叉树的构造过程及实现；

◆ 二叉树遍历过程的非递归实现；

◆ 线索二叉树的建立。

5.1 引　　言

树形结构是日常生活和计算机领域常用的数据结构之一，用来描述数据元素之间的一对多关系或者层次关系，许多应用和问题的数学模型都可以抽象成树形结构。下面介绍两个树形结构的应用实例。

图5.1(a)显示的是《红楼梦》中贾氏宗族家谱图的一部分。家谱中的每个成员具有姓名、性别、配偶等信息，可以抽象成一个数据元素，用圆圈表示；成员之间具有孩子、双亲、子孙、祖先、兄弟等联系，其中最为直接的联系是双亲和孩子的关系，可以用两个圆圈之间的连线表示。因此，图5.1(a)的家谱图可以抽象成图5.1(b)所示的树形图。古代家谱一般是从右到左书写的，为了阅读方便，图5.1(b)调整为从左向右。

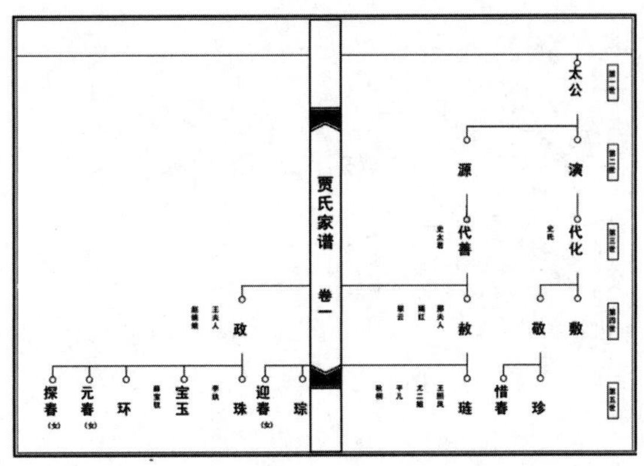

(a) 红楼梦贾氏家谱图

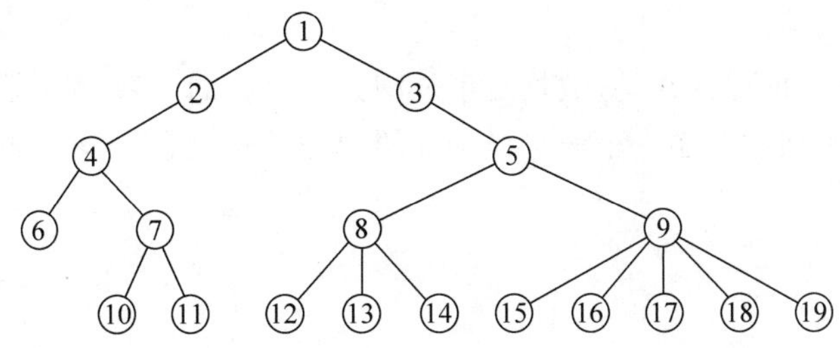

1：太公 2：演 3：源 4：代化 5：代善 6：敷 7：敬 8：赦 9：政 10：珍
11：惜春 12：琏 13：琮 14：迎春 15：珠 16：宝玉 17：环 18：元春 19：探春

(b) 家谱图对应的数据结构

图 5.1 《红楼梦》贾氏宗族家谱图及对应的数据结构

下面再看另一个例子。2016 年 3 月，阿尔法围棋（AlphaGo）与围棋世界冠军、职业九段棋手李世石进行围棋人机大战，以 4∶1 的总比分获胜，该事件成为人工智能发展史上的一个里程碑。下围棋时，棋手根据当前盘面的状态，从众多可能的落子点中选择最佳的位置进行应对，然后对手再根据新的当前状态进行应对，依此类推，一直到分出胜负为止。对弈过程如图 5.2(a)所示，很显然这是一个树形演变的过程。阿尔法围棋作为一款人工智能软件，其工作过程与人类棋手类似，但由于围棋网格点数量庞大，有 361 个，如果采用暴力破解方法，等概率地尝试每个可能的着棋位置，据推算大概有 10^{359} 种可能性，远远超出了当前计算机的运算能力。因此阿尔法围棋采用两个深度学习网络，即策略网络和评价网络，通过学习人类围棋下法，预测出下一步棋的最佳位置，成功将绝大多数搜索分支进行了裁剪。围棋对弈树可以抽象成图 5.2(b)所示的树形图。在这个图中，每个数据元素代表一个盘面状态，记录当前黑白棋子的分布情况，同时还应该记录当前状态出现的概率。

从上述两个例子可以看出，在树形结构中，数据元素之间的关系比线性关系复杂，图中只有一个根结点，上一层结点与下一层相邻结点之间，是一对多的关系，同一层结点之间是并列关系，总体来说结点之间是一个层次关系或者树形关系。对于这种树形结构，如何存储，如何实现遍历、查询、创建和销毁等基本操作，是本章重点讲解的内容。

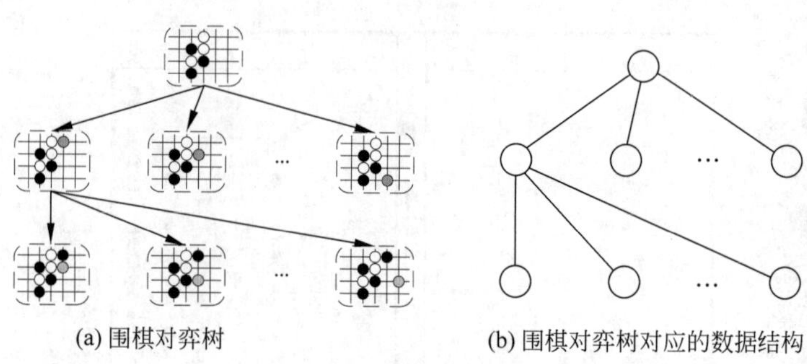

(a) 围棋对弈树　　(b) 围棋对弈树对应的数据结构

图 5.2　围棋对弈树及其数据结构

5.2　树与树的存储结构

树是一种最为常见的树形结构，数据元素之间是一对多的关系，是一种双亲和孩子的关系，也可以看成是一种层次关系。下面将详细介绍树的基本概念、逻辑结构和存储结构。

5.2.1　树的基本概念

1. 树的定义

树(tree)是由 $n(n \geqslant 0)$个结点组成的有限集合。当 $n=0$ 时，称为空树，这是一种特殊情况。当 $n>0$ 时，在任意一棵非空树中：①有且仅有一个特定的称为根(root)的结点；②当 $n>1$ 时，其余结点可分为 $m(m>0)$个互不相交的有限集合 $T_1, T_2, \cdots, T_m$，其中每一个集合本身又是一棵树，称为根结点的子树(subtree)。

图 5.3 是一棵具有 10 个结点的树，可以用一个二元组 $T=(M,R)$表示，其中 $M=\{A,B,C,D,E,F,G,H,I,J\}$，表示结点集合；$R=\{<A,B>,<A,C>,<A,D>,<B,E>,<B,F>,<D,G>,<D,H>,<D,I>,<G,J>\}$，表示联系集合。在这棵树中，根结点是 A，去掉根结点及相关联的边后，其余结点分为三部分，它们之间没有交集，并且每部分仍然满足树的定义，是原树的 3 棵子树。依此类推，每部分仍然可作相同的分解，直到每棵子树只剩一个根结点为止。

显然，树的定义是递归的，在树的定义中又用到了树的定义，是一种递归的数据结构。不难看出，在树中从根结点到每个结点的路径是唯一的，中间经过其他结点的数目也是唯一的。与根结点距离相同的结点可以看作一层，因此树结构也可以看成是一种分层结构。

为了更方便地描述树结构，下面给出几个与其相关的基本术语。

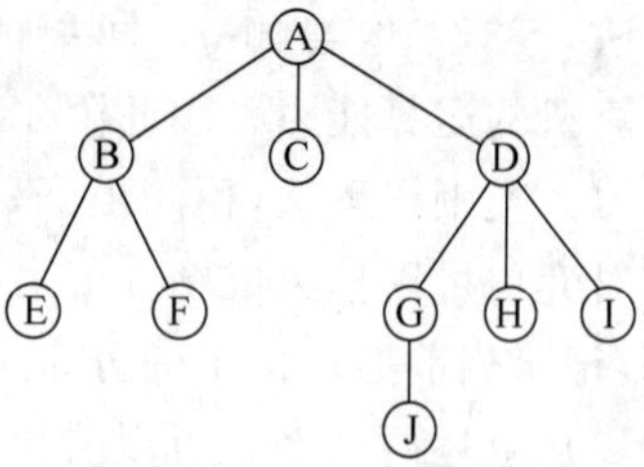

图 5.3　树结构

2. 树的基本术语

1) 结点的度和树的度

某结点所拥有的子树的个数，称为该结点的度(degree)。图 5.3 中，根结点 A 有 3 棵子树，其度为 3；结点 B 有 2 棵子树，其度为 2；结点 C、E、F 等结点，度为 0。

树中所有结点的度的最大值，称为树的度。图 5.3 中，结点 A、D 结点的度都为 3，是所有结点度的最大值，所以该树的度为3。

2）叶子结点和分支结点

如果一个结点的度为0，则该结点称为叶子结点(leaf node)。图5.3中，结点C、E、F、J、H、I的度为0，是叶子结点。

如果一个结点的度不为0，则该结点称为分支结点(branch node)。一个结点，要么是叶子结点，要么是分支结点。图5.3中除叶子结点之外的其他结点，都是分支结点。

3）孩子结点、双亲结点和兄弟结点

假设某结点M的度为$n(n>0)$，意味着它有n棵子树，则这些子树的根结点被称为结点M的孩子结点(children node)，与此相对，结点M被称为这些孩子结点的双亲结点(parent node)。双亲结点是一个结点，不要按照字面意思错以为是两个结点。具有同一个双亲结点M的孩子结点之间，互称为兄弟结点(brother node)。在图5.3中，结点D有3棵子树，其根结点G、H、I是结点D的孩子结点，结点D被称为这些孩子结点的双亲结点，根结点G、H、I互相称为兄弟结点。

不难理解，在树中，一个结点可以有多个孩子结点(分支结点)，也可以没有孩子结点(叶子结点)；根结点没有双亲结点；除根结点之外的其他结点，只能有一个双亲结点。

4）路径和路径长度

树中两个结点之间的路径(path)是由它们之间沿着边序列所经过的结点序列构成的，而路径长度(path length)是路径上所经过边的个数。由于树中的边是有方向的，可以看作由双亲指向孩子，树中的路径也有方向，是由上向下的，因此同一双亲的两个孩子之间，甚至同一结点不同子树上的结点之间都不存在路径。假设$p_1,p_2,\cdots,p_n$是一条路径，则必然有结点p_i是$p_{i+1}(i\geqslant 1$且$i+1\leqslant n)$的双亲。在图5.3中，A,D,G,J是一条路径，任何两个相邻的结点，前一个是后一个的双亲；在C,A,D,G中，C和D、G在A的不同子树上，并且C不是A的双亲，因此不是一条路径。

5）祖先和子孙

在树中，如果从结点A到结点B有一条路径，则称结点A为结点B的祖先(ancestor)；与此相对，结点B称为结点A的子孙(descendant)。显然，可以把双亲看作一种特殊的祖先，把孩子看作一种特殊的子孙。在以某结点为根的树中，该结点是树中其他任意结点的祖先。

6）有序树和无序树

如果一棵树中，各结点子树位置从左到右的次序是有实际意义的，交换后对应的意义发生变化，形成不同的树，则该树称为有序树(ordered tree)；反之，则称为无序树(unordered tree)。例如在家谱树中，同一结点的不同子树之间，左右次序代表不同孩子的排行，最左边的表示长子，如果交换次序，意味着他们的排行发生了变化，也就意味着家谱树发生了变化，因此家谱树是有序树。在本书中，如果不做特殊说明，出现的树都是有序树。

3. 树的性质

由树的基本概念，可以得出树具有如下基本性质：

(1) 树中的结点数目为所有结点度数加1(加根结点)；

(2) 度为m的树中第i层最多有m^{i-1}个结点；

(3) 高度为h、度为m的树至多$(m^h-1)/(m-1)$个结点；

(4) 具有 n 个结点的度为 m 的树的最小高度为$\lceil \log_m(n(m-1)+1) \rceil$。

由于篇幅关系,本书只列出这些结论,不给出它们的证明,感兴趣的读者可以自行推导。

4. 森林

m 棵($m \geqslant 0$)互不相交的树组成的集合,称为森林(forest)。任何具有根结点的树,删除根结点后剩余的部分,就构成了森林,有时称为该根结点的子树森林。

5.2.2 树的逻辑结构

线性表中数据元素之间的关系主要体现在前驱-后继关系上,是一对一的关系。树作为一种逻辑结构,它是一种分支结构,同时也是一种分层结构。树中数据元素之间的逻辑关系主要体现在双亲-孩子关系上,每个结点只有一个双亲,但可以具有多个孩子,是一种一对多的关系。与线性表相比,树具有以下两个特点:

(1) 树的根结点没有前驱结点,除根结点之外的所有结点有且只有一个前驱结点;

(2) 树中所有结点可以有零个或多个后继结点,其中叶子结点没有后继结点,分支结点可以有一个或者多个后继结点。

1. 树的抽象数据类型

作为一种基本的数据结构,树的应用很广泛,在不同的实际应用中,树的基本操作不尽相同。简单起见,基本操作只包含树的遍历,一棵树的抽象数据类型定义如下:

```
ADT Tree
{
    数据对象:D = {a_i | a_i ∈ ElemSet, i = 1,2, …,n, n> = 0,a_i 可以为任意数据}
    数据关系:R = {<a_{i-1},a_i >| a_{i-1},a_i ∈ D, i = 2, …,n 且 a_{i-1} 和 a_i 之间逻辑关系满足双亲与孩
             子的关系}
    基本操作:
        initTree:初始化操作,建立一棵结点数目为 0 的树。
        destroyTree:销毁操作,销毁一棵已经存在的树,释放该树占用的存储空间。
        preOrder:前序遍历树,不改变树结构的情况下,输出树的前序遍历序列。
        postOrder:后序遍历树,不改变树结构的情况下,输出树的后序遍历序列。
        levelOrder:层序遍历树,不改变树结构的情况下,输出树的层序遍历序列。
}
```

2. 树的遍历操作

所谓树的遍历,就是从树的根结点出发,按照某种次序,访问树中的所有结点,每个结点访问一次并且只能访问一次。遍历的过程是按照时间顺序依次访问结点的过程,也是时间上的线性关系。对于线性表来说,线性的逻辑结构转换为时间上的线性结构,是非常自然和简单的过程;对于树结构来说,逻辑结构是非线性的,转换为时间上的线性结构,在访问规则上要复杂得多。由树的定义可知,树由根结点和子树构成,根据根结点和子树的访问次序,可以有前序(根)遍历和后序(根)遍历;同时,树是一种层次结构,可以按照与根结点路径长度从小到大的顺序依次遍历各个结点,这就是树的层序遍历。

树的遍历方式主要有以下 3 种。

1) 前序遍历

树的前序遍历操作的定义如下:

(1) 若树为空,则空操作返回;

(2) 访问根结点;

(3) 按照从左到右的顺序依次前序遍历根结点的每一棵子树。

对如图 5.4 所示的树进行前序遍历操作,结果为 ABEFCDGJHI。

2) 后序遍历

树的后序遍历操作的定义如下:

(1) 若树为空,则空操作返回;

(2) 按照从左到右的顺序依次后序遍历根结点的每一棵子树;

(3) 访问根结点。

对如图 5.4 所示的树进行后序遍历操作,结果为 EFBCJGHIDA。

3) 层序遍历

在树中,规定根结点的层数为 1,其余的任一结点,若结点在第 k 层,则其孩子在第 $k+1$ 层。树中所有结点的最大层数称为树的深度(depth),也称为树的高度。如图 5.4 所示的树中,树的高度为 4,结点所在层数也在图中用虚线标出。

树的层序遍历也称为树的广度遍历,其操作定义为:从树的根结点(第 1 层)开始,按自上而下的顺序,在同一层中,按从左到右的顺序依次访问每个结点。对如图 5.4 所示的树进行层序遍历操作,结果为 ABCDEFGHIJ。

在树中,如果从 1 开始,按照层序遍历的顺序对每个结点进行编号,则称这种编号方式为层序编号。

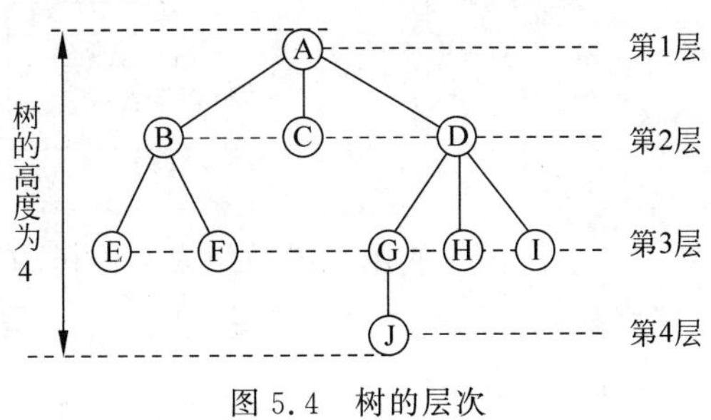

图 5.4　树的层次

5.2.3　树的存储结构

任何一种逻辑结构的存储,都包括数据元素的存储和数据元素之间逻辑关系的存储,树结构也是如此。树结构中逻辑关系的存储主要体现为双亲和孩子关系的存储,是一对多关系的存储,其主要的存储方式包括双亲表示法、孩子链表表示法、双亲孩子表示法和孩子兄弟表示法等。

1. 双亲表示法

由树的定义可以知道,树中每个结点除根结点之外只有一个双亲结点。根据这个特点,树中的数据元素用一个一维数组来存储。每个数组元素都是一个结点结构,如图 5.5 所示,包含 data 和 parent 两部分。其中,data 是数据域,存储树中数据元素即树结点的值;parent 是指针域,也称为游标域,是该结点的双亲结点在一维数组中的下标。

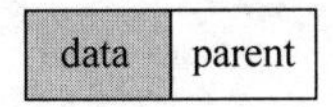

图 5.5　双亲表示法中数组元素的结构

该结点结构可用 C++语言中的结构体表述。由于数据元素的类型没有指定,因此可采用模板机制来实现。结点结构的定义见代码 5.1。

代码 5.1 双亲表示法中结点结构的定义

```
template < typename Element >
struct ParNode {
    Element data;           //数据域,存储结点的数据元素
    int parent;             //指针域,也称为游标,是该结点的双亲结点在一维数组中的下标
};
```

图 5.6(a)所示树结构的双亲表示法的存储结构如图 5.6(b)所示。其中,指针域 parent 为-1,表示该结点没有双亲结点,是根结点;数据元素在数组中的位置没有统一规定,可以是任意的,本示例中是按层序遍历的顺序进行存储的。

可以看出,在双亲表示法中,给定一个树结点的存储位置,可以很方便地得到其双亲结点,也可以比较方便地查找根结点。由于没有直接存储孩子结点的信息,因此查找某个结点的孩子信息并不方便,但可以在遍历整棵树的过程中间接得到。

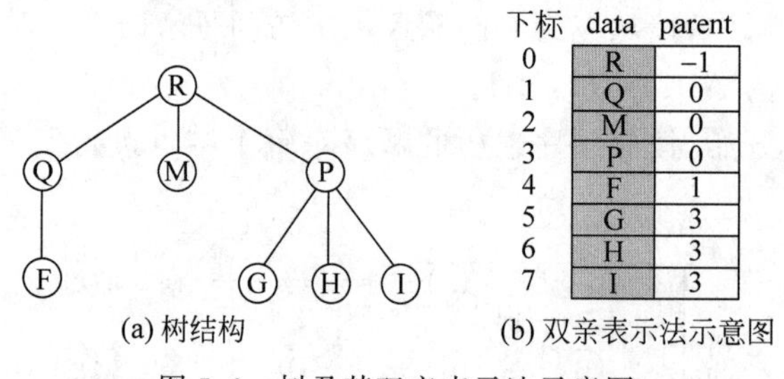

(a) 树结构　　(b) 双亲表示法示意图

图 5.6　树及其双亲表示法示意图

需要特别强调的是,双亲表示法虽然使用一维数组来存储树的逻辑结构,但数据元素的位置(数组下标)并没有直接反映数据元素之间的关系,因此并不是一种顺序存储结构。从本质上讲,双亲表示法是一种静态链表结构。

2. 孩子链表表示法

在树的孩子表示法中,也是用一维数组存储所有数据元素,每个数组元素都是一个结点结构,也称为表头结点,包含数据域和指针域两部分,其中数据域存储数据元素,指针域存储数据元素之间的关系,即存储该结点的所有孩子结点信息。由于一个结点可能有多个孩子,因此用一个单链表结构进行组织,也就是说,每个结点都对应一个孩子结点链表。表头结点的指针域指向孩子结点链表中的第一个孩子。

综上所述,在孩子链表表示法中,包含两个基本结构:一是表头结点数组,存储数据元素信息;二是孩子链表,为单链表结构。表头结点结构和孩子链表结点结构分别如图 5.7(a)和图 5.7(b)所示。

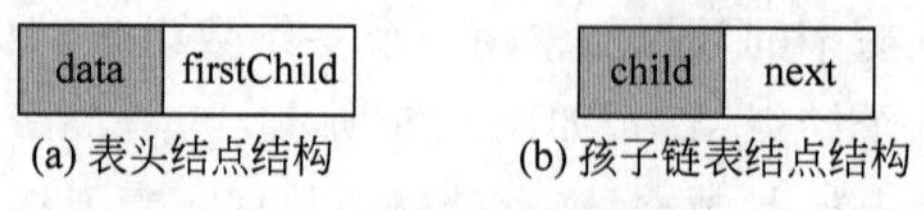

(a) 表头结点结构　　(b) 孩子链表结点结构

图 5.7　孩子链表表示法

这两种结点结构分别用 C++语言中的结构体实现,具体描述见代码 5.2。

代码 5.2 孩子表示法中结点结构的定义

```
struct ChildNode {                  //孩子链表结点
    int child;                      //数据域,孩子信息,表头数组下标
    ChildNode * next;               //指针域,下一个孩子结点的指针
};
template < class Element >
struct HeadNode {                   //表头结点
    Element data;                   //数据域,存储数据元素
    ChildNode * firstChild;         //指针域,指向孩子结点链表的头指针
};
```

图 5.6(a)所示树结构的孩子链表表示法的存储结构如图 5.8 所示。数据元素在数组中的位置没有统一规定,本示例中是按层序遍历的顺序进行存储的。

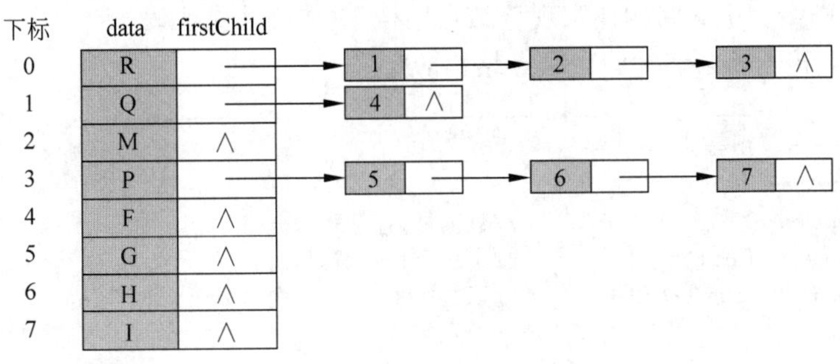

图 5.8 树的孩子链表表示法示意图

与双亲表示法相反,在孩子链表表示法中,查找孩子信息比较方便,查找双亲信息比较麻烦,必须要对整个存储结构进行遍历才能完成。

3. 双亲孩子表示法

双亲孩子表示法是融合了双亲表示法和孩子链表表示法所有结构要素的一种存储方法。该方法在孩子链表表示法的基础上,将表头结点进行改进,增加了新的指针域 parent,用以存储双亲结点的信息。改造后的表头结点结构如图 5.9 所示。

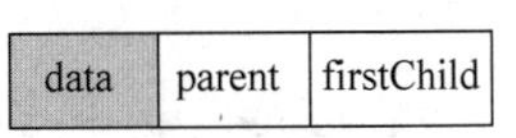

图 5.9 双亲孩子表示法的表头结点结构

图 5.6(a)所示树结构的双亲孩子表示法的存储结构如图 5.10 所示。

可以看出,在双亲孩子表示法中,既可以方便地查找一个结点的双亲结点,又可以方便地查找孩子结点的信息,兼具双亲表示法和孩子链表表示法的优点。

4. 孩子兄弟表示法

树的孩子兄弟表示法(children brother express)又称为二叉链表表示法,基本思想是从树的根结点开始,依次用链表存储各个结点的长子结点和右兄弟结点。链表中的结点除数据域外,还设置了两个指针域分别指向该结点的第一个孩子和右边第一个兄弟,如图 5.11 所示。其中,data 为数据域,存储结点的数据信息; firstChild 为第一个指针域,指向结点的第一个孩子结点; rightBrother 为第二个指针域,指向该结点右边的第一个兄弟。

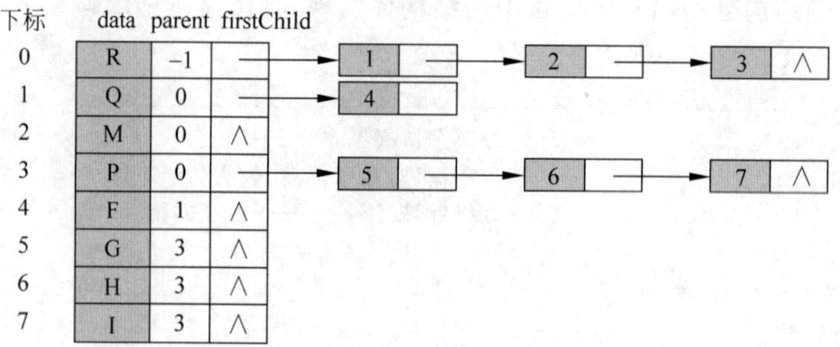

图 5.10　树的双亲孩子表示法示意图

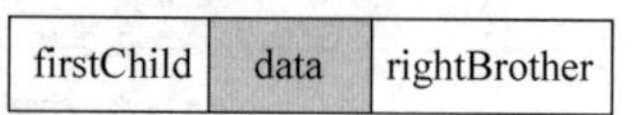

图 5.11　孩子兄弟表示法结点结构

可以用 C++语言中的结构体实现该结点结构,具体描述见代码 5.3。

代码 5.3　孩子兄弟表示法中结点结构的定义

```
template < class Element >
struct TreeNode {
    Element data;                    //数据域,存储数据元素
    TreeNode * firstChild;           //第一个指针域,指向长子
    TreeNode * rightBrother;         //第二个指针域,指向右兄弟
};
```

图 5.6(a)所示树结构的孩子兄弟表示法的存储结构如图 5.12 所示。

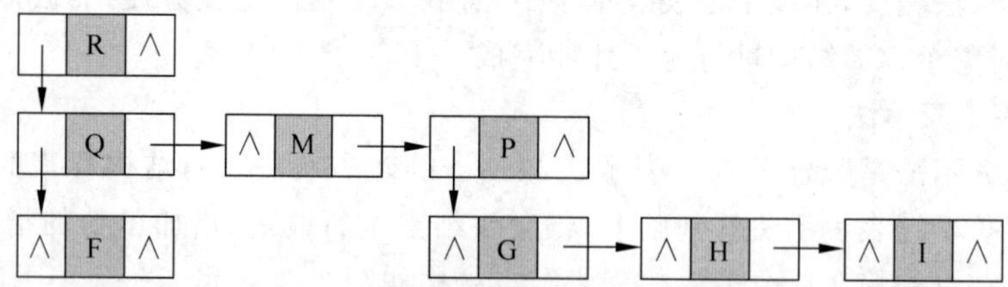

图 5.12　树的孩子兄弟表示法示意图

孩子兄弟表示法可以方便地查找某个结点的孩子信息,即 firstChild 指向的是其第一个孩子,而第一个孩子的 rightBrother 指向其第二个孩子,第二个孩子的 rightBrother 指向其第三个孩子,依此类推直到 rightBrother 是 nullptr 为止。但这种表示方法同样不方便查找结点的双亲信息。

5.3　二叉树的逻辑结构

二叉树结构简单,存储效率高,基本运算也较为简单。在实际生活中所用到的树的问题,如树存储和操作的实现,一般较为复杂,但都可以转化为二叉树的问题加以解决,二叉树本身在排序和查找领域也具有广泛的应用。因此,二叉树在数据结构学习中具有极其重要

的地位。

5.3.1 二叉树的基本概念

1. 二叉树

二叉树(binary tree)是有限个结点的集合,该集合或者为空集(称为空二叉树),或者由一个根结点和两棵互不相交的子树(分别称为左子树和右子树)组成。

和树的定义一样,二叉树的定义也是递归的。与 5.2 节讲述的树结构相比,二叉树具有如下特点:

(1) 每个结点最多有两棵子树;

(2) 两棵子树是有序的,不能任意颠倒;

(3) 即使结点只有一棵子树,也有左右之分。

由此可见,二叉树是另一种树形结构,不是树的子集,与度为 2 的树的区别主要体现在以下两点:

(1) 度为 2 的树至少有一个结点的度为 2,而二叉树没有这个要求;

(2) 度为 2 的树中的结点如果只有一棵子树,是不区分左右的,而二叉树需要严格区分左右。

二叉树具有 5 种基本形态:①空二叉树;②只有根结点的二叉树;③根结点只有左子树;④根结点只有右子树;⑤根结点既有左子树又有右子树。任何复杂的二叉树都可以看成是这些形态的组合。具有 3 个结点的树和二叉树,其形态上是不同的,树有 2 种形态,二叉树有 5 种形态,具体如图 5.13 所示,这也说明了树和二叉树是两种完全不同的树形结构。

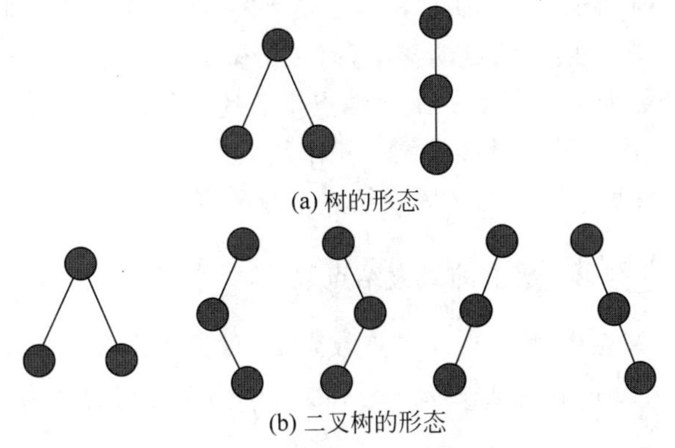

图 5.13　3 个结点的树和二叉树的形态

2. 特殊形态的二叉树

在一棵二叉树中,如果所有分支结点都有左孩子和右孩子,并且叶子结点都在二叉树的最下一层,这样的二叉树称为满二叉树(full binary tree)。也可以从结点总数和树高之间的关系的角度来定义,即一棵高度为 h 且有 2^h-1 个结点的二叉树称为满二叉树。图 5.14(a)所示为高度为 4 的满二叉树。满二叉树的特点是:①叶子只能出现在最下一层;②只有度为 0 和度为 2 的结点;③每一层上的结点数都是最大结点数。

可以对满二叉树进行层序编号,即从根结点为 1 开始,按照层数从上到下,同一层从左到右的次序依次对结点进行编号,如图 5.14(a)所示。深度为 k 的,有 n 个结点的二叉树,当且仅当其每一个结点都与深度为 k 的满二叉树中编号从 $1\sim n$ 的结点一一对应,称之为完全二叉树(complete binary tree)。显然,满二叉树是完全二叉树的一种特殊形式。完全二叉树的特点是:①叶子结点只能出现在最下两层且最下层的叶子结点都集中在二叉树的左边;②完全二叉树中如果有度为 1 的结点,只可能有一个,且该结点只有左孩子;③深度为 k 的完全二叉树在前 $k-1$ 层上一定是满二叉树;④在同样结点个数的二叉树中,完全二叉树的深度最小。图 5.14(b)是完全二叉树示例。

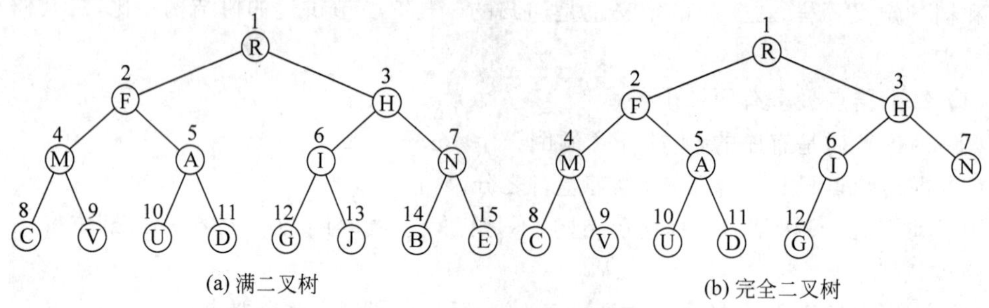

图 5.14　满二叉树和完全二叉树

5.3.2　二叉树的基本性质

性质 1　二叉树的第 i 层上最多有 2^{i-1} 个结点($i\geqslant 1$)。

证明:采用归纳法证明。

当 $i=1$ 时,第 1 层只有一个根结点,而 $2^{i-1}=2^0=1$,结论显然成立。

假定 $i=k(k\geqslant 1)$时结论成立,即第 k 层上最多有 2^{k-1} 个结点,则当 $i=k+1$ 时,因为第 $k+1$ 层上的结点是第 k 层上结点的孩子,而二叉树中每个结点最多有 2 个孩子,故在第 $k+1$ 层上最大结点个数为第 k 层上的最大结点个数的 2 倍,即 $2\times 2^{k-l}=2^k$。结论成立。

性质 2　深度为 k 的二叉树最多有 2^k-1 个结点。

证明:由性质 1,深度为 k 的二叉树中结点个数最多为

$$\sum_{i=1}^{k}(\text{第 } i \text{ 层上的最大结点数})=\sum_{i=1}^{k}2^{i-1}=2^k-1$$

性质 3　在一棵二叉树中,如果叶子结点数为 n_0,度为 2 的结点数为 n_2,则有 $n_0=n_2+1$。

证明:设 n 为二叉树的结点总数,n_0、n_1、n_2 分别为二叉树中度为 0、度为 1 和度为 2 的结点数,则有

$$n=n_0+n_1+n_2 \tag{5.1}$$

在二叉树中,除了根结点外,其余每个结点都有唯一的双亲,对应一条边;同时,一个度为 1 的结点只有一个孩子,对应一条边,一个度为 2 的结点具有两个孩子,对应两条边,所以有

$$n-1=n_1+2n_2 \tag{5.2}$$

联立式(5.1)和式(5.2)可得 $n_0=n_2+1$。

满二叉树中没有度为 1 的结点,只有度为 0 的叶子结点和度为 2 的分支结点,所以有 $n=n_0+n_2$,$n_0=n_2+1$,叶子结点的个数为 $n_0=(n+1)/2$。

性质 4　具有 n 个结点的完全二叉树的深度为$\lfloor\log_2 n\rfloor+1$。

证明：假设具有 n 个结点的完全二叉树的深度为 k，根据完全二叉树的定义和性质 2 可知，有

$$2^{k-1} \leqslant n < 2^k$$

对不等式取对数，有

$$k-1 \leqslant \log_2 n < k$$

即

$$\log_2 n < k \leqslant \log_2 n + 1$$

由于 k 是整数，故必有 $k=\lfloor \log_2 n \rfloor + 1$。

性质 5 对一棵具有 n 个结点的完全二叉树中从 1 开始按层序编号，则对于任意序号为 $i(1 \leqslant i \leqslant n)$ 的结点（简称为结点 i），有以下结论：

(1) 如果 $i>1$，则结点 i 的双亲结点的序号为 $\lfloor i/2 \rfloor$；如果 $i=1$，则结点 i 是根结点，无双亲结点。

(2) 如果 $2i \leqslant n$，则结点 i 的左孩子的序号为 $2i$；如果 $2i>n$，则结点 i 无左孩子。

(3) 如果 $2i+1 \leqslant n$，则结点 i 的右孩子的序号为 $2i+1$；如果 $2i+1>n$，则结点 i 无右孩子。

上述结论可采用归纳法证明，请读者自己完成。

性质 5 表明，在完全二叉树中，结点的层序编号反映了结点之间的逻辑关系。

5.3.3 二叉树的抽象数据类型

和树类似，在不同的实际应用中，二叉树的基本操作不尽相同。简单起见，基本操作主要包含树的遍历和构造，一个二叉树的抽象数据类型定义如下：

```
ADT BiTree
{
    数据对象:D = {ai | ai ∈ ElemSet, i = 1,2, …,n, n> = 0, ai 可以为任意数据}
    数据关系:R = {<ai-1,ai >| ai-1,ai ∈ D, i = 2, …,n, ai-1 和 ai 之间的关系满足二叉树的定
            义}
    基本操作:
        initBiTree:初始化操作,建立一棵结点数目为 0 的二叉树。
        destroyBiTree:销毁操作,销毁一棵二叉树,释放该二叉树占用的存储空间。
        preBiOrder:前序遍历操作,在不改变二叉树结构的情况下,前序遍历二叉树,输出遍历
                   序列。
        inBiOrder:中序遍历操作,在不改变二叉树结构的情况下,中序遍历二叉树,输出遍历
                  序列。
        postBiOrder:后序遍历操作,在不改变二叉树结构的情况下,后序遍历二叉树,输出遍历
                    序列。
        levelBiOrder:层序遍历操作,在不改变二叉树结构的情况下,层序遍历二叉树,输出遍历
                     序列。
}
```

5.3.4 二叉树的遍历

二叉树的遍历是指从根结点出发，按照某种次序访问二叉树中的所有结点，使得每个结

点被访问一次且仅被访问一次。这里的访问是抽象操作,可以是对结点进行的各种处理,可以简化为输出结点的数据。在二叉树遍历过程中,访问次序有前序、中序、后序和层序。与树的遍历类似,二叉树遍历的结果,就是把逻辑上的非线性结构转化为访问时间上的线性序列。

从组成上看,二叉树包含根结点 D、左子树 L 和右子树 R 三部分。二叉树的遍历方式有 DLR、LDR、LRD、DRL、RDL 和 RLD 共 6 种,前 3 种遍历方式和后 3 种遍历方式是对称操作,可以限定在子树的访问次序上,先左子树 L 后右子树 R,从而得到 DLR、LDR 和 LRD 3 种遍历方式,分别称为前序(根)遍历、中序(根)遍历和后序(根)遍历。

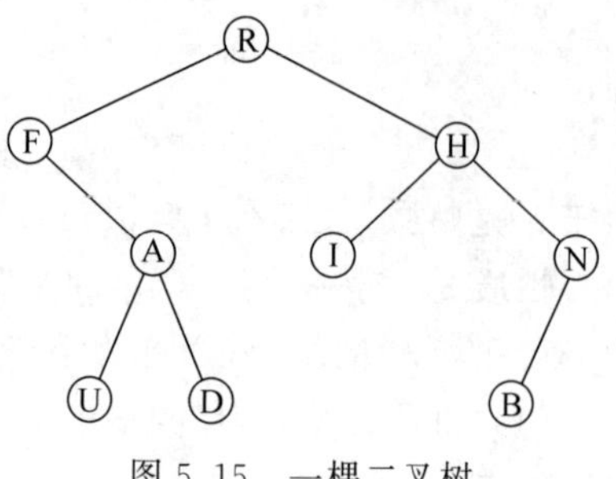

图 5.15　一棵二叉树

图 5.15 是一棵二叉树,下面给出二叉树的前序遍历、中序遍历、后序遍历和层序遍历过程。

1. 前序(根)遍历

若二叉树为空,则空操作返回;否则:

(1) 访问根结点;

(2) 前序遍历根结点的左子树;

(3) 前序遍历根结点的右子树。

如图 5.15 所示的二叉树,其前序遍历的结点序列为 RFAUDHINB。

2. 中序(根)遍历

若二叉树为空,则空操作返回;否则:

(1) 中序遍历根结点的左子树;

(2) 访问根结点;

(3) 中序遍历根结点的右子树。

如图 5.15 所示的二叉树,其中序遍历的结点序列为 FUADRIHBN。

3. 后序(根)遍历

若二叉树为空,则空操作返回;否则:

(1) 后序遍历根结点的左子树;

(2) 后序遍历根结点的右子树;

(3) 访问根结点。

如图 5.15 所示的二叉树,其后序遍历的结点序列为 UDAFIBNHR。

通过上述 3 种遍历的定义,容易看出它们具有以下几个共同点:

(1) 位于二叉树中同一子树上的结点,在遍历后的序列中是相邻的。

(2) 左子树的结点先于右子树上的结点被访问。

(3) 所有叶子结点在遍历序列中的相对次序相同,都是按照在二叉树中从左到右的顺序依次被访问。如在图 5.15 中,二叉树中叶子结点从左至右的顺序是 U、D、I、B,与它们在 3 种遍历序列中的相对次序相同。

(4) 已知一棵二叉树,其前序、中序和后序遍历序列都是唯一的;但不同的二叉树有可能产生相同的遍历序列,因此由前序、中序和后序遍历序列都不能唯一确定一棵二叉树。

4. 层序遍历

二叉树的层序遍历是指从二叉树的第一层(即根结点)开始,从上至下逐层遍历,在同一层中,则按从左到右的顺序对结点逐个访问,其访问次序与层序编号相同。

如图 5.15 所示的二叉树,其层序遍历的结点序列为 RFHAINUDB。

5.3.5 二叉树的构造

二叉树可以进行前序、中序、后序或者层序遍历,得到唯一的遍历序列,那么反过来会成立吗？也就是说,给定一个遍历序列,能唯一确定一棵二叉树吗？

如给定一个前序遍历序列 ABC,其对应的二叉树有 5 棵,如图 5.16 所示。给定一个中序遍历序列或者后序遍历序列,也存在类似情况,即单独给出一个遍历序列,无法唯一确定一棵二叉树。为了能唯一构造一棵二叉树,可以采取两类方法：第一类是采用扩展二叉树,第二类是采用两个不同的遍历序列。

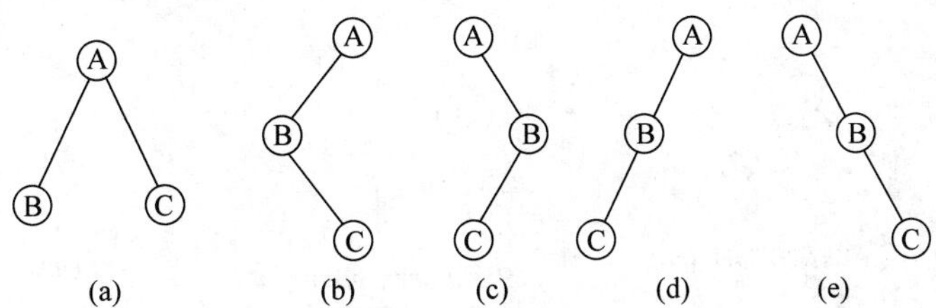

图 5.16　前序序列 ABC 对应的树

1. 由扩展二叉树构造二叉树

对于二叉树中的每个结点,如果没有左孩子,则扩充一个虚拟结点作为左孩子；如果没有右孩子,则扩充一个虚拟结点作为右孩子；虚拟结点统一用特定值(如“＃”)填充,标识为空。这样处理后的二叉树称为扩展二叉树(extended binary tree)。图 5.15 二叉树所对应的扩展二叉树如图 5.17 所示。

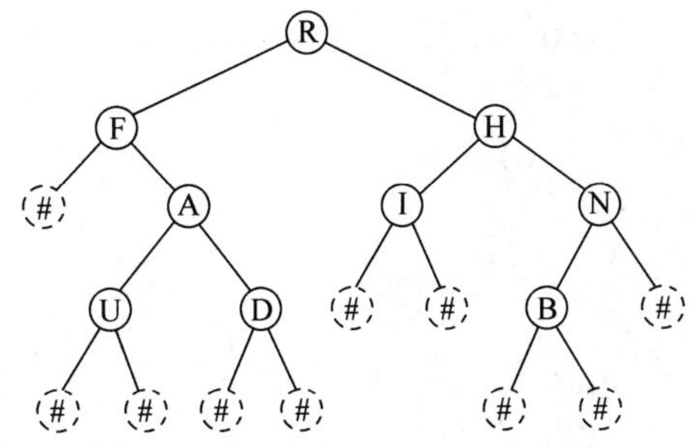

图 5.17　扩展二叉树示例

根据图 5.17 的扩展二叉树,可以得到其前序遍历序列为 RF＃AU＃＃D＃＃HI＃＃NB＃＃＃,后序遍历序列为＃＃＃U＃＃DAF＃＃I＃＃B＃NHR。

利用扩展二叉树的前序遍历序列或者后序遍历序列,能够唯一确定这棵扩展二叉树,进而构造其所对应的二叉树。

前序遍历序列确定二叉树的过程如下：

(1) 将序列中的每个字母和♯都看作是一个独立结点，从第1个字符开始从左至右依次扫描前序遍历序列中的各个字符，空右子树位置从1开始编号，依次增大。

(2) 如果字符不是♯，构造二叉树结点，值为当前字符，设置右子树位置为空并编号，然后转移到该结点的左子树位置，继续扫描序列中的下一个字符；如果字符是♯，跳转到步骤(3)，否则跳转到步骤(2)。

(3) 构造二叉树虚拟结点，并转移到编号最大的空右子树位置，继续扫描序列中的下一个字符，如果没有右子树为空的位置，构造结束，跳转到步骤(4)。

(4) 扩展二叉树构造完毕。

(5) 将扩展二叉树中的虚拟结点删除，即为二叉树。

已知扩展二叉树的前序遍历序列为 RF♯AU♯♯♯H♯I♯♯，则构造对应二叉树的过程如图 5.18 所示，图 5.18(l)为最终生成的二叉树。

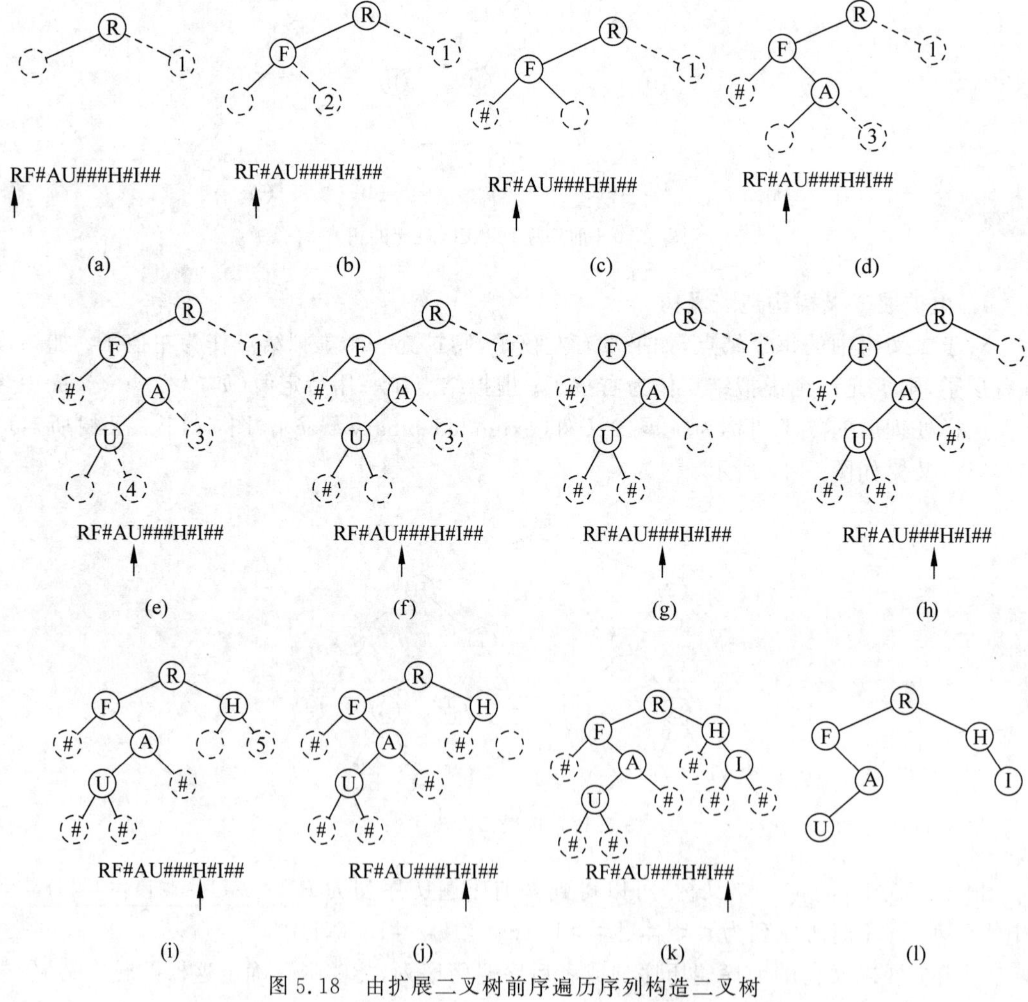

图 5.18　由扩展二叉树前序遍历序列构造二叉树

利用扩展二叉树的后序遍历序列也可以唯一确定一棵二叉树，其过程与前序序列确定二叉树的过程类似，不再给出具体过程，读者可以自行完成。

2. 由两种遍历序列构造二叉树

关于由两种遍历序列构造二叉树，有以下两个结论：

(1) 任何 $n(n\geqslant 0)$ 个不同结点的二叉树，都可由它的中序遍历序列和前序遍历序列唯一确定。

(2) 任何 $n(n\geqslant 0)$ 个不同结点的二叉树，都可由它的中序遍历序列和后序遍历序列唯一确定。

由于篇幅关系，本书不给出这两个结论的证明，感兴趣的读者可以自行完成。

由中序遍历序列和前序遍历序列确定二叉树的具体过程如下：

(1) 找到前序遍历序列中的第一个结点，即确定了当前二叉树的根结点；

(2) 在对应的中序遍历序列中，找到根结点，则根结点将中序序列划分为左右两部分，即得到该二叉树左右子树的中序遍历序列；

(3) 在二叉树的前序遍历序列中，去掉根结点，确定左右子树的前序遍历序列；

(4) 如果左子树非空则跳转到步骤(1)，如果右子树非空则跳转到步骤(1)；

(5) 完成当前二叉树的构造。

由此可见，前序遍历序列的作用是确定根结点，中序遍历序列的作用是确定左右子树，不断递归即可构造完成二叉树。例如，已知一棵二叉树的前序遍历序列是 ABCDEF，中序遍历序列是 CBAEDF，则构造这棵二叉树的过程如下：

(1) 由前序遍历序列 ABCDEF 可知，二叉树根结点为 A，结合中序遍历序列，可以确定左子树包含结点 C、B，右子树包含结点 E、D、F，如图 5.19(a)所示。

(2) 对比前序遍历序列和中序遍历序列，可以确定左子树的前序遍历序列为 BC，中序遍历序列为 CB；右子树的前序遍历序列为 DEF，中序遍历序列为 EDF。

(3) 对于左子树，可知其根结点为 B，左子树为 C，右子树为空，如图 5.19(b)所示。

(4) 对于右子树，可知其根结点为 D，左子树为 E，右子树为 F，如图 5.19(c)所示。

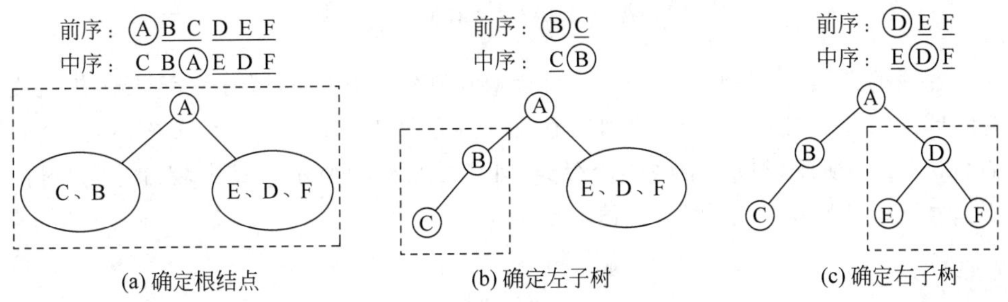

图 5.19　由前序遍历序列和中序遍历序列构造二叉树

由后序遍历序列和中序遍历序列也可以构造二叉树，后序遍历序列的作用是确定根结点，中序遍历序列的作用是确定左右子树，具体的构造过程与由前序遍历序列和中序遍历序列构造二叉树的过程类似，不再具体分析。

5.4　二叉树的存储结构

二叉树的存储结构不仅要存储数据元素本身，还要存储数据元素之间的关系。在二叉树中，数据元素之间的关系不仅体现为双亲关系和孩子关系，孩子之间还要体现出是左孩子还是右孩子。在二叉树中,这种关系可以用顺序存储结构或链式存储结构进行存储。

5.4.1 顺序存储结构

由二叉树的性质 5 可以看出,完全二叉树的层序编号能够反映结点(数据元素)之间的双亲和孩子关系,由此可以设计出完全二叉树的顺序存储结构。将完全二叉树中的数据元素按照层序编号顺序,即层次按照从上到下,同一层按照从左到右的顺序依次存储在一维数组中。在 C++语言中,数组下标是从 0 开始的,为了处理方便,不使用 0 号元素,从下标 1 开始存储数据元素,从而使得数据元素的层序编号和其所存储的位置即数组下标完全对应。如图 5.14(b)所示的完全二叉树,其对应的存储结构如图 5.20 所示。其中,0 代表数组元素未使用,没有该结点。可以看出,给定任意结点,都可以根据二叉树的性质 5 方便地查找其双亲和孩子结点,例如结点 A,存储在下标为 5 的数组元素中,其双亲结点存储在下标为 $\lfloor 5/2 \rfloor=2$ 的数组元素中,即 F 结点,其左孩子存储在 10 号位置的 U 结点,其右孩子是存储在 11 号位置的 D 结点。

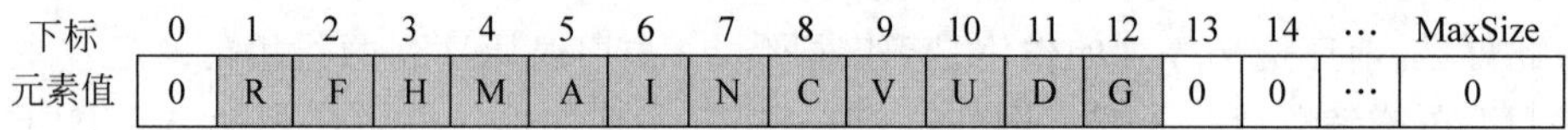

下标	0	1	2	3	4	5	6	7	8	9	10	11	12	13	14	…	MaxSize
元素值	0	R	F	H	M	A	I	N	C	V	U	D	G	0	0	…	0

图 5.20 完全二叉树的顺序存储结构

对于普通的二叉树来说,如果直接采用层序编号顺序把结点依次存储到一维数组中,如图 5.15 所示的二叉树,其对应的层序存储结果如图 5.21 所示,可以看出其存储位置并不能反映结点之间的关系。

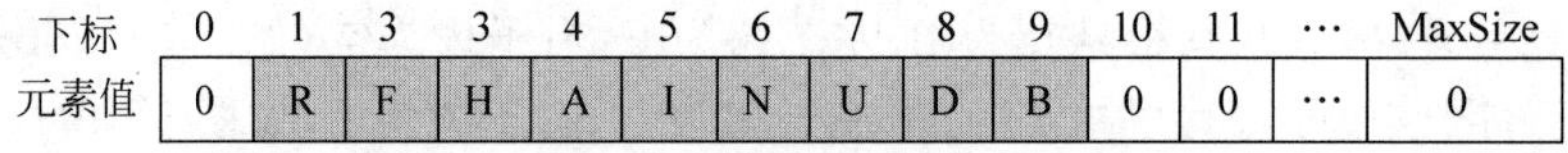

下标	0	1	3	3	4	5	6	7	8	9	10	11	…	MaxSize
元素值	0	R	F	H	A	I	N	U	D	B	0	0	…	0

图 5.21 普通二叉树结点存储到一维数组中

对于普通的二叉树,为了让数组的下标能够反映结点之间的逻辑关系,必须扩充成完全二叉树的形式,重新按层次编号后再进行存储。对于图 5.15 所示的二叉树,其扩充后的二叉树如图 5.22(a)所示,对应的顺序存储结构如图 5.22(b)所示。其中,新扩充的虚拟结点也占用编号所在的数组单元,但结点值为 0。

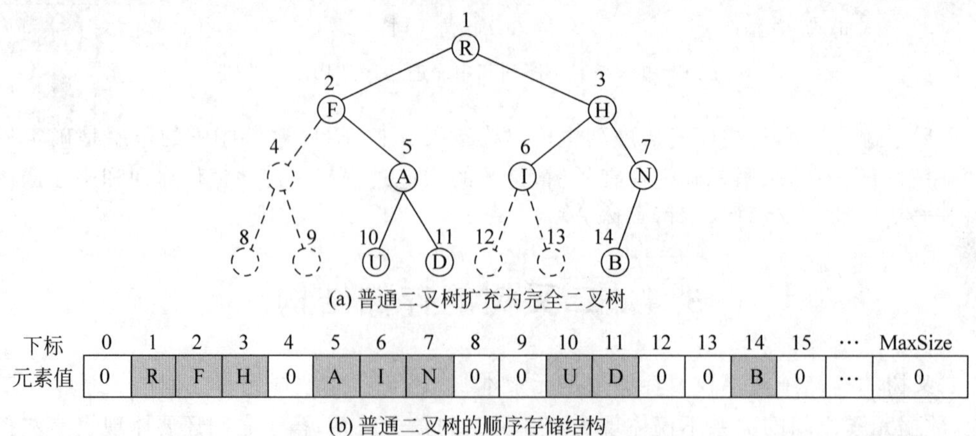

(a) 普通二叉树扩充为完全二叉树

下标	0	1	2	3	4	5	6	7	8	9	10	11	12	13	14	15	…	MaxSize
元素值	0	R	F	H	0	A	I	N	0	0	U	D	0	0	B	0	…	0

(b) 普通二叉树的顺序存储结构

图 5.22 普通二叉树扩充及其顺序存储结构

很显然，对于普通二叉树来说，存储扩充的虚拟结点存在存储空间的浪费，对右斜树（每个结点只存在右子树的二叉树）来说更是如此。如图 5.23 所示是深度为 4 的右斜树的顺序存储结构。

因此，一般情况下只有完全二叉树才考虑使用顺序存储结构。对于普通的二叉树，由于存在大量空间浪费，并且在进行结点插入和删除时，可能会涉及大量数据移动操作，因此，一般情况下二叉树的计算机实现更多是使用链式存储结构。

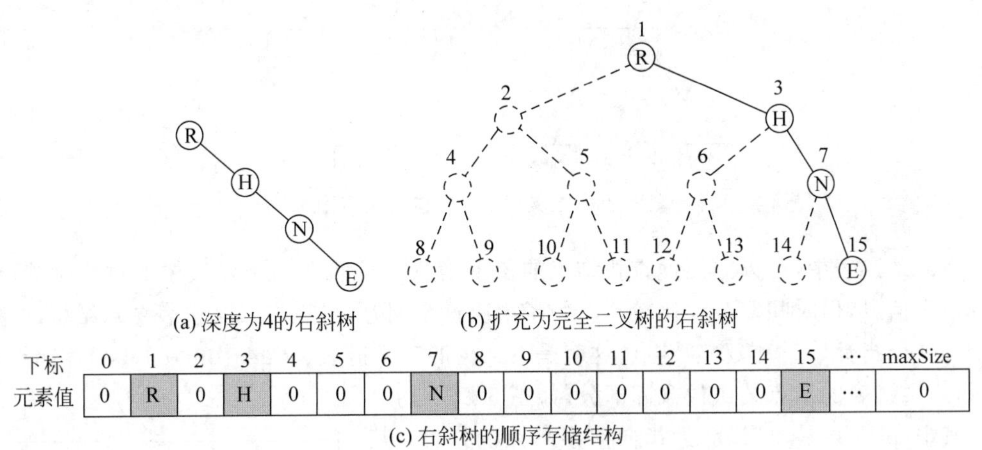

下标	0	1	2	3	4	5	6	7	8	9	10	11	12	13	14	15	…	maxSize
元素值	0	R	0	H	0	0	0	N	0	0	0	0	0	0	0	E	…	0

(c) 右斜树的顺序存储结构

图 5.23　右斜树处理和对应的顺序存储结构

5.4.2　链式存储结构

二叉树最为常用的链式存储结构是二叉链表(binary linked list)。顾名思义，二叉链表是一种链式存储，其基本思想是：令二叉树的每个结点对应一个链表结点，链表结点除了存放与二叉树结点有关的数据信息外，还要设置指示左右孩子的指针。二叉链表结点包含三部分，具体如图 5.24 所示。

图 5.24　二叉链表的结点结构

其中，data 是数据域，可为任意类型；leftChild 是第一个指针域，指向结点的左孩子；rightChild 是第二个指针域，指向结点的右孩子。

二叉链表结点可用 C++语言描述，具体定义见代码 5.4。

代码 5.4　二叉链表中结点结构的定义

```
template < class Element >
struct BiNode {
        Element data;           //数据域,存储数据元素
        BiNode * leftChild;  //第一个指针域,指向结点的左孩子
        BiNode * rightChild; //第二个指针域,指向结点的右孩子
};
```

图 5.25 给出了图 5.15 所示二叉树的二叉链表结构示意图。

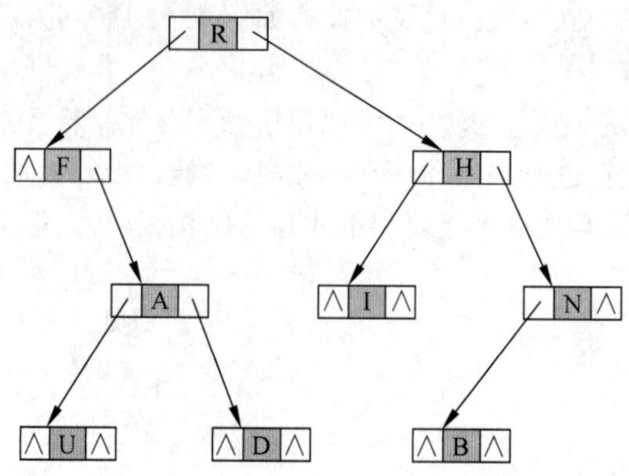

图 5.25　二叉树的二叉链表示意图

在二叉链表中,可以方便地查找结点的孩子信息。虽然在遍历二叉树的过程中能够查到其双亲信息,但时间复杂度比较高。为了解决这个问题,可以在二叉链表结点结构的基础上增加一个指针域,指向双亲结点,这就是二叉树的三叉链表(trident linked list)存储结构。此时,三叉链表的结点结构包含四部分,如图 5.26 所示。

其中,parent 是双亲域,为指向双亲结点的指针;其他域的含义与二叉链表结点结构相同。

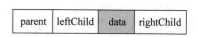

parent	leftChild	data	rightChild

图 5.26　三叉链表结点结构

图 5.27 给出了图 5.15 所示二叉树的三叉链表结构示意图。

二叉树的逻辑结构及基本操作可以用 ADT 进行描述,二叉链表是二叉树逻辑结构的存储方式,其对应的类图如图 5.28 所示,转换成 C++语言中的类进行编程实现,具体见代码 5.5。

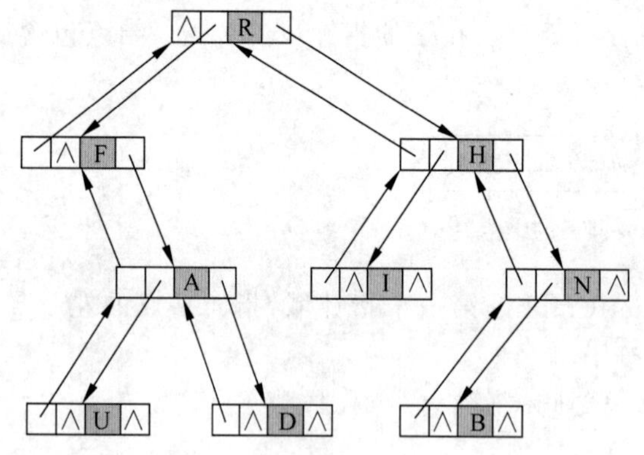

图 5.27　二叉树的三叉链表示意图

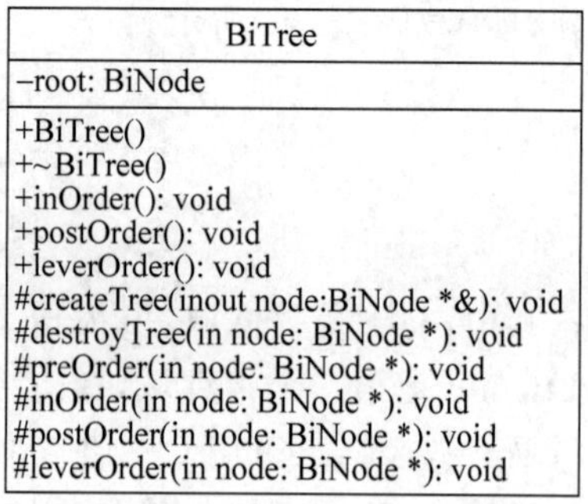

BiTree
−root: BiNode
+BiTree() +~BiTree() +inOrder(): void +postOrder(): void +leverOrder(): void #createTree(inout node:BiNode *&): void #destroyTree(in node: BiNode *): void #preOrder(in node: BiNode *): void #inOrder(in node: BiNode *): void #postOrder(in node: BiNode *): void #leverOrder(in node: BiNode *): void

图 5.28　二叉链表的类图

代码 5.5　二叉链表的类定义

```
template < class Element >
class BiTree
{
public:
```

```
    BiTree() { createTree (root); }              //构造函数,对应 ADT 中 initBiTree
    ~BiTree(){ destroyTree (root); }             //析构函数,对应 destroyBiTree
    void preOrder();                             //前序遍历,对应 preBiOrder
    void inOrder();                              //中序遍历,对应 inBiOrder
    void postOrder();                            //后序遍历,对应 postBiOrder
    void levelOrder();                           //层序遍历,对应 levelBiOrder
private:
    BiNode<Element> * root;                      //指向二叉链表根结点的头指针
protected:
    void createTree(BiNode<Element> * &node);    //创建二叉树
    void destroyTree(BiNode<Element> * node);    //销毁二叉树
    void preOrder(BiNode<Element> * node);       //前序遍历 node 的子树
    void inOrder(BiNode<Element> * node);        //中序遍历 node 的子树
    void postOrder(BiNode<Element> * node);      //后序遍历 node 的子树
};
```

1. 二叉树的创建

在 5.3.5 节中已经提到,通过扩展二叉树的前序序列可以唯一地构造二叉树。可以通过从键盘输入的方式将该序列依次输入,每输入一个值,就为它建立结点。该结点作为根结点,其地址通过函数的引用型参数 node 直接链接到作为实际参数的指针中。然后,分别对根的左、右子树递归地建立子树,直到输入"#"建立空子树递归结束。其活动图如图 5.29 所示,C++实现见代码 5.6。

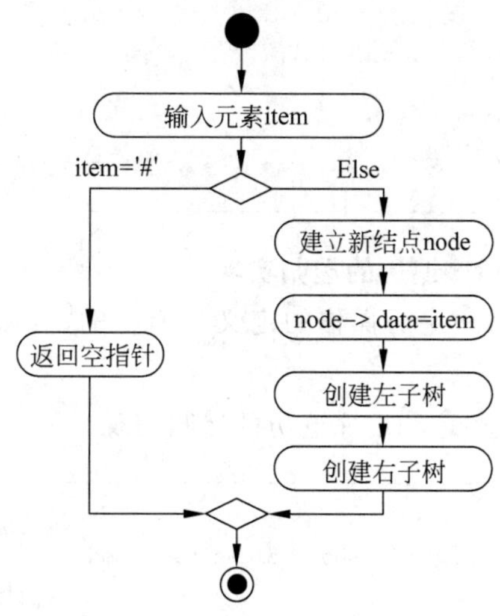

图 5.29 创建二叉树的活动图

代码 5.6 二叉树的创建

```
template <class Element>
void BiTree<Element>::createTree(BiNode<Element>* &node)
{                                                //以引用方式传递参数,构建二叉树
    char item;
```

```
    cin >> item;
    if(item == '#'){
        node = nullptr;
    }
    else{
        node = new BiNode< Element >;                   //构造结点
        node -> data = item;
        createTree(node -> leftChild);                  //递归创建左子树
        createTree(node -> rightChild);                 //递归创建右子树
    }
}
```

2. 二叉树的销毁

二叉树的链式存储结构需要动态分配内存，在析构函数中必须把动态分配的内存释放掉，即删除二叉链表中的所有结点。为保证删除结点以后不断链，经常采用后序遍历操作。具体实现见代码5.7。

代码5.7 二叉树的销毁

```
template < class Element >
void BiTree < Element >::destroyTree(BiNode < Element > * node)
{
    if (node!= nullptr){                              //以后序遍历方式析构
        destroyTree(node -> leftChild);
        destroyTree(node -> rightChild);
        delete node;
    }
}
```

3. 二叉树前序、中序和后序遍历的递归实现

二叉树的前序、中序和后序遍历操作的定义是递归的，其递归形式的代码实现非常简单，具体实现见代码5.8。

代码5.8 二叉树前序、中序和后序遍历的递归实现

```
template < class Element >
void BiTree < Element >::preOrder(BiNode < Element > * node)
{                                                          //前序遍历
    if(node != nullptr){
        cout << node -> data << " ";                       //先访问根结点
        preOrder(node -> leftChild);                       //再访问左子树
        preOrder(node -> rightChild);                      //最后访问右子树
    }
}
template < class Element >
void BiTree < Element >:: inOrder (BiNode < Element > * node)
{                                                          //中序遍历
```

```
    if(node != nullptr){
      inOrder (node -> leftChild);                    //先访问左子树
      cout << node -> data << " ";                    //再访问根结点
      inOrder (node -> rightChild);                   //最后访问右子树
    }
}
template < class Element >
void BiTree < Element >::postOrder(BiNode < Element > * node)
{                                                     //后序遍历
    if(node != nullptr){
      postOrder(node -> leftChild);                   //先访问左子树
      postOrder(node -> rightChild);                  //再访问右子树
      cout << node -> data << " ";                    //最后访问根结点
    }
}
```

但是，由于递归遍历必须传递结点参数，而二叉树的根结点为私有，主函数中无法获取，因此需要在类的内部用重载方式实现，以前序遍历为例：定义在类内部函数这几种遍历操作的定义是递归的。二叉树递归遍历的调用过程见代码 5.9。

代码 5.9 二叉树递归遍历的调用

```
template < class Element >
void BiTree < Element >::preOrder()          //主函数中调用无参的遍历函数
{
    preOrder (root);                         //调用有参的重载函数
}
```

4. 二叉树的层序遍历

在进行层序遍历时，完成对某一层的结点访问后，再按照它们的访问次序依次访问各结点的左孩子和右孩子，先被访问的结点，其孩子的访问也要先被访问，这符合队列的操作特性。层序访问二叉树的过程需要利用一个队列，在访问二叉树的某一层结点时，把下一层结点指针预先保存在队列中，利用队列安排逐层访问的次序。因此，每当访问一个结点时，将它的子女依次加到队列的队尾，然后再访问已在队列队头的结点，从而可以实现二叉树结点的层序访问。层序遍历的活动图如图 5.30 所示，C++实现见代码 5.10。

代码 5.10 二叉树的层序遍历

```
template < class Element >
void BiTree < Element >:: levelOrder()                    //层序遍历
{
    queue < BiNode < Element > * > q;                     //定义辅助队列
    q.push(root);                                         //根结点入队
    while (!q.empty()){
        bt = q.front();
        q.pop();
        cout << bt -> data << " ";                        //访问队头元素的数据
        if (bt -> leftChild != nullptr){
            q. push(bt -> leftChild);
        }
```

```
            if (bt -> rightChild != nullptr){
                q. push(bt -> rightChild);
            }
        }
    }
```

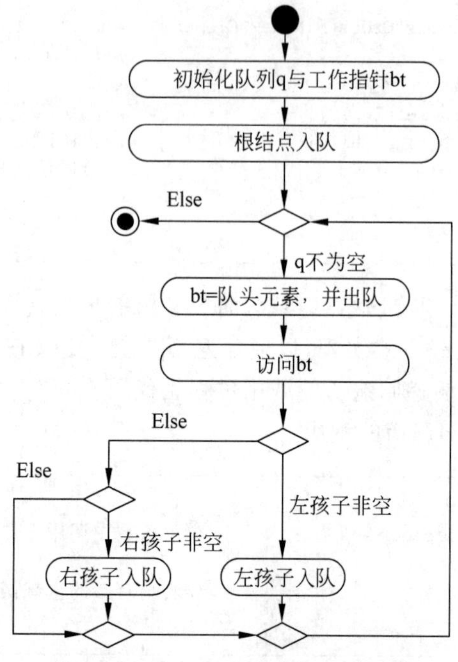

图 5.30　二叉树层序遍历的活动图

5. 二叉树前序、中序和后序遍历的非递归实现

递归在计算机中是用栈来实现的，因此递归实现可以通过一个栈转化为非递归实现。非递归实现不需要外部访问根结点，也不需要使用类似代码 5.9 的重载调用，程序结构更加简洁清晰。前序遍历的非递归实现如图 5.31 所示，C++实现见代码 5.11。

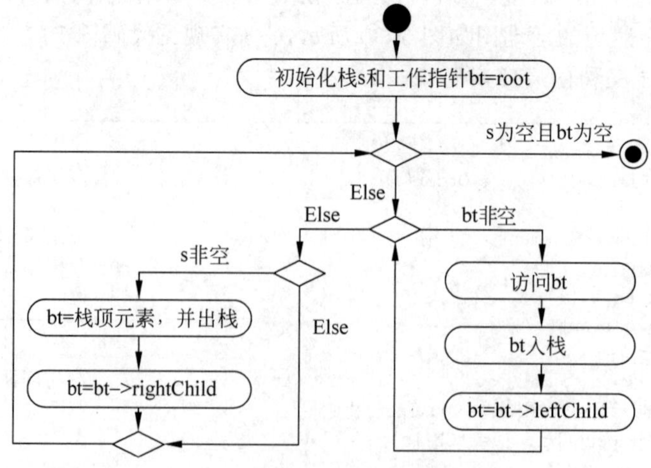

图 5.31　二叉树前序遍历的非递归算法

代码 5.11 二叉树前序遍历的非递归实现

```
template < typename Element >
void BiTree < Element >:: preOrder(){
    stack < BiNode < Element > * > s;           //定义辅助栈
    BiNode < Element > *  bt = root;            //初始化工作指针
    while(bt!= nullptr || !s.empty()){          //工作指针和栈均为空时结束循环
        while(bt!= nullptr){
            cout << bt -> data;                 //访问结点
            s.push(bt);
            bt = bt -> leftChild;               //遍历左子树
        }
        if(!s.empty()){                         //左子树遍历结束
            bt = s.top();
            bt = bt -> rightChild;              //取右子树继续遍历
            s.pop();
        }
    }
}
```

二叉树中序遍历的非递归实现与前序遍历相类似,区别仅在于访问结点的时机,应在左子树遍历结束后访问根结点,C++实现见代码 5.12。

代码 5.12 二叉树中序遍历的非递归实现

```
template < typename Element >
void BiTree < Element >:: inOrder(){
    stack < BiNode < Element > * > s;
    BiNode < Element > *  bt = root;
    while(bt!= nullptr || !s.empty()){
        while(bt!= nullptr){
            s.push(bt);
            bt = bt -> leftChild;               //遍历左子树
        }
        if(!s.empty()){                         //左子树遍历结束
            bt = s.top();
            cout << bt -> data;                 //访问结点
            bt = bt -> rightChild;              //取右子树继续遍历
            s.pop();
        }
    }
}
```

二叉树的后序遍历思路仍然相同,但访问根结点的时机是在左右子树全部遍历结束时,因此要在结点定义中添加当前结点左右子树均遍历完成的标志。左右子树均遍历结束时再执行出栈和访问的操作。C++实现见代码 5.13。

代码 5.13　二叉树后序遍历的非递归实现

```
template < typename Element >
void BiTree < Element >:: postOrder(){
    stack < BiNode < Element > *> s;
    BiNode < Element > *  bt = root;
    while(bt!= nullptr || !s.empty()){
        while(bt!= nullptr){
            s.push(bt);
            bt = bt -> leftChild;                          //遍历左子树
        }
        while(!s.empty()&&s.top() -> flag == true)  //左右子树均遍历完成
        {
            bt = s.top();
            cout << bt -> data;                            //访问结点
            s.pop();                                       //出栈
        }
        if(bt == root) break;                              //如根结点出栈,则遍历结束
        if(!s.empty()){                                    //仅左子树遍历结束
            bt = s.top();
            bt -> flag = true;                             //修改标志位
            bt = bt -> rightChild;                         //遍历右子树
        }
    }
}
```

5.4.3　线索链表

二叉树的遍历就是把结构上是非线性的数据结构,转换为时间上的先后关系,把数据元素之间的一对多关系转换为一对一的线性关系,即前驱后继关系。在具体应用中,如果频繁进行二叉树的遍历操作,会有较大的时间开销。在 5.4.2 节的学习中可以得知,对于 n 个结点的二叉链表来说,共有 $2n$ 个指针域,其中用来存放孩子信息的指针域只有 $n-1$ 个,剩余 $n+1$ 个指针域的值为 nullptr。能否利用这些空闲的指针域存放遍历时的前驱后继关系来加快遍历的过程,减少时间的开销呢?

答案是肯定的。具体做法就是在二叉树的遍历过程中,将空闲的左孩子域指向结点的前驱,空闲的右孩子域指向后继。但原来的空指针也是有含义的,即该位置没有左孩子或者右孩子,指向前驱或者后继后,就没有办法区别该指针域到底是指向左右孩子还是指向前驱后继。因此,必须对原有的二叉链表结点结构进行改造,增加两个标志域,分别指示对应的指针域存储的是孩子还是前驱或后继。为了区分是左右孩子指针,还是指向前驱或后继结点的指针,专门给后者取了一个新的名字——线索(thread)。使二叉链表中结点的空链域存放其前驱或后继信息的过程称为线索化,加上线索的二叉树称为线索二叉树,加上线索的二叉链表称为线索链表。线索链表的结点结构如图 5.32 所示。

图 5.32　线索链表的结点结构

其中,左标志 leftTag 和右标志 rightTag 表示如下:

$$\text{左标志 leftTag} = \begin{cases} 0 & \text{表示指向左孩子结点} \\ 1 & \text{表示指向前驱结点} \end{cases}$$

$$\text{右标志 rightTag} = \begin{cases} 0 & \text{表示指向右孩子结点} \\ 1 & \text{表示指向后继结点} \end{cases}$$

线索链表的结点结构可用 C++ 语言描述,具体实现见代码 5.14。

代码 5.14 线索链表的结点结构

```
template < typename Element >
struct ThrNode {
    Element data;               //数据域,存储数据元素
    ThrNode * leftChild;        //左指针域
    ThrNode * rightChild;       //右指针域
    int leftTag;                //左标志:0 代表左孩子,1 代表前驱结点
    int rightTag;               //右标志:0 代表右孩子,1 代表后继结点
};
```

由于二叉树常用的遍历方式有前序、中序、后序、层序遍历,可以建立对应的线索链表。当然,由于存储空间的限制,同一时刻只能建立一种线索链表。图 5.15 所示二叉树的中序线索二叉树存储结构如图 5.33 所示。

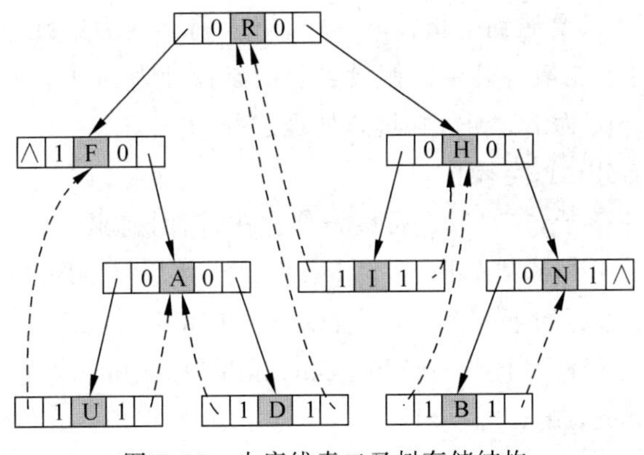

图 5.33 中序线索二叉树存储结构

下面以中序线索二叉树为例,讨论线索二叉树的定义和操作。中序线索链表的 C++ 类声明见代码 5.15。

代码 5.15 线索链表类定义

```
template < typename Element >
class InThrBiTree
{
public:
    inThrBiTree ();
    ~ inThrBiTree ();
```

```
        inOrder();                                                    //中序遍历
    private:
        ThrNode<Element> *root;                                       //根结点指针
        void createTree(ThrNode<Element>* &node);                     //创建二叉树(未线索化)
        ThrNode<Element> * first(ThrNode<Element>* node)              //寻找起始结点
        ThrNode<Element> * next(ThrNode<Element>* node);              //查找后继
        void createInThread(ThrNode<Element>* &node, ThrNode<Element>* &pre);
                                                                      //中序线索化
    };
```

1. 中序线索化过程

中序线索化的过程是在构造函数中完成的。建立线索链表分为两步,首先完成二叉链表存储结构的构造,然后在此基础上将二叉链表中的空指针域指向前驱或者后继。很显然,线索化过程必须在对二叉树中序遍历的过程中完成。

1) 使用扩展的前序遍历创建二叉树(未线索化)

与普通二叉树的构造一致,通过扩展二叉树的前序序列可以唯一地构造二叉树,并将结点的 leftTag 和 rightTag 置 0,具体实现请读者自行完成。

2) 中序遍历对二叉树进行线索化

对一个已存在的二叉树按中序遍历进行线索化的算法中用到了一个指针 pre,它在遍历过程中总是指向遍历指针 node 的前驱结点,即在中序遍历过程中刚刚访问过的结点。在中序遍历线索化过程中,只要遇到空指针域,就应填入前驱或后继线索,但后继线索只能等到访问到下一个结点时才能最终确定。假设当前结点指针为 node,前驱结点指针为 pre,当 node 为根结点指针时,pre 为 nullptr,则具体处理过程如下:

(1) 如果 node 为 nullptr,空操作;

(2) 访问 node 的左孩子,并对其进行线索化操作,返回前驱结点 pre;

(3) 如果左孩子 leftChild 为 nullptr,将 leftTag 置为 1,将 leftChild 指向前驱结点 pre,因为此时还不知道中序遍历的下一个结点,所以 rightChild 和 rightTag 暂不修改;

(4) 如果 pre 非 nullptr,并且其右孩子 rightChild 为 nullptr,则前驱结点 pre 的右孩子指针 rightChild 指向 node,rightTag=1;

(5) pre=node,并对 node 右孩子进行线索化操作,返回前驱结点 pre。

该过程的 C++实现见代码 5.16。

代码 5.16 中序线索化实现

```
template <typename Element>
void InThrBiTree<Element>::
        createInThread(ThrNode<T> *&node, ThrNode<Element>* &pre)
{
    if (node == nullptr) return;
    createInThread(node->leftChild, pre);                      //递归的线索化左子树
    if (node->leftChild == nullptr)                            //建立前驱线索
    {
```

```
        node->leftChild = pre;
        node->leftTag = 1;
    }
    if (pre != nullptr&&pre->rightChild == nullptr)     //建立 pre 的后继线索
    {
        pre->rightChild = node;
        pre->rightTag = 1;
    }
    pre = node;                                           //更新 pre
    createInThread(node->rightChild, pre);                //递归的线索化左子树
}
```

3）构造函数

在构造函数中，完成整个线索链表的构建，具体过程的 C++实现见代码 5.17。

代码 5.17　线索链表的构造函数

```
template <typename Element>
InThrBiTree<Element>::InThrBiTree ()
{
    createTree (root);                      //创建二叉树
    ThrNode<Element> *pre = nullptr;        //pre 初始化
    if (root != nullptr) {
        createInThread(root, pre);          //创建线索
        pre->rightTag = 1;                  //收尾处理
    }
}
```

2. 中序线索链表的基本函数

1）查找中序遍历序列中的起始结点

二叉树中序遍历序列的第一个结点为整棵树最左下角的结点，即从 node 结点开始，沿着左链一直到叶子结点，具体实现过程见代码 5.18。

代码 5.18　查找第一个结点

```
template <typename Element>
ThrNode<Element> * InThrBiTree<Element>::first(ThrNode<Element>* node)
{
    p = node;
    while (p->leftTag == 0)             //循环找到最左下角结点
        p = p->leftChild;
    return p;
}
```

2）查找中序遍历序列中的后继结点

二叉树中序遍历序列中某个结点的后继结点，位于其右子树的最左边，即右子树中的第一个结点，或者位于其后继线索中，具体实现过程见代码 5.19。

代码 5.19 查找后继结点

```
template < typename Element >
ThrNode < Element > * InThrBiTree < Element >::next(ThrNode < Element > * node)
{
    p = node -> rightChild;
    if(node -> rightTag == 1){                //标志位为 1,直接返回右线索
        return p;
    }
    else return first(p);                     //标志位为 0,查找子树的起始结点
}
```

3. 中序线索链表的遍历操作

在上述基本函数的基础上,实现中序线索链表的遍历过程变得非常简单,先找到并遍历第一个结点,然后依次遍历后继结点直到线索链表结束为止。具体实现过程见代码 5.20。

代码 5.20 中序线索链表的遍历操作

```
template < typename Element >
void InThrBiTree < Element >:: inOrder()
{
    p = first(root);
    while(p!= nullptr){
        cout << p -> data <<" ";
        p = next(p);
    }
    cout << endl;
}
```

利用线索链表,还可以很容易地查找结点的前驱和进行逆中序遍历,感兴趣的读者可以参考 first、next 和 inOrder 这三个函数的实现自行完成。

5.5 树、森林和二叉树的转换

在前面的章节中,我们已经学习了树、森林和二叉树的相关内容,其中树和森林结构较为复杂,其操作相对烦琐。其实树和森林结构的存储和操作都可以转化为二叉树进行处理;同时,一棵二叉树也可以唯一对应一棵树或者森林。下面将详细讲述它们之间的关系和相互转换方法,以及它们之间遍历操作的对应关系。

5.5.1 树和二叉树的对应关系

通过前面章节所学内容可以知道,树结构可以采用孩子兄弟链表法进行存储。对于图 5.34(a)中的树,其对应的存储结构如图 5.34(b)所示,它们之间为一一对应关系,即一棵树对应唯一的孩子兄弟链表,同时一个孩子兄弟链表也只能唯一对应一棵树。同样地,图 5.34(c)中的二叉树和图 5.34(d)中的二叉链表也具有一一对应关系。不难看出,图 5.34(b)和

图 5.34(d)两种存储结构其实是完全等价的。给定一个图 5.34(b)的存储结构,没有办法确定它到底是孩子兄弟链表还是二叉链表,它既有可能是图 5.34(a)这棵树的存储结构,也有可能是图 5.34(c)这棵二叉树的存储结构。因此,树和二叉树也存在一一对应关系,树中的左右兄弟关系,对应二叉树中的双亲和右孩子关系;树中的双亲和第一个孩子的关系,对应二叉树中双亲和左孩子的关系。一般情况下,把树结构的存储和操作转换为二叉树来进行处理。

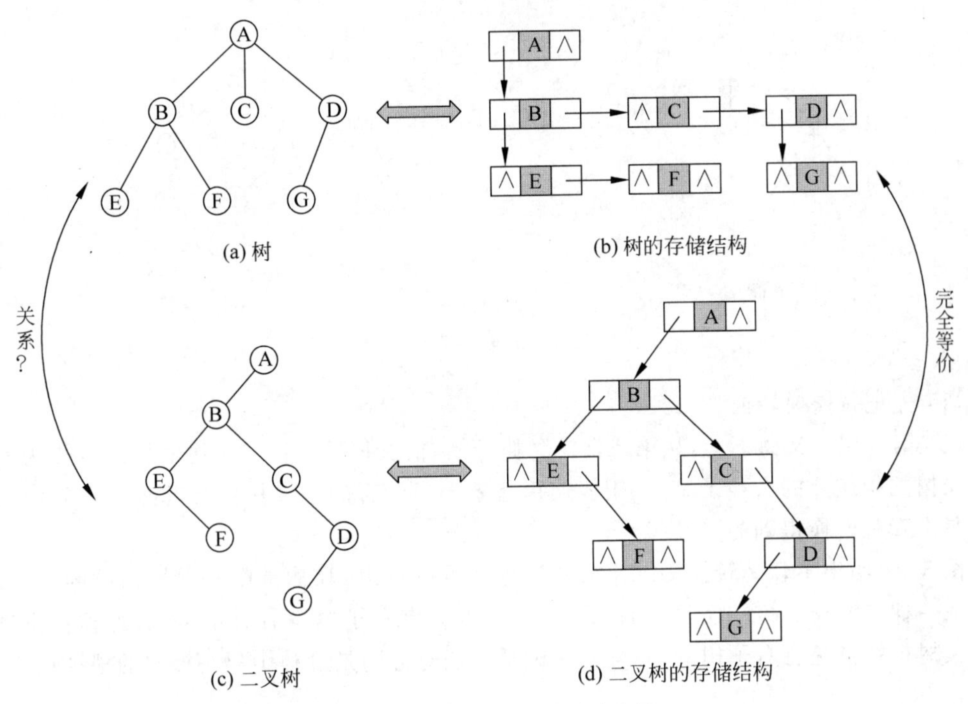

图 5.34 树和二叉树关系示意图

5.5.2 树、森林和二叉树的相互转换

1. 树转换为二叉树

将树转换为二叉树的步骤如下:

(1) 加线,在所有兄弟结点之间加一条连线;

(2) 抹线,对树中的每个结点,只保留它与第一个孩子结点之间的连线,删除它与其他孩子结点之间的连线;

(3) 旋转,以树的根结点为轴心,将整棵树顺时针旋转一定角度,使之结构层次分明。

图 5.35 给出了树转换为二叉树的过程。从图中可以看出,树中结点 B、C、D 之间和 E、F 之间的兄弟关系,转换成了二叉树中相应结点之间的双亲和右孩子关系;树中结点 A、B、E 之间双亲和第一个孩子的关系,对应着二叉树中相应结点之间双亲和左孩子的关系。

2. 森林转换为二叉树

森林是由若干不相交的树组成,可以将森林中每棵树的根结点看作兄弟,由于每棵树都可以转换为二叉树,所以森林也可以转换为一棵二叉树。将森林转换为二叉树的步骤如下:

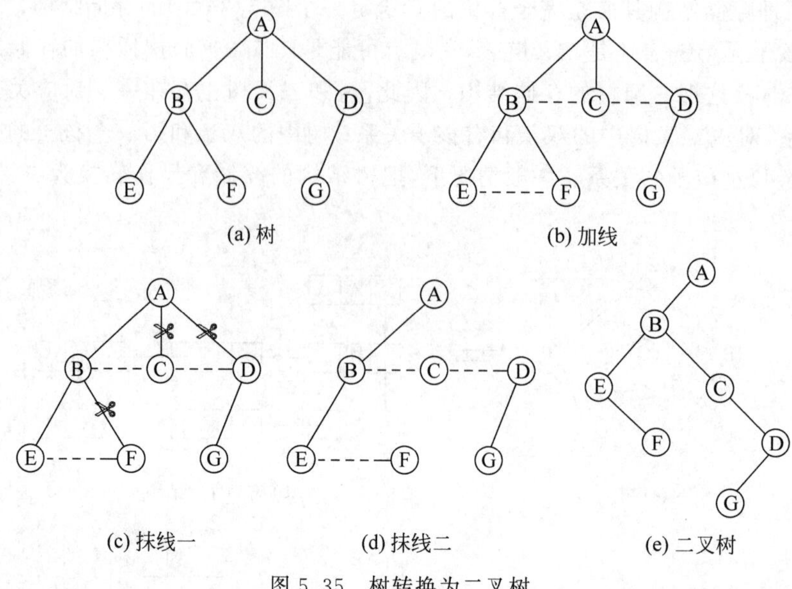

图 5.35 树转换为二叉树

(1) 先把每棵树转换为二叉树;

(2) 第一棵二叉树不动,从第二棵二叉树开始,依次把后一棵二叉树的根结点作为前一棵二叉树的根结点的右孩子结点,用线连接起来。当所有的二叉树连接起来后得到的二叉树就是由森林转换得到的二叉树。

图 5.36 给出了森林转换为二叉树的过程。可以看出,森林是由若干树构成的,但可以转换成一棵二叉树。树转换过来的二叉树根结点只有左子树没有右子树,而森林转换过来的二叉树根结点是有右子树的,并且二叉树根结点对应的是森林中第一棵树的根结点。

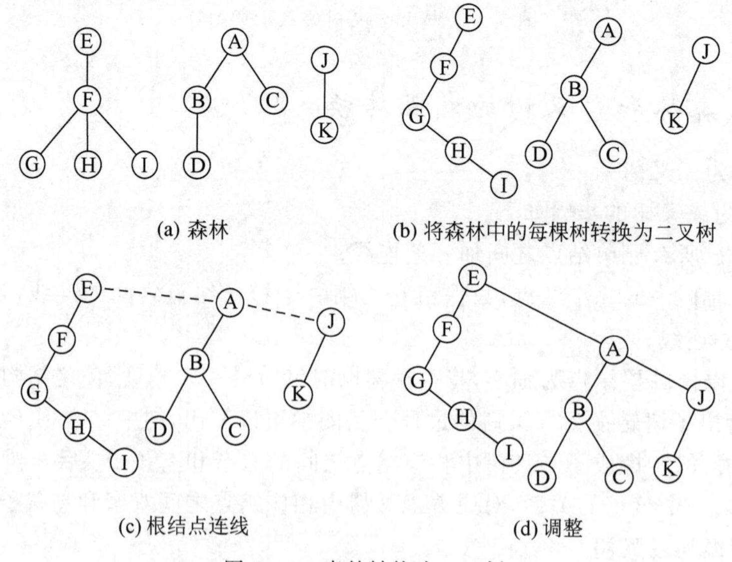

图 5.36 森林转换为二叉树

3. 二叉树转换为树或森林

二叉树转换为树或森林是树或森林转换为二叉树的逆过程，其步骤如下：

(1) 加线，若某结点的左孩子结点存在，将左孩子结点的右孩子结点、右孩子结点的右孩子结点等都作为该结点的孩子结点，将该结点与这些右孩子结点用线连接起来；

(2) 抹线，删除原二叉树中所有结点与其右孩子结点的连线；

(3) 调整，整理步骤(1)和步骤(2)两步得到的树或森林，使之结构层次分明。

图 5.37 给出了二叉树转换为森林的过程。二叉树转换为树和转换为森林的过程是完全一致的，如果二叉树根结点有右子树，则转换为森林，否则转换为树。

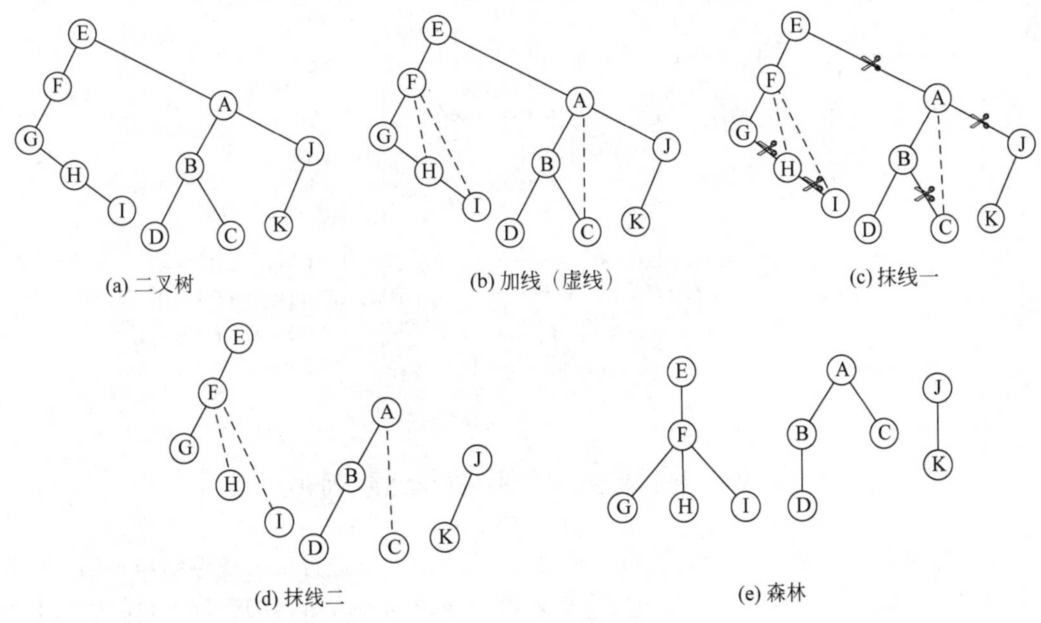

图 5.37　二叉树转换为森林

5.5.3　树、森林和二叉树遍历操作的关系

树、森林和二叉树之间不仅在结构上存在一一对应关系，它们在遍历操作上也存在对应关系。任何一种数据结构，都必须定义相应的遍历方法。在 5.2.2 节和 5.3.4 节中已经讲述了树和二叉树遍历操作的相关内容，下面简单介绍森林的遍历。森林是由若干互不相交的树组成的集合，树是组成森林的基本单位，森林的遍历操作是建立在树的遍历操作的基础上的。在本节的讨论中，可以把树看成是一种特殊的森林，即只有一棵树的森林，针对森林讨论所得到的结论完全适用于树。

1. 森林的前序遍历

森林的前序遍历过程定义为从左至右依次前序遍历各棵子树。如果把森林看成由第一棵树根结点、第一棵树子树森林和除第一棵树之外的兄弟森林三部分组成，那么森林的前序遍历也可以定义为先遍历第一棵树根结点，后遍历第一棵树子树森林，最后遍历除第一棵树之外的兄弟森林。

2. 森林的后序遍历

森林的后序遍历过程定义为从左至右依次后序遍历各棵子树，也可以定义为先遍历第一棵树的子树森林,后遍历第一棵树根结点,最后遍历除第一棵树之外的兄弟森林。

按照树、森林和二叉树之间的转换规则,在树和森林转换为二叉树的过程中,树中任一结点的子树森林转换为对应二叉树的左子树,该结点的兄弟森林转换为对应二叉树的右子树。森林的后序遍历过程为定义为先遍历第一棵树的子树森林,后遍历第一棵树根结点,最后遍历除第一棵树之外的兄弟森林,对应到二叉树就是先遍历左子树,后遍历根结点,最后遍历右子树,这正是二叉树中序遍历的过程。也就是说,森林和树的后序遍历序列,和其对应的二叉树的中序遍历序列是完全一致的。同理也不难得到,树和森林的前序遍历序列也完全对应于二叉树的前序遍历序列。通过如图 5.38 所示的例子,可以证实上述结论。

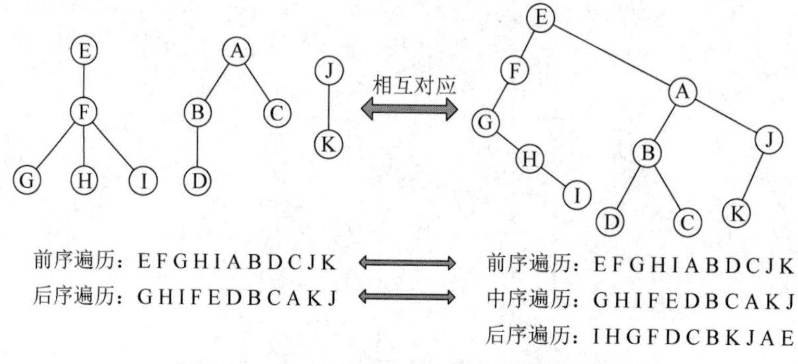

图 5.38　树、森林和二叉树遍历操作的关系

5.6　哈夫曼树和哈夫曼编码

哈夫曼树是二叉树的一个典型应用,利用哈夫曼树,可以进行哈夫曼编码和解码,进而实现对数据的压缩与解压处理。本节将在引入哈夫曼树和前缀编码的基础上,详细介绍哈夫曼编码定义、编码过程和解码过程。

5.6.1　哈夫曼树的定义

在树的许多应用中,需要将树结点赋予一个有实际含义的数值,称此数值为该结点的权。前面已经介绍过路径和路径长度概念,路径是由树中两个结点之间沿着边序列所经过的结点序列构成的,而路径长度是路径上所经过边的个数。但在有些应用中,需要用到根结点到某一结点路径长度与权值的乘积,该数值称为带权路径长度(Weighted Path Length, WPL),而树中所有叶子结点的带权路径长度之和称为该树的带权路径长度,可以表示为

$$\text{WPL}=\sum_{i=1}^{n} w_i l_i$$

其中,w_i 为第 i 个叶子结点的权值,l_i 为第 i 个叶子结点到根结点的路径长度。

给定 n 个权值作为 n 个叶子结点,构造一棵二叉树,若该树的带权路径长度达到最小,这样的二叉树称为哈夫曼树(Huffman tree),也称为最优二叉树。

例如,给定 4 个叶子结点,其权值分别为{1,3,4,7},可以构造出各种形状不同或者形状相同但叶子结点分布不同的二叉树,如图 5.39 所示。图中包含 4 棵二叉树,其对应的带权路径长度分别如下。

(1) 图 5.39(a)：WPL＝1×2＋3×2＋4×2＋7×2＝30

(2) 图 5.39(b)：WPL＝1×3＋3×3＋4×2＋7×1＝27

(3) 图 5.39(c)：WPL＝1×3＋3×3＋4×2＋7×1＝27

(4) 图 5.39(d)：WPL＝1×1＋3×3＋4×2＋7×3＝39

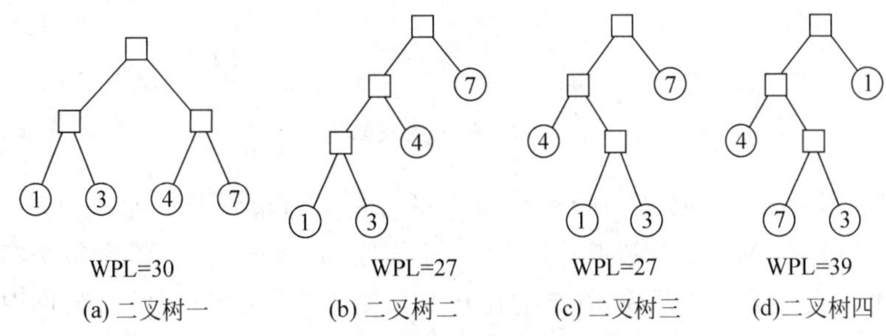

图 5.39　不同带权路径长度的二叉树

可以看出，图 5.39(b)和图 5.39(c)虽然形状不同，但带权路径长度都最小，为 27，这两棵二叉树都是哈夫曼树；图 5.39(c)和图 5.39(d)虽然形状相同，但叶子结点权值分布不同，图 5.39(d)的带权路径长度较大，为 39。容易得出，哈夫曼树具有如下几个特点：

(1) 权值越大的叶子结点越靠近根结点，而权值越小的叶子结点越远离根结点；

(2) 只有度为 0(叶子结点)和度为 2(分支结点)的结点，不存在度为 1 的结点；

(3) 同一组权值，对应的哈夫曼树不唯一。

5.6.2　哈夫曼树的构造

同一组权值，对应多个二叉树，其带权路径长度也不同。如何找到带权路径长度最小的二叉树，即哈夫曼树呢？根据哈夫曼树权值越大越靠近根结点的特点，哈夫曼最早提出了一个带有一般规律的算法，叫哈夫曼算法。哈夫曼算法具体描述如下：

(1) 初始化，由给定的 n 个权值$\{w_1, w_2, \cdots, w_n\}$构造 n 棵只有一个根结点的二叉树，从而得到一个二叉树集合 $F=\{T_1, T_2, \cdots, T_n\}$；

(2) 选取与合并，在 F 中选取根结点权值最小的两棵二叉树分别作为左、右子树构造一棵新的二叉树，这棵新二叉树的根结点的权值为其左、右子树根结点的权值之和；

(3) 删除与加入，在 F 中删除作为左、右子树的两棵二叉树，并将新建立的二叉树加入到 F 中；

(4) 重复步骤(2)、步骤(3)，当集合 F 中只剩下一棵二叉树时，这棵二叉树便是哈夫曼树。

例如，给定取值集合 $W=\{4,1,7,3\}$，其哈夫曼树的构造过程如图 5.40 所示。

在哈夫曼算法中，根结点权值最小的二叉树优先合并，最后两棵二叉树合并生成的根结点即为哈夫曼树的根结点。因此不难理解，早合并的结点权值较小，离根结点远，后合并的权值较大的结点离根结点近。同时也容易理解，每次合并都是将两棵二叉树合二为一，二叉树的数目减少 1 个，增加 1 个分支结点，从一开始有 n 个二叉树，到最后只剩 1 棵二叉树，哈夫曼算法过程一共需要合并 $n-1$ 次，生成 $n-1$ 个分支结点，最终的哈夫曼树中，总的结点个数是 $2n-1$ 个。

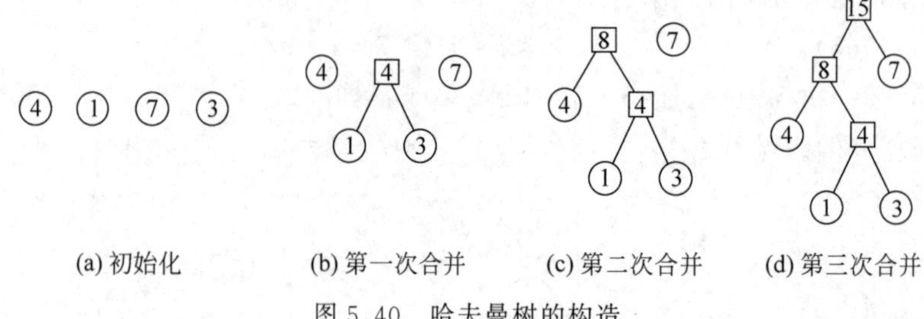

图 5.40 哈夫曼树的构造

为了实现哈夫曼算法,必须为哈夫曼树选择合适的存储结构。给定 n 个结点权值,对应的哈夫曼树中共有 $2n-1$ 个结点,可以用一个大小为 $2n-1$ 的一维数组来存放。由于哈夫曼树的构建是从叶子结点开始,不断构建新的父结点,直至树根,所以结点中应包含指向父结点的指针;使用哈夫曼树时是从树根开始,根据需要遍历树中的各个结点,因此每个结点需要有指向其左孩子和右孩子的指针。所以整个存储结构构成一个静态三叉链表。链表的结点结构如图 5.41 所示。

parent	weight	leftChild	rightChild

图 5.41 哈夫曼树结点的结构

其中,weight 表示权值,parent 指向双亲结点的位置,leftChild 指向左孩子结点的位置,rightChild 指向右孩子结点的位置。结点结构对应的 C++结构体定义见代码 5.21。

代码 5.21 哈夫曼树结点结构

```
struct{
    double weight;
    int parent;                    //双亲域,双亲结点在一维数组中的下标
    int leftChild;                 //左孩子域,左孩子结点的下标
    int rightChild;                //右孩子域,右孩子结点的下标
} HTNode, HuffmanTree[M + 1];
```

给定取值集合 $W=\{4,1,7,3\}$,哈夫曼算法执行过程如图 5.40 所示,其对应的存储状态变化如图 5.42 所示,其中加粗的字表示该步骤更新的数值。

基于以上分析,哈夫曼算法的实现实质上是选择两棵根结点权值最小的子树,并将两棵子树合并,不断重复直至最终只剩一棵二叉树。

1) select()函数,选择两棵根结点权值最小的树

请读者自行完成。

2) 将两棵子树合并成一棵,迭代创建哈夫曼树

将两棵子树合并成一棵,只需要保存新的根结点,并更新原子树的双亲结点即可。创建哈夫曼树的 C++实现见代码 5.22。

下标	parent	weight	leftChild	rightChild
1	0	4	0	0
2	0	1	0	0
3	0	7	0	0
4	0	3	0	0
5	0	0	0	0
6	0	0	0	0
7	0	0	0	0

(a) 初始化

下标	parent	weight	leftChild	rightChild
1	0	4	0	0
2	**5**	1	0	0
3	0	7	0	0
4	**5**	3	0	0
5	0	**4**	**2**	**4**
6	0	0	0	0
7	0	0	0	0

(b) 第一次合并

下标	parent	weight	leftChild	rightChild
1	**6**	4	0	0
2	5	1	0	0
3	0	7	0	0
4	5	3	0	0
5	**6**	4	2	4
6	0	**8**	**1**	**5**
7	0	0	0	0

(c) 第二次合并

下标	parent	weight	leftChild	rightChild
1	6	4	0	0
2	5	1	0	0
3	**7**	7	0	0
4	5	3	0	0
5	6	4	2	4
6	**7**	8	1	5
7	0	**15**	**3**	**6**

(d) 第三次合并

图 5.42　哈夫曼算法执行过程中存储状态的变化

代码 5.22　createHuffmanTree()函数

```
template < typename Element >
void createHuffmanTree(HuffmanTree ht[ ], int w[ ], int n)
{
    int i,s1,s2,m;
    for(i = 1;i < = 2 * n - 1;++i){                          //初始化
        ht[i].parent = 0;
        ht[i].leftChild = 0;
        ht[i].rightChild = 0;
        if(i < = n) ht[i].weight = w[i];
        else ht[i].weight = 0;
    }
    for(i = n + 1;i < = m;++i){
        select(ht,i - 1,&s1,&s2);                            //找两棵根结点权值最小的树
        ht[i].weight = ht[s1].weight + ht[s2].weight;        //根结点权值
        ht[s1].parent = i; ht[s2].parent = i;                //修改子树双亲域
        ht[i].leftChild = s1; ht[i].rightChild = s2;         //修改根结点左右孩子域
    }
}
```

5.6.3　前缀编码和哈夫曼编码

在数据存储及通信过程中,经常需要将字符转换为二进制字符 0 和 1 组成的二进制码

串,这个过程称为编码,例如 ASCII 码、指令系统编码等。编码方式有等长编码和不等长编码两类。能够唯一进行译码的编码方式,才是有效和可用的。

1. 等长编码

等长编码表示一组对象的二进制位串的长度相等,如 ASCII 码。

例如:假设传送的电文为英文序列 ABACCDA,采用的编码方案是 A(00)、B(01)、C(10)、D(11),每个英文字母用 2 比特表示,为等长编码。利用该编码方案,英文序列的编码为 00010010101100,总长 14 比特。译码方式比较简单,两位一分即可。

2. 不等长编码

不等长编码表示一组对象的二进制位串的长度不相等。一般情况下,在英文字母 A~Z 中,E 的使用频率比 X、Z 要大得多。使用频率高的用短码,使用频率低的用长码,编码不等长,大部分情况下电文长度会减少。

例如:在传送的英文电文序列 ABACCDA 中,A、B、C、D 的使用频率分别为 3、1、2、1,根据频率高用短码、频率低用长码的原则,采用的不等长编码方案可以是 A(0)、B(00)、C(1)、D(10)。利用该编码方案,英文序列的编码为 000011100,总长 9 比特,比等长编码的长度小。但存在的问题是,利用该编码方案进行编码的序列,不能唯一进行译码,如前 4 比特 0000,可以译码为 AAAA、ABA 或 BB。出现这种情况的原因是,编码方案中存在一个字符的编码是另一个字符编码的前缀。

3. 前缀编码

设计不等长编码时,必须保证某字符的编码不是另一字符编码的前缀(最左子串),这种编码称为前缀编码。例如对于上述例子,编码方案 A(0)、B(110)、C(10)、D(111)就是一种前缀编码。

4. 哈夫曼编码

哈夫曼编码是一种前缀编码,该方法以字符出现的概率为权值来构造哈夫曼树,并得到平均长度最短的码字。

假设电文中共有 n 种字符,第 i 种字符出现的次数为 w_i,对应的编码长度为 l_i,则电文总长为

$$l=\sum_{i=1}^{n} w_i l_i \tag{5.3}$$

假设 w_i 是叶子结点的权值,其对应的树的带权路径长度的定义与式(5.3)恰好相同,可以认为前缀编码的实现过程,与哈夫曼树的构造有关系。设计前缀编码时,肯定希望编码后的电文总长 l 最小,对应的过程就是给定叶子结点权值,构造哈夫曼树的过程。因此,设计电文总长最短的问题转变为设计哈夫曼树的问题。

该编码的具体构造过程如下:①以字符出现频率 w_i 为叶子结点的权值,构造哈夫曼树;②树中的左分支用字符 0 表示,右分支用字符 1 表示,从根到叶子的路径上分支字符组成的字符串作为该叶子结点字符的编码。这种编码方式就是哈夫曼编码,因为根结点到任一叶子结点的路径,不会经过其他叶子结点,避免了一个字符的编码是另一个字符编码的前缀的情况,是编码长度最短的前缀编码。

例如:一组字符{A,B,C,D,E,F,G},假设出现的频率分别是{9,11,5,7,8,2,3},其对应的哈夫曼树如图 5.43 所示,给出的哈夫曼编码方案为 A(00),B(10),C(010),D(110),

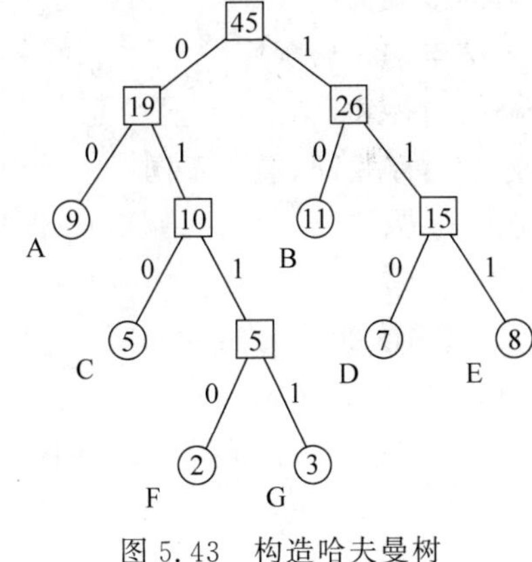

图 5.43 构造哈夫曼树

E(111),F(0110),G(0111)。

哈夫曼编码的译码过程如下：从哈夫曼树根开始,从待译码电文中逐位取码。若编码是 0,则向左走；若编码是 1,则向右走；一旦到达叶子结点,则译出一个字符；重新从根结点出发重复上述过程,直到电文结束。如对于电文编码 010110011011010,只能给出唯一的译文 CDFDB。从前面所学已经知道,对于同一组叶子结点权值集合,构造出的哈夫曼树不是唯一的,其对应的哈夫曼编码方案也不是唯一的,但编码长度都是最小的。显然,哈夫曼编码和译码所对应的哈夫曼树必须是同一棵,否则译码不会成功。

5.7 本章小结

树和二叉树是非常重要的非线性数据结构,在计算机科学中具有广泛的应用。本章主要讲述了树和二叉树的逻辑结构和存储结构,树、森林和二叉树的转换,以及树的典型应用——哈夫曼树和哈夫曼编码。树和二叉树是两种不同的树形结构,它们的主要操作是遍历操作。树的存储结构有双亲表示法、孩子表示法、双亲孩子表示法和孩子兄弟表示法,都可看成是链式存储结构；二叉树主要有顺序存储结构和二叉链表结构,但前者只适合存储完全二叉树。为了方便遍历操作,还可以在二叉链表的基础上构造线索二叉树。树和森林的存储和操作实现都比较烦琐,可以转换为二叉树进行处理。树、森林和二叉树具有一一对应的关系,树和森林的遍历操作也可以相互对应。哈夫曼树是典型的二叉树的应用,可以用来进行前缀编码。

本章习题

一、选择题

1. 若将一棵树 T 转化为对应的二叉树 bt,则下列对 bt 的遍历中,其遍历序列与 T 的后序遍历序列相同的是(　　)。

A. 先序遍历　　B. 中序遍历　　C. 后序遍历　　D. 按层遍历

2. 对 n 个互不相同的符号进行哈夫曼编码。若生成的哈夫曼树共有 115 个结点,则 n 的值是(　　)。

A. 56　　B. 57　　C. 58　　D. 60

3. 设一棵非空完全二叉树 T 的所有叶结点均位于同一层,且每个非叶结点都有 2 个子结点。若 T 有 k 个叶结点,则 T 的结点总数是(　　)。

A. $2k-1$　　B. $2k$　　C. k^2　　D. 2^k-1

4. 要使一棵非空二叉树的前序序列与中序序列相同,则所有非叶结点需要满足的条件是(　　)。

A. 只有左子树　　B. 只有右子树

C. 结点的度均为1　　　　D. 结点的度均为2

5. 在二叉树结点的前序、中序和后序序列中,所有叶子结点的先后顺序(　　)。

A. 都不相同　　　　B. 完全相同

C. 前序与中序相同,后序不同　　　　D. 中序和后序相同,前序不同

6. 已知字符集{a,b,c,d,e,f},若各字符出现的次数分别为6,3,8,2,10,4,则对应字符集中各字符的哈夫曼编码可能是(　　)。

A. 00,1011,01,1010,11,100　　　　B. 00,100,110,000,0010,01

C. 10,1011,11,0011,00,010　　　　D. 0011,10,11,0010,01,000

7. 已知一棵完全二叉树的第6层(设根是第1层)有8个叶结点,则该完全二叉树的结点个数最多是(　　)。

A. 39　　B. 52　　C. 111　　D. 119

8. 一棵二叉树高度为h,所有结点的度或为0,或为2,则这棵二叉树最少有(　　)结点。

A. $2h$　　B. $2h-1$　　C. $2h+1$　　D. $h+1$

9. 在下列存储形式中,(　　)不是树的存储形式。

A. 双亲表示法　　　　B. 孩子链表表示法

C. 孩子兄弟表示法　　　　D. 顺序存储表示法

10. 采用双亲表示法表示树,则具有n个结点的树至少需要(　　)个指向双亲的指针。

A. n　　B. $n+1$　　C. $n-1$　　D. $2n$

11. 现有一"遗传"关系,设x是y的父亲,则x可以把它的属性遗传给y,表示该遗传关系最适合的数据结构为(　　)。

A. 向量　　B. 树　　C. 图　　D. 二叉树

12. 已知一棵二叉树树形如图5.44所示,其后序序列为eacbdgf,则树中与a同层的结点是(　　)。

A. c　　　　B. d

C. f　　　　D. g

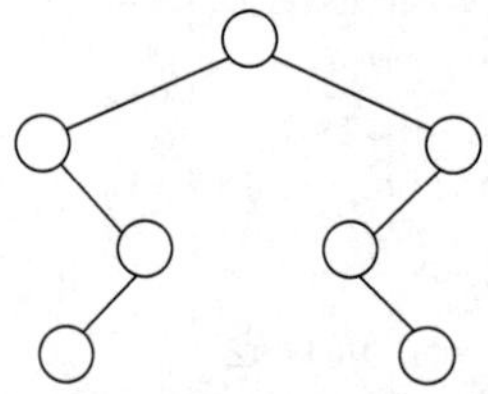

图5.44　二叉树树形

13. 将森林转化为对应的二叉树,若二叉树中,结点u是结点v的父结点,则在原来的森林中,u和v可能的关系是(　　)。

Ⅰ. 父子关系　　Ⅱ. 兄弟关系　　Ⅲ. u的父结点与v的父结点是兄弟关系

A. 只有Ⅱ　　B. Ⅰ和Ⅱ　　C. Ⅰ和Ⅲ　　D. Ⅰ、Ⅱ和Ⅲ

14. 设树的度为4,已知度为4的结点有20个,度为3的结点有15个,度为2的结点有10个,度为1的结点有5个,则叶子结点数为(　　)。

A. 82　　B. 151　　C. 50　　D. 101

15. 若二叉树的前序遍历序列为abcdef,中序遍历序列为cbaedf,则后序遍历序列为(　　)。

A. cbefda　　B. fedcba　　C. cbedfa　　D. 不确定

16. 若X是二叉中序线索树中一个有左孩子的结点,且X不是根结点,则X的前驱是(　　)。

A. X 的双亲　　　　　　　　　　B. X 的右子树中最左侧结点

C. X 的左子树中最右侧结点　　　　D. X 的左子树中最右的叶子结点

二、填空题

1. 树在计算机内的表示方式有________、________、________。

2. 中缀式 $a+b*3+4*(c-d)$ 对应的前缀式为________，若 $a=1,b=2,c=3,d=4$，则后缀式 $db/cc*a-b*+$ 的运算结果为________。

3. 深度为 H 的完全二叉树至少有________个结点，最多有________个结点，H 和结点总数 N 之间的关系是________。

4. 已知二叉树中叶子数为 40，仅有一个孩子的结点数为 20，则总结点数为________。

5. 若按层序将一棵 n 个结点的完全二叉树从 1 开始编号，那么结点 i 没有右兄弟的条件为________。

6. 一棵有 n 个结点的满二叉树有________个度为 1 的结点，有________个分支(非终端)结点和________个叶子，该满二叉树的深度为________。

7. 在树的孩子兄弟表示法中，二叉链表的左指针指向________，右指针指向________。

8. 先序遍历森林时，首先访问森林中第一棵树的________。

9. 已知一棵二叉树的前序序列为 abdecfhg，中序序列为 dbeahfcg，则该二叉树的根为________，左子树中有________，右子树中有________。

10. 若以{4，5，6，7，8}作为叶子结点的权值构造哈夫曼树，则其带权路径长度是________。

11. 将一棵树转换成二叉树后，根结点没有________。

12. 以下程序是求二叉树深度的递归算法，请填空完善之。

```
int depth(BiTree *bt)          /*bt 为根结点的指针*/
{
    int hl,hr;
    if(bt == NULL) return ________;
    hl = height(bt -> lchild);
    hr = height(bt -> rchild);
    if(________)________;
    return(hr + 1);
}
```

三、应用题

1. 一棵完全二叉树有 892 个结点，试求：

(1) 树的高度；

(2) 叶结点个数；

(3) 单支结点数；

(4) 最后一个非终端结点的序号。

2. 有 n 个结点并且高度为 n 的二叉树的数目是多少？

3. 将算术表达式 $((a+b)+c\times(d+e)+f)\times(g+h)$ 转化为二叉树。

4. 在某二叉树上进行前序、中序遍历后发现该二叉树的前序序列的最后一个结点和中序序列的最后一个结点是同一个结点。请问该结点具有何种性质？为什么？

5. 有6个叶子结点分别为{a,b,c,d,e,f}，它们的权值相应为{0.32,0.12,0.16,0.28,0.08,0.04}，画出它们的哈夫曼树，按左0右1规则给出每个字符的哈夫曼编码，并求出这棵树的带权路径长度。

6. 分别给出满足下列条件的二叉树：

(1) 前序与中序遍历序列相同；

(2) 前序与中序遍历序列相反；

(3) 中序与后序遍历序列相同；

(4) 前序与后序遍历序列相同。

7. 一棵二叉树的前序、中序和后序遍历序列如下，其中有部分未给出，试构造该二叉树。

前序序列：__CDE_GHI_K。

中序序列：CB__FA_JKIG。

后序序列：_EFDB_JIH_A。

8. 将图5.45所示的二叉树转化为相应的树或者森林。

9. 已知一棵二叉树的每个结点，要么其左右子树均为空，要么其左右子树均不为空，即没有度为1的结点。又知其前序和后序序列如下。

前序序列：JFDBACEHXIK。

后序序列：ACBEDXIHFKJ。

试画出二叉树，给出中序序列，简要说明分析过程。

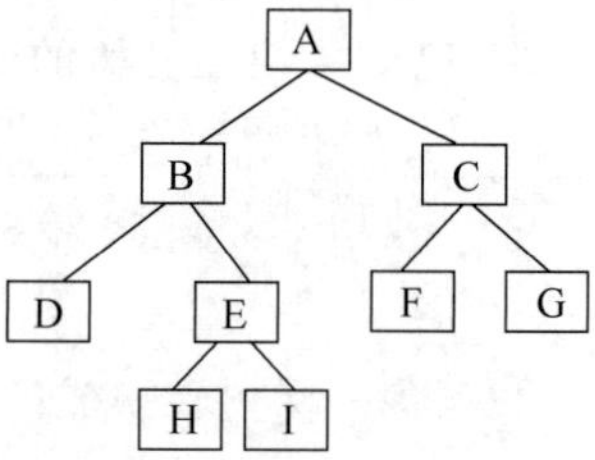

图5.45　二叉树示例

四、算法设计题

1. 已知二叉树采用二叉链表方式存储，设计一个算法，不使用栈或者递归，返回二叉树后序遍历序列的第一个结点。

2. 要求二叉树按照二叉链表存储，写一个判别二叉树是否为完全二叉树的算法。

3. 设计一个算法，将二叉链表中所有结点的左右子树交换。

4. 设计一个算法，利用叶子结点的空指针域，将所有叶子结点链接为一个带有头结点的双向链表，返回头结点的地址。

5. 设计一个算法，输入二叉树的前序和中序遍历序列，构造二叉链表。

6. 二叉树的带权路径长度(WPL)是二叉树中所有叶结点的带权路径长度之和。给定一棵二叉树 T，采用二叉链表存储，结点结构如下：

left	weight	right

其中，叶结点的weight域保存该结点的非负权值。设root为指向 T 的根结点的指针，请设计求 T 的WPL的算法，要求：

(1) 给出算法的基本设计思想；

(2) 使用C或C++语言，给出二叉树结点的数据类型定义；

(3) 根据设计思想，采用C或C++语言描述算法，关键之处给出注释。

7. 设计一个算法,将用二叉树存储的表达式转换为等价的中缀表达式(通过括号反映操作符的计算次序)。

(1) 给出算法的基本设计思想;

(2) 使用C或C++语言,关键之处给出注释。

扩展阅读:树形结构的设计模式——组合模式

本章我们学习了树形结构的逻辑结构和存储结构,重点介绍了二叉链表的存储和应用。在解决很多实际问题时,经常把树转化为二叉树来进行处理。在面向对象程序设计中,针对常见的反复出现的问题有一些模式化的解决方案,称为设计模式。其中,有一种设计模式专门针对树形结构,称为组合(composite)模式。下面介绍这种设计模式的基本思想。

组合模式是一种结构型设计模式,专门解决树形结构的存储、表述和处理等问题。与二叉链表不同,组合模式不使用指针链接双亲和孩子,而是将分支结点和其孩子结点递归地组合在一起,形成整体-部分的关系。在组合模式中,把分支结点称为容器对象,叶子结点称为叶子对象。

组合模式由以下四种基本对象组成。

(1) Component:抽象构件对象。

(2) Leaf:叶子构件对象。

(3) Composite:容器构件对象(分支构件)。

(4) Client:客户类对。

其类图如图5.46所示。

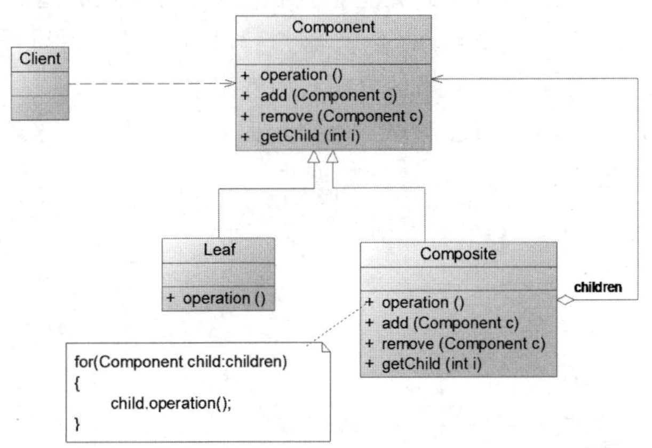

图5.46 组合模式类图

抽象构件Component定义为抽象类,包含了add、remove、getChild和operation四个抽象操作。其中,add、remove和getChild分别对应于增加孩子结点、删除孩子结点和获取孩子结点信息等三种基本操作,operation为结点本身的行为,根据实际问题的特点来确定。叶子构件Leaf和容器构件Composite都是抽象构件的子类,需要对各种基本操作给出具体实现。其中,由于叶子结点没有孩子,因此只需要实现operation;而Composite需要实现全部函数,Composite的一般实现见代码5.23。

代码 5.23 Composite 的一般实现

```
public class Composite extends Component
{
    private ArrayList list = new ArrayList();          //用于存放孩子结点
    public void add(Component c)                       //增加孩子结点
    {
            list.add(c);
    }
    public void remove(Component c)                    //删除孩子结点
    {
            list.remove(c);
    }
    public Component getChild(int i)                   //获取孩子结点
    {
            (Component)list.get(i);
    }
    public void operation()
    {
            for(Object obj:list)                       //本例遍历执行所有孩子的 operation
            {
                ((Component)obj).operation();
            }
    }
}
```

组合模式在处理树形结构时,不必关注叶子结点和分支结点的区别,从而模糊了简单元素(叶子结点)和复杂元素(分支结点)的概念,客户程序可以像处理简单元素一样来处理复杂元素,从而使得客户程序与复杂元素的内部结构解耦。

组合模式展示了一种全新的设计思想,用纯正面向对象的方式来存储树结构。读者可以尝试自行编程实现树和二叉树的存储。

第6章 图

图(graph)是一种比线性表和树更复杂的非线性数据结构。在线性结构中,数据元素之间仅具有线性关系,每个数据元素最多只有一个直接前驱和一个直接后继;在树结构中,数据元素之间具有明显的层次关系,每一层的数据元素可能和下一层中多个元素(孩子结点)相关联,但只能和上一层中一个元素(双亲结点)相关联;在图结构中,每一个数据元素都可以与多个其他数据元素相关联,各数据元素之间的关系是任意的。因此,图结构具有极强的表达能力,可以用于描述各种复杂的数据对象。线性表和树都是图结构的特殊形式。

图的应用十分广泛,最典型的应用领域有电路分析、寻找最短路径、项目规划、统计力学、遗传学、逻辑学等。在离散数学课程中已经讨论了图的数学性质,本章将快速回顾图的基本概念,重点学习图的存储结构与图的基本操作的实现,以及图在解决实际工程问题时的几个重要应用。

【学习重点】

◆ 图的逻辑结构;

◆ 图的存储:邻接矩阵与邻接表;

◆ 图的遍历及其实现;

◆ 最小生成树与最短路径的算法思想;

◆ 有向无环图及其应用。

【学习难点】

◆ 最小生成树与 prim 算法;

◆ 最短路径与 Dijkstra 算法。

6.1 引 言

当欧拉(Leonhard Euler)应邀访问普鲁士的哥尼斯堡(现俄罗斯加里宁格勒)时,他发现当地的市民正从事一项非常有趣的消遣活动。哥尼斯堡城中有一条横穿城市的河流,河上有两个小岛,有七座桥把两个岛与河岸联系起来,如图 6.1 所示。这项有趣的消遣活动要求参与者散步走过所有七座桥,每座桥只能经过一次而且起点与终点必须是同一地点。

经过认真思考,欧拉把每一块陆地考虑成一个结点,连接两块陆地的桥以边表示,从而将哥尼斯堡七桥问题抽象为一个图。欧拉认为,除了起点以外,每一次由一座桥进入一个结点时,也必须由另一座桥离开这个结点。所以每经过一点时,须计算两条边,从起点离开的边与最后回到始点的边亦计算两座桥,因此每一个陆地与其他陆地连接的桥数必为偶数。分别用 A、B、C、D 四个点表示为哥尼斯堡的四块陆地。这样,“七桥问题”便转化为是否能

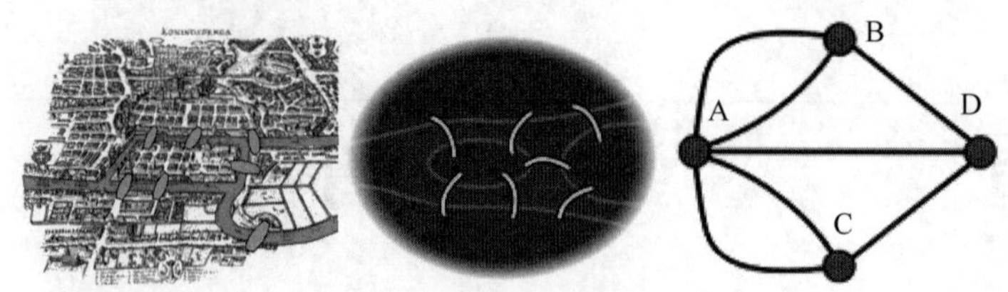

图 6.1 哥尼斯堡七桥问题

够用一笔不重复地画出七条边的问题了。假设以 A 为起点和终点，并定义进入和离开 A 的边数之和为 A 的度，则 A 的度应为偶数。同理，任意其他结点的度也应该是偶数，而在哥尼斯堡七桥问题中，所有结点的度均为奇数，因此哥尼斯堡七桥问题无解。

在经过一年的研究之后，29 岁的欧拉提交了《哥尼斯堡七桥》的论文，论文证明符合条件的走法并不存在，欧拉把问题的实质归于一笔画问题，即判断一个图是否能够一次无重复地遍历完所有的边，而哥尼斯堡七桥问题则是一笔画问题的一个特例。欧拉通过对七桥问题的研究，不仅圆满地回答了哥尼斯堡居民提出的问题，而且给出了著名的欧拉回路的基本概念，概括如下：

(1) 凡是由偶点组成的连通图，一定可以一笔画成。以任一偶点为起点，最后一定能以这个点为终点画完此图。

(2) 凡是只有两个奇点的连通图(其余都为偶点)，一定可以一笔画成。必须把一个奇点作为起点，另一个奇点作为终点。

(3) 其他情况的图都不能一笔画出。

这篇论文是图论史上第一篇重要文献，不仅圆满解决了哥尼斯堡七桥问题，同时开创了数学的一个新的分支——图论。

6.2 图的定义和基本概念

6.2.1 图的定义

图(graph)是由顶点(vertex)的有穷非空集合和顶点之间边的集合组成的，通常表示为

$$G=(V,E)$$

其中，G 表示一个图，V 是图 G 中顶点的有穷非空集合，E 是图 G 中顶点之间的边的集合。若从顶点 v_i 到 v_j 的边没有方向，则称这条边为无向边，用无序偶对 (v_i,v_j) 表示。若从顶点 v_i 到 v_j 的边有方向，则称这条边为有向边(也称为弧)，用有序偶对 $<v_i,v_j>$ 表示，且称 v_i 为弧尾或初始点，称 v_j 为弧头或终端点。

如果图的任意两个顶点之间的边都是无向边，则称该图为无向图(undirected graph)，否则称该图为有向图(directed graph)。例如，图 6.2(a) 中 G_1 是无向图，在无向图 G_1 中有

$$G_1=(V_1,E_1)$$

其中，$V_1=\{v_0,v_1,v_2,v_3\}$，$E_1=\{(v_0,v_1),(v_0,v_2),(v_0,v_3),(v_2,v_3)\}$。

图 6.2(b) 中 G_2 是有向图，在有向图 G_2 中有

$$G_2=(V_2,E_2)$$

其中，$V_2=\{v_0, v_1, v_2, v_3\}$，$E_2=\{<v_0, v_2>, <v_1, v_0>, <v_2, v_1>, <v_2, v_3>\}$。

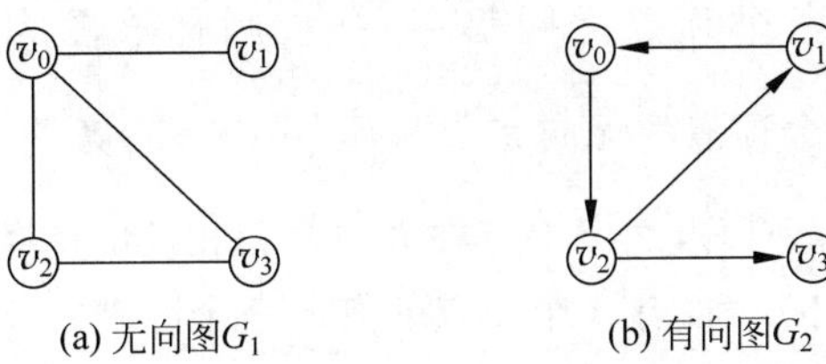

(a) 无向图G_1　　(b) 有向图G_2

图 6.2　图的示例

6.2.2　图的基本概念

1. 简单图

在图中，若同一条边不重复出现，且不存在顶点到其自身的边，则称这样的图为简单图(simple graph)。在数据结构课程中只讨论简单图。图 6.3 是非简单图的示例。

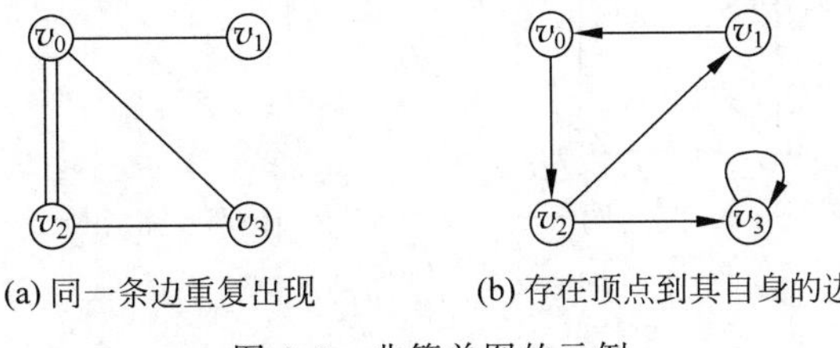

(a) 同一条边重复出现　　(b) 存在顶点到其自身的边

图 6.3　非简单图的示例

2. 邻接与依附

在无向图 $G_1=(V_1, E_1)$中，若存在边$(v_i, v_j)\in E_1$，则称顶点 v_i 和 v_j 互为邻接点(adjacent)，同时称边(v_i, v_j)依附于顶点 v_i 和 v_j。

在有向图 $G_2=(V_2, E_2)$中，若存在弧$<v_i, v_j>\in E_2$，则称顶点 v_i 邻接到顶点 v_j，顶点 v_j 邻接自顶点 v_i，同时称弧$<v_i, v_j>$依附于顶点 v_i 和 v_j。从顶点 v_i 出发的边也称为 v_i 的出边或邻接边，而指向顶点 v_j 的边也称为 v_j 的入边或逆邻接边。

3. 顶点的度、入度和出度

顶点的度(degree)是指依附于某顶点 v 的边的个数，通常记为 $\mathrm{TD}(v)$。

在有向图中，顶点 v 的入度(indegree)是指以该顶点为弧头的弧的个数，记为 $\mathrm{ID}(v)$；顶点 v 的出度(outdegree)是指以该顶点为弧尾的弧的个数，记为 $\mathrm{OD}(v)$。顶点 v 的度为 $\mathrm{TD}(v)=\mathrm{ID}(v)+\mathrm{OD}(v)$。在具有 n 个顶点 e 条弧的有向图中，有式(6.1)成立：

$$\sum_{i=0}^{n-1}\mathrm{ID}(v_i)=\sum_{i=0}^{n-1}\mathrm{OD}(v_i)=e \tag{6.1}$$

在无向图中，每条边都可以看成出边，也可以看成入边，顶点 v 的度为 $\mathrm{TD}(v)=\mathrm{ID}(v)=\mathrm{OD}(v)$。在具有 n 个顶点 e 条边的无向图中，有式(6.2)成立：

$$\sum_{i=0}^{n-1}\mathrm{TD}(v_i)=2e \tag{6.2}$$

例如，图 6.2 的有向图 G_2 中，顶点 v_2 的入度 $\mathrm{ID}(v_2)=1$，出度 $\mathrm{OD}(v_2)=2$，度 $\mathrm{TD}(v_2)=\mathrm{ID}(v_2)+\mathrm{OD}(v_2)=3$。同理，图 6.2 的无向图 G_1 中，顶点 v_0 的度 $\mathrm{TD}(v_0)=3$。

4. 完全图、稠密图和稀疏图

在无向图中,若任意两个顶点之间都存在边,则称该图为无向完全图(undirected complete graph)。含有 n 个顶点的无向完全图有$\frac{1}{2}n(n-1)$条边。

在有向图中,若任意两个顶点之间都存在方向互为相反的两条弧,则称该图为有向完全图(directed complete graph)。含有 n 个顶点的有向完全图有 $n(n-1)$条边。

在图 $G=(V,E)$中,假设有 n 个顶点和 e 条边(或弧),则对于无向图,则有 $0\leqslant e\leqslant \frac{1}{2}n(n-1)$;对于有向图,则有 $0\leqslant e\leqslant n(n-1)$。显然,在完全图中,边(或弧)的数目达到最多。如图 6.4 所示,分别是无向完全图和有向完全图的示例。

除此以外,有很少的边(或弧)的图称为稀疏图(sparse graph),反之称为稠密图(dense graph)。稀疏图和稠密图常常是相对而言的,本身并没有清晰的界限。

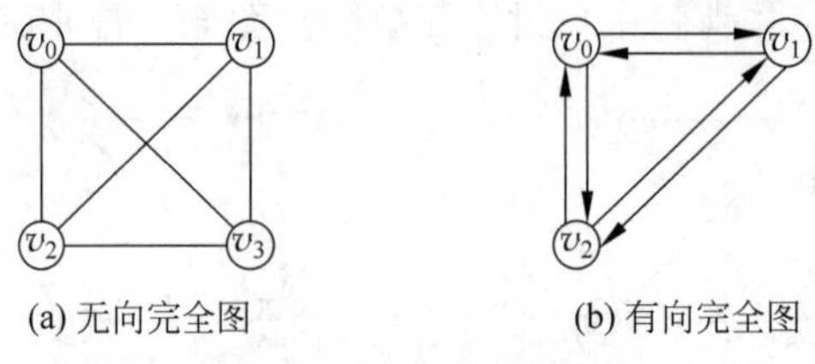

图 6.4 完全图的示例

5. 子图

假设有两个图 $G=(V,E)$和 $G'=(V',E')$,如果 $V'\subseteq V$ 且 $E'\subseteq E$,则称 G'为 G 的子图(subgraph)。图 6.5 是子图的一些例子,显然,一个图可以有多个子图。

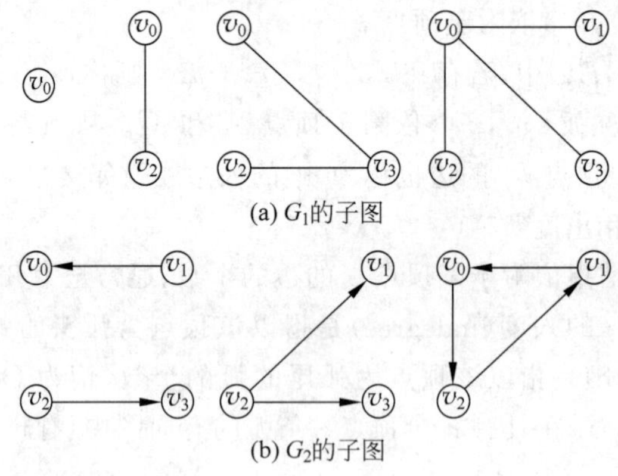

图 6.5 子图示例

6. 权与网图

在图中,权(weight)通常是指对边(或弧)赋予的有意义的数值量。这些权可以表示从一个顶点到另一个顶点的距离或耗费。这种带权的图通常称为网(network)图。图 6.6 所示是一个有向网图。

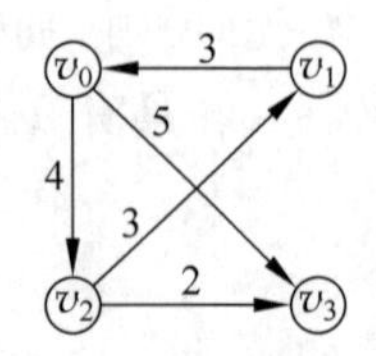

图 6.6 一个有向网图

网图是一种非常重要的结构,大量的实际工程问题是跟网图有密切关系的,例如道路交通网、通信网、因特网、电力网等。可以说,图结构在解决实际问题时，网图的应用是最常见的。

7. 路径、路径长度、回路

无向图 $G=(V,E)$ 中从顶点 v 到顶点 v' 的路径(path)是一个顶点序列 $v=v_0, v_1, \cdots, v_m=v'$，其中 $(v_{j-1}, v_j) \in E, 1 \leqslant j \leqslant m$。如果 G 是有向图，则 $< v_{j-1}, v_j > \in E, 1 \leqslant j \leqslant m$。路径上边或弧的数目称为路径长度。第一个顶点和最后一个顶点相同的路径称为回路(circuit)或环(ring)。

在路径序列中，顶点不重复出现的路径称为简单路径。除了第一个顶点和最后一个顶点外，其余顶点不重复出现的回路称为简单回路。

8. 连通图、连通分量

在无向图中，如果从顶点 v 到 v' 之间有路径，则称 v 到 v' 是连通的。如果对于图中任意两个顶点 v_i、$v_j \in V$，v_i 和 v_j 都是连通的，则称该无向图是连通图(connected graph)。无向图的极大连通子图称为连通分量(connected component)，"极大"的含义是指包括所有连通的顶点以及这些顶点相关联的所有边。图 6.2(a)中的 G_1 就是一个连通图，而图 6.7(a)中的 G_3 则是非连通图，但 G_3 有三个连通分量，如图 6.7(b)所示。

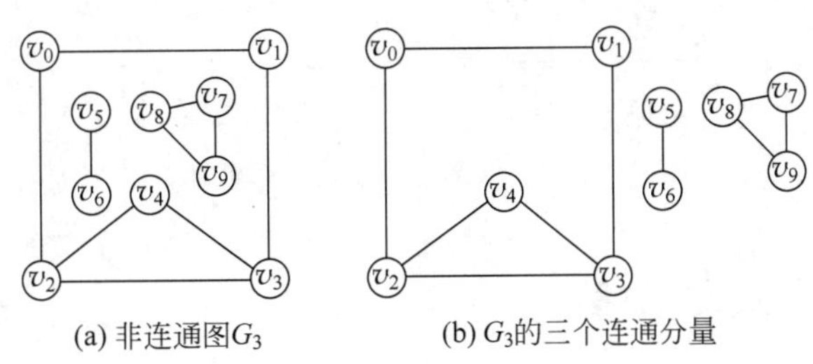

(a) 非连通图 G_3　　(b) G_3 的三个连通分量

图 6.7　非连通图及其连通分量

9. 强连通图、强连通分量

在有向图中，对于图中任意两个顶点 v_i、$v_j \in V$，$v_i \neq v_j$，如果从 v_i 到 v_j 和从 v_j 到 v_i 都存在路径，则称该有向图是强连通图。有向图的极大强连通子图称为强连通分量。图 6.8(a)是强连通图，图 6.8(b)是非强连通图，但它有两个强连通分量，如图 6.8(c)所示。

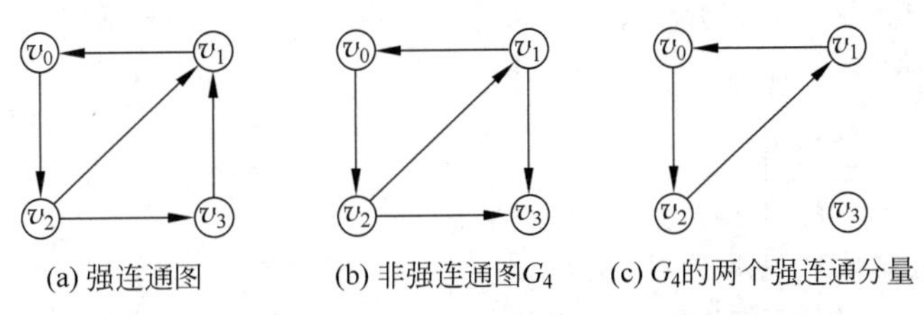

(a) 强连通图　　(b) 非强连通图 G_4　　(c) G_4 的两个强连通分量

图 6.8　强连通图、非强连通图及其强连通分量

10. 生成树、生成森林

具有 n 个顶点的连通图 G 的生成树(spanning tree)是包含 G 中全部顶点的一个极小连通子图。在生成树中添加任意一条属于原图中的边必定会产生回路，因为新添加的边使其所依附的两个顶点之间有了第二条路径；在生成树中减少任意一条边，则必然成为非连通。所以一棵具有 n 个顶点的生成树有且仅有 $(n-1)$ 条边。图 6.9 给出了连通图 G_5 的一棵生成树。

具有 n 个顶点的有向图 G 的生成树是包含 G 中全部顶点的一个子图,且子图中只有一个入度为 0 的顶点,其他顶点的入度均为 1。图 6.10 给出了有向图 G_6 的一棵生成树。

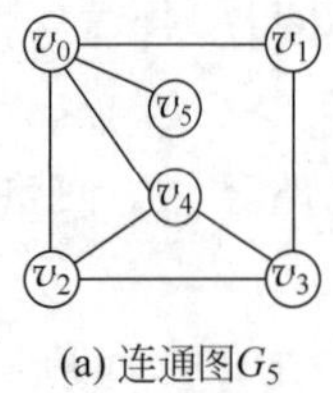

(a) 连通图G_5

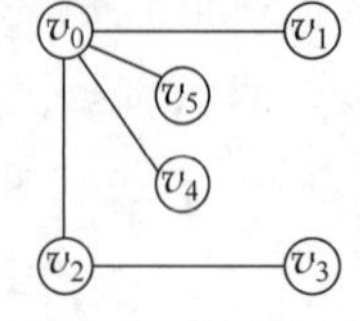

(b) G_5的一棵生成树

图 6.9 连通图及其生成树

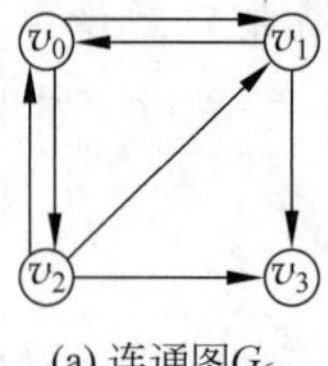

(a) 连通图G_6

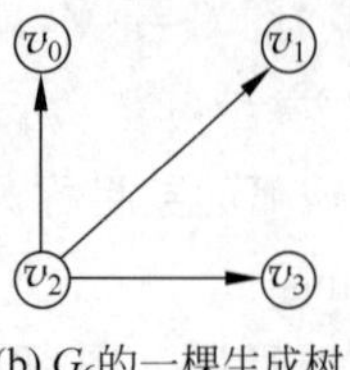

(b) G_6的一棵生成树

图 6.10 有向图及其生成树

在非连通图中,由于每个连通分量都可以得到一棵生成树,这些连通分量的生成树构成了非连通图的生成森林(spanning forest),如图 6.11 所示。

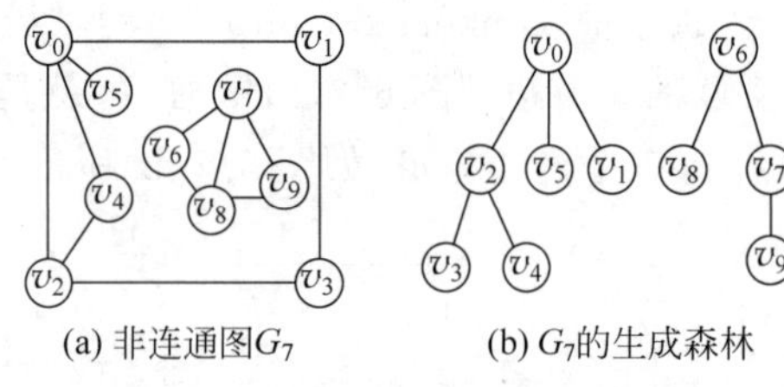

(a) 非连通图G_7　　(b) G_7的生成森林

图 6.11 非连通图及其生成森林

6.2.3 图的抽象数据类型

图是一种重要的数据结构,线性表和树都可以看作图的特例。在不同的实际应用中,图的基本操作不尽相同。简单起见,基本操作主要包含遍历和构造。一个图的抽象数据类型定义如下:

```
ADT Graph
{
    数据对象:D = {a_i | a_i ∈ ElemSet, i = 1,2, …,n, n > 0},a_i 可以为任意数据。
    数据关系:R = {<a_{i-1},a_i >| a_{i-1},a_i ∈ D, i = 2, …,n},a_{i-1} 和 a_i 之间满足多对多的关系。
    基本操作:
    initGraph:初始化操作,建立一个图。
    destroyGraph:销毁图,释放该图占用的存储空间。
    dfTraverse:深度优先遍历操作,输出遍历序列。
    bfTraverse:广度优先遍历操作,输出遍历序列。
}
```

6.3 图的存储

图是一种复杂的数据结构,表现在不仅各个顶点的度可以为任意数量,更表现在各个顶点之间的逻辑关系——邻接关系也错综复杂。因此,计算机中需要根据图的结构将它分为两部分来存储：顶点信息以及描述顶点之间关系(边或弧)的信息。只有如此才能将一个图完整而准确地反映出来,本节将要讨论图的两种常用的存储结构。

6.3.1 邻接矩阵

图的邻接矩阵(adjacency matrix)是表示顶点之间相邻关系的矩阵。具体方法是利用一个一维数组来存储图中的顶点信息,而利用一个二维数组来存储图中边的信息(即图中各个顶点之间的邻接关系),这个二维数组称为邻接矩阵。邻接矩阵分为有向图邻接矩阵和无向图邻接矩阵。对无向图(无向简单图)而言,邻接矩阵一定是对称的,而且对角线一定为零,有向图则不一定如此。

设 $G=(V,E)$是一个图,它有 n 个顶点,那么邻接矩阵就是一个 $n\times n$ 的方阵,定义如下：

$$\text{edge}[i][j]=\begin{cases}1, & (v_i,v_j)\in E \text{ 或 } <v_i,v_j>\in E \\ 0, & \text{其他}\end{cases} \tag{6.3}$$

简单地说,对于非网图,邻接矩阵中的元素就是：有边为 1,无边为 0。例如,图 6.12 所示为一个无向图及其邻接矩阵存储的例子。

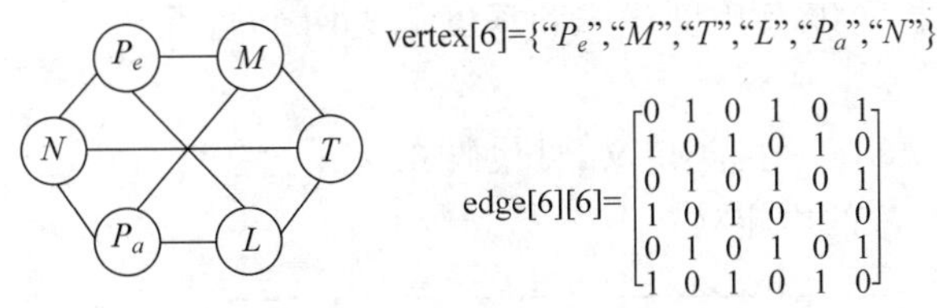

图 6.12　无向图及其邻接矩阵

无向图中,顶点 v_i 和 v_j 之间的边可以理解为双向可通达,因此无向图的邻接矩阵沿主对角线对称。顶点 v_i 的邻接点数量可以根据邻接矩阵中对应行或列的非 0 元素个数得到。对于有向图,邻接矩阵就不存在对称性了,这是因为如果邻接矩阵第 i 行第 j 列的元素为 1,表示存在一条从顶点 v_i 到顶点 v_j 的弧,但是反向由顶点 v_j 到顶点 v_i 的弧是不一定存在的。有向图的邻接矩阵中,一般用行表示出边,列表示入边。这样,顶点的出度可以由邻接矩阵中对应行的非 0 元素个数得到,顶点的入度可以由对应列的非 0 元素个数得到。图 6.13 所示为一个有向图及其邻接矩阵存储的例子。

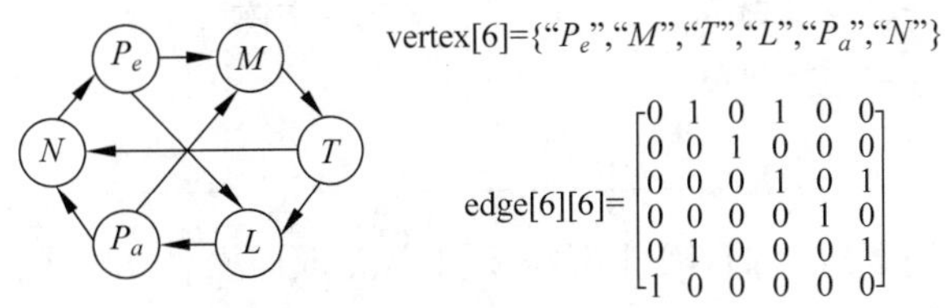

图 6.13　有向图及其邻接矩阵

若 G 是一个网图,那么两点之间对应的边都有一个对应的权值,其邻接矩阵的定义如下：

$$\text{edge}[i][j]=\begin{cases}w_{ij}, & (v_i,v_j)\in E \text{ 或 } <v_i,v_j>\in E \\ 0, & i=j \\ \infty, & \text{其他}\end{cases} \tag{6.4}$$

其中 w_{ij} 表示边(v_i, v_j)或者弧$\langle v_i, v_j \rangle$上的权值。可见,网图的邻接矩阵中,顶点 v_i 和 v_j 之间有边时,邻接矩阵取值为边上的权值,实际意义一般是沿这条边传输时耗费的成本,如时间、金钱等。无边时表示两个结点不可达,成本无穷大,用∞表示。计算机中不存在无穷大这个数值,实际编程实现时可以用一个足够大的正数代替。图 6.14 所示为一个有向网图及其邻接矩阵存储的例子。

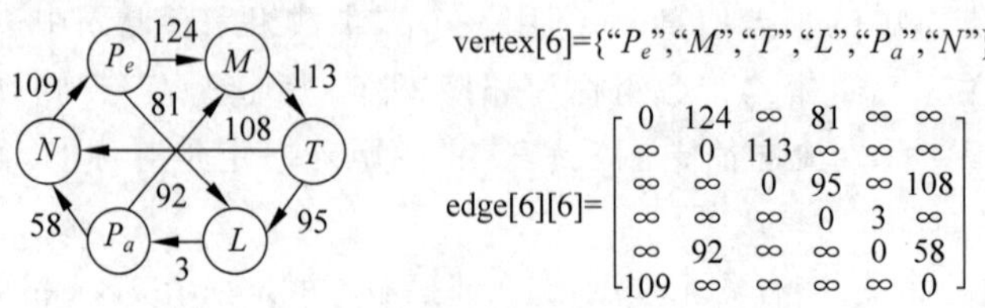

$$\text{edge[6][6]}=\begin{bmatrix} 0 & 124 & \infty & 81 & \infty & \infty \\ \infty & 0 & 113 & \infty & \infty & \infty \\ \infty & \infty & 0 & 95 & \infty & 108 \\ \infty & \infty & \infty & 0 & 3 & \infty \\ \infty & 92 & \infty & \infty & 0 & 58 \\ 109 & \infty & \infty & \infty & \infty & 0 \end{bmatrix}$$

图 6.14　有向网图及其邻接矩阵存储示意图

以邻接矩阵实现的图结构的类图如图 6.15 所示。

以邻接矩阵存储的图结构的类包括四个属性,分别对应顶点数组、邻接矩阵二维数组,以及顶点和边的数量;四个基本操作,分别对应构造、析构以及广度优先和深度优先两个遍历函数。

由此可以给出 AMGraph 的类定义,见代码 6.1。

AMGraph
- vertex[] :Element - edge[][] :int - vertextNum :int - edgeNum :int
+ AMGraph() + ~AMGraph() + bfTraverse(int v):void + dfTraverse(int v):void

图 6.15　邻接矩阵的类图

代码 6.1　邻接矩阵的类定义

```
template < typename Element >
class AMGraph
{
    public:
        AMGraph ();                              //构造函数
        ~ AMGraph (){};                          //析构函数为空
        void bfTraverse (int v);                 //广度优先遍历
        void dfTraverse (int v);                 //深度优先遍历
    private:
        Element vertex[MaxSize];                 //顶点数组
        int edge[MaxSize] [MaxSize];             //邻接矩阵二维数组
        int vertexNum, edgeNum;
};
```

由于邻接矩阵采用数组存储,因此不需要自定义析构操作;两个遍历函数的实现将在 6.4 节介绍。下面给出邻接矩阵构造函数的活动图,如图 6.16 所示。其中,输入各条边,活动的细节用一个嵌套的活动图描述。代码 6.2 是无向非网图的 C++代码实现。对于有向图和网图来说,代码实现的过程在初始化 edge 数组和在 edge 数组中设置边这两步存在一些微小的差异,请读者自行调试。

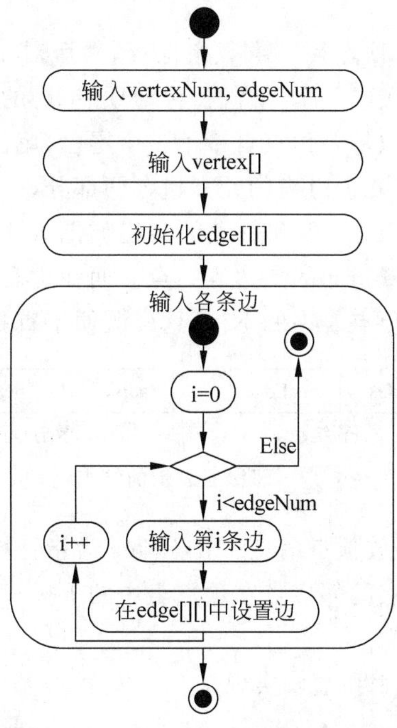

图 6.16　邻接矩阵构造函数的活动图

代码 6.2　邻接矩阵的构造

```
template < typename Element >
AMGraph < Element >:: AMGraph()
{
    cin >> vertexNum >> edgeNum;                    //输入顶点与边的个数
    for(i = 0;i < vertexNum;i++)                    //输入顶点数据
        cin >> vertex[i];
    for(i = 0;i < vertexNum;i++)                    //初始化邻接矩阵
        for(j = 0;j < vertexNum;j++)
            edge[i][j] = 0;
    for(i = 0;i < edgeNum;i++){                     //逐一输入各条边
        cin >> v1 >> v2;                            //输入边所依附的结点
        edge[v1][v2] = 1;                           //在 edge[][]中设置边
        edge[v2][v1] = 1;
    }
}
```

邻接矩阵法是一种简单、直观的图论问题建模方法，具备一定编程能力的读者，即便没有学过数据结构，也很容易想到用相同的方法来存储图。但是，邻接矩阵中保存了任意两个顶点之间的关系，当顶点数量多时，空间开销会比较大。另外，对于稀疏图，边的个数很少，邻接矩阵会得到稀疏矩阵，空间利用率不高。

6.3.2　邻接表

邻接表(adjacent list)是一种将顺序存储和链式存储相结合的存储方法，类似树的孩子链表表示法。首先把图的各个顶点用一维数组保存,然后对于数组中的任意元素 v_i,将所有跟 v_i 有邻接关系的顶点链接成一个单链表,称为顶点 v_i 的边表,再把它接在数组元素的后面。直观地看,邻接表就好像每个顶点自带了一个尾巴,尾巴上保存了邻接点的信息。存储顶点的一维数组称作顶点表。顶点表的元素包含两部分,一是存储顶点数据的数据域,二是用来连接其边表的指针域。顶点表和边表的结构如图 6.17 所示,C++实现见代码 6.3。需要强调的是,顶点表的指针域指向的是边表结点。而在边表中,邻接点域不需要保存数据元素,只需要保存对应顶点在顶点表中的下标,这样既便于查找,又节省了存储空间。

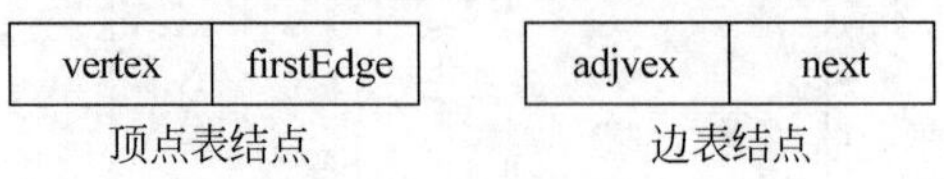

图 6.17 邻接表表示的结点结构

其中,vertex 为数据域,存放顶点信息;firstEdge 为指针域,指向边表中的第一个结点;adjvex 为邻接点域,存放该顶点的邻接点在顶点表中的下标;next 为指针域,指向边表中的下一个结点。

代码 6.3 邻接表的顶点表和边表实现

```
顶点表的实现:
template < typename Element >
struct Vertex
{
    Element vertex;
    Edge * firstEdge;
};

边表的实现:
struct Edge
{
    int adjvex;
    Edge * next;
};
```

下面分别对无向图、有向图和网图,给出邻接表存储的示意图。图 6.18 是无向图的邻接表存储。

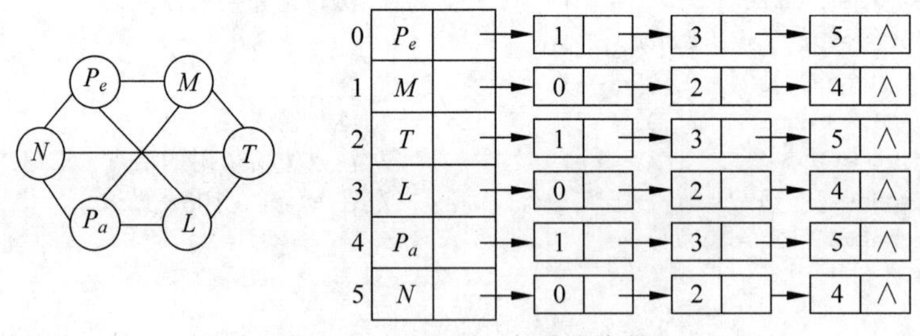

图 6.18 无向图的邻接表存储

由图 6.18 可知,边表中的每一个结点实际上对应了图中的一条边。例如,顶点表中 0 号元素顶点 P_e,其边表中的第一个结点,邻接点域为 1,即顶点 M,说明这条边连接的是顶点 P_e 和顶点 M。同时,无向图中顶点 v_i 边表中结点的个数就是与 v_i 有邻接关系的顶点个数,即 v_i 的度。

图 6.19 为有向图的邻接表存储。这里采用了出边表,顶点 v_i 边表中的结点对应以 v_i 为初始点(弧尾)的边。例如,0 号元素顶点 P_e,其边表中的第一个结点,邻接点域为 1,即顶点 M,表示这条边是由 P_e 邻接到 M 的边。容易理解,有向图中顶点 v_i 边表的结点个数为

v_i 的出度。要想获得 v_i 的入度，则需要遍历所有顶点的边表，查找以 v_i 为终止点的边，这个操作比较复杂。有时为了便于确定顶点 v_i 的入度，可以建立一个有向图的逆邻接表，即对每个顶点的 v_i 建立一个 v_i 为弧头的邻接表。

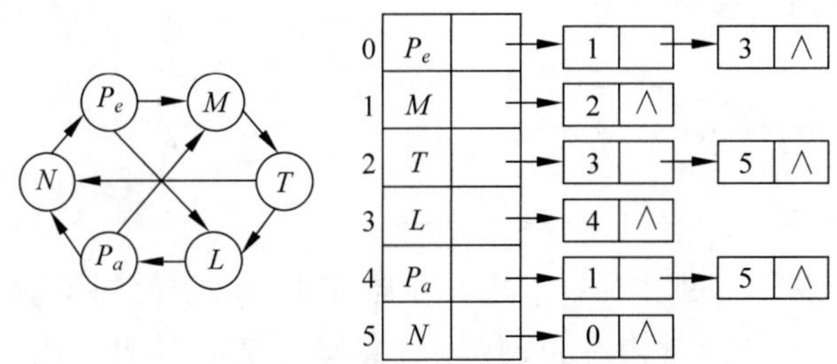

图 6.19　有向图的邻接表存储

图 6.20 为网图的邻接表存储。相比无向图和有向图的邻接表，网图的区别仅仅为：在边表结点中增加了一个权值域，以记录这条边上的权值。

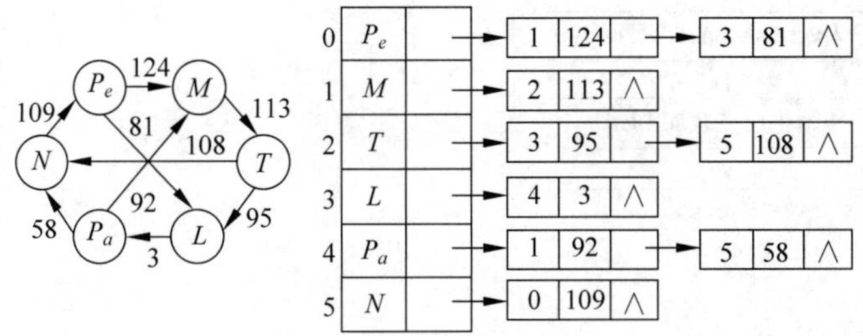

图 6.20　网图的邻接表存储

下面介绍以邻接表存储的图结构的实现，类图如图 6.21 所示。

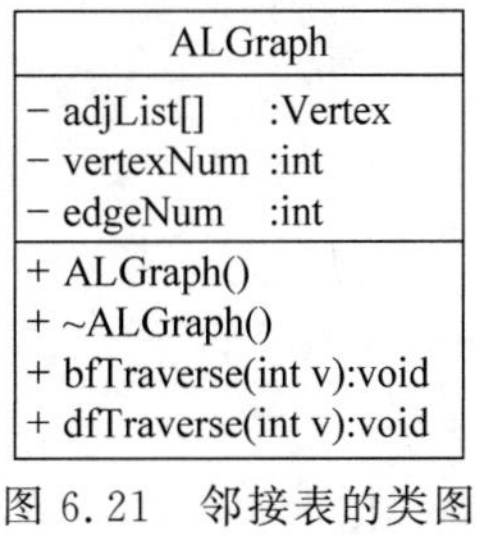

ALGraph
− adjList[] :Vertex − vertexNum :int − edgeNum :int
+ ALGraph() + ~ALGraph() + bfTraverse(int v):void + dfTraverse(int v):void

图 6.21　邻接表的类图

以邻接表存储的图结构的类与邻接矩阵类似，属性部分由顶点表代替了邻接矩阵中的顶点数组和邻接矩阵二维数组。类定义中没有出现边表，是因为边表的头指针已经包含在顶点表的指针域中了。

由此可以给出 ALGraph 的类定义，见代码 6.4。

代码 6.4　邻接表的类定义

```
template < typename Element >
class ALGraph
{
    public:
```

```
            ALGraph ();
            ~ALGraph ();
            void bfTraverse (int v);
            void dfTraverse (int v);
    private:
            Vertex < Element > adjList[MaxSize];
            int vertexNum, edgeNum;
};
```

邻接表与邻接矩阵的区别主要在于边的存储方式。由于使用了动态存储方法，因此邻接表需要手动释放边表结点的内存空间，算法实现与单链表的析构函数类似。图 6.22、图 6.23 分别是邻接表构造函数和析构函数的活动图。代码 6.5 和代码 6.6 以有向网图为例给出了邻接表的构造函数和析构函数的 C++实现。

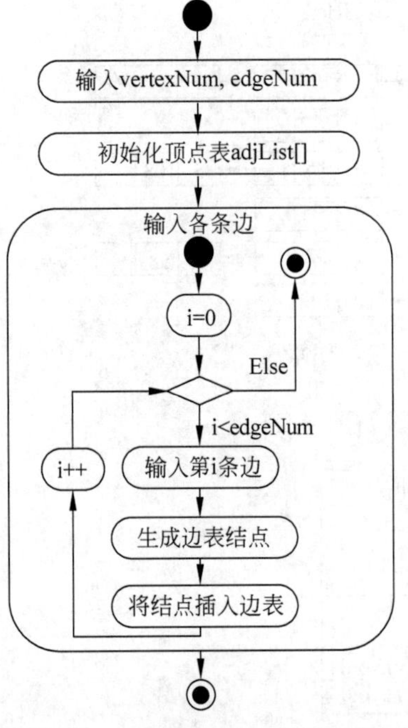

图 6.22　邻接表构造函数的活动图

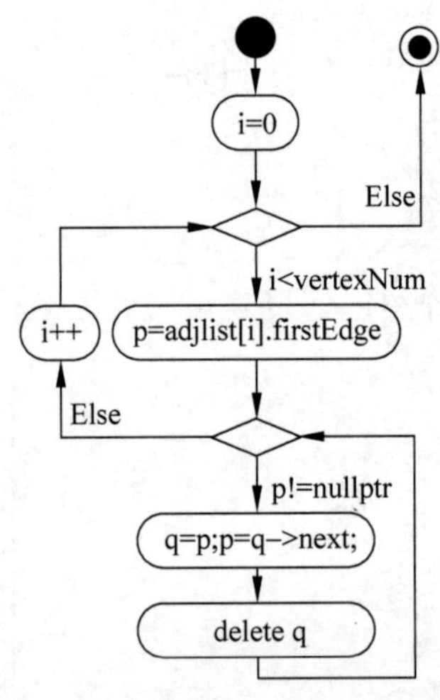

图 6.23　邻接表析构函数的活动图

代码 6.5　有向网图的邻接表构造函数

```
template < typename Element >
ALGraph < Element >:: ALGraph()
{
    cin >> vertexNum >> edgeNum;
    for(i = 0;i < vertexNum;i++){          //初始化顶点表
        cin >> adjList [i].vertex;         //输入顶点
        adjList [i].firstEdge = nullptr;   //边表初始化
    }
```

```
    for(i = 0;i < edgeNum;i++){                          //逐一输入各条边
        cin >> v1 >> v2 >> weight;
        s = new Edge;                                    //创建边表结点
        s -> adjvex = v2;
        s -> weight = weight;
        s -> next =  adjList [v1].firstEdge;             //以头插法插入边表
        adjList [v1].firstEdge = s;
    }
}
```

代码 6.6 邻接表的析构函数

```
template < typename Element >
ALGraph < Element >:: ~ALGraph()
{
    for(i = 0;i < vertexNum;i++){            //逐一释放各顶点的边表
        p = adjList[i].firstEdge;            //顶点 i 边表的起始结点
        while (p != nullptr){                //不为空时执行删除当前结点
            q = p;
            p = p -> next;
            delete q;
        }
    }
}
```

6.4 图的遍历

图的遍历(traversing graph)是指从图中某一顶点出发,对图中所有顶点访问且仅访问一次。图的遍历算法是求解图的连通性问题、拓扑排序和求关键路径等算法的基础。图的遍历和树的遍历类似,但由于图结构本身的复杂性,所以图的遍历操作也比较复杂。在图的遍历中要解决的关键问题如下:

(1) 在图中,没有一个确定的根顶点,如何选取遍历的起始顶点;

(2) 由于图中可能存在回路,某些顶点可能会被重复访问,那么如何避免遍历不会因回路而陷入死循环;

(3) 在图中,一个顶点可以和其他多个顶点相邻接,当这样的顶点访问过后,如何选取下一个要访问的顶点。

解决方法如下:

(1) 既然图中没有确定的开始顶点,那么可从图中任意顶点出发。不妨将顶点进行编号,先从编号小的顶点开始。在图中,由于任意两个顶点之间都可能存在边,顶点没有确定的先后次序,所以顶点的编号不唯一。

(2) 为了在遍历过程中便于区分顶点是否已被访问,设置一个访问标志数组 visited[],其初值为未被访问标志"0",如果某顶点已被访问,则该顶点的访问标志置为"1"。

(3) 如何选取下一个被访问的顶点的问题,就是遍历次序的问题。图的遍历通常有深度优先遍历和广度优先遍历两种方式,这两种遍历方式对无向图和有向图都适用。

6.4.1 深度优先遍历

深度优先遍历(Depth-First Traversal,DFT)类似于树的前序遍历。假设初始状态是图中所有顶点未曾被访问,则深度优先遍历可以从图中某个顶点 v 出发,访问此顶点,然后依次从 v 的未被访问的邻接点出发深度优先遍历图,直至图中所有和 v 有路径相通的顶点都被访问到;若此时图中尚有顶点未被访问,则另选图中一个未曾被访问的顶点作为起始点,重复上述过程,直至图中所有顶点都被访问到为止。

显然,这是一个递归的过程。图 6.24 给出了有向图的深度优先遍历路线,以及在执行过程中工作栈的变化情况。步骤如下:

(1) 假设从顶点 N 出发进行深度优先遍历,在访问了 N 之后,将 N 入栈,然后选择未曾访问过的邻接点 P_a;

(2) 访问 P_a 之后,将 P_a 入栈,然后选择未曾访问过的邻接点 L;

(3) 访问 L 之后,将 L 入栈,但是 L 没有可访问的邻接点,于是 L 出栈,返回 P_a;

(4) 同样,P_a 也没有未被访问的其他邻接点,于是将 P_a 出栈,返回栈顶元素 N;

(5) 取栈顶元素 N 的未曾访问的邻接点 P_e,则从 P_e 出发进行遍历;

(6) 依此类推,直至栈为空,得到深度优先遍历序列为 N,P_a,L,P_e,M,T。

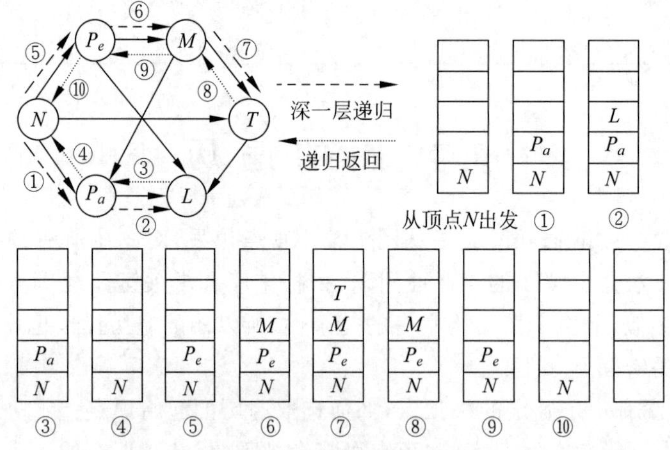

图 6.24 有向图的深度优先遍历路线及栈的变化示意图

从顶点 v 出发,图的深度优先遍历算法的描述见代码 6.7。代码 6.7 适用于非网图,且以邻接矩阵方式存储。

代码 6.7 图的深度优先遍历的递归实现

```
template < typename Element >
void AMGraph < Element >::dfTraverse (int v)
{
    visited[v] = true;                          //置访问标志
```

```
        cout << vertex[v];                              //访问顶点 v
        for (int w = 0;w < vertexNum;w++)
        {
            if (edge[v][w] == 1 && !visited[w])  //未访问的邻接点
                dfTraverse (w);                   //递归访问
        }
    }
```

根据图 6.24 的遍历过程,可以得到图的深度遍历非递归算法,算法活动图如图 6.25 所示。适用于邻接表存储的 C++实现见代码 6.8。

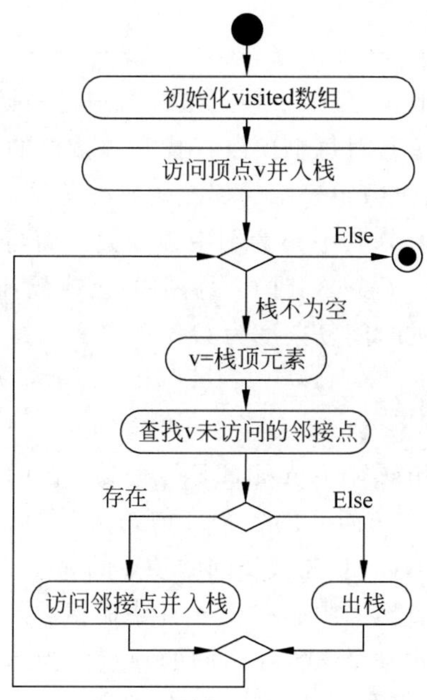

图 6.25　图的深度优先遍历非递归算法

代码 6.8　图的深度优先遍历的非递归实现

```
template < typename Element >
void ALGraph < Element >::dfTraverse (int v)
{
    for (i = 0;i < vertexNum;i++)                  //初始化 visited 数组
        visited[i] = false;
    stack < int > s;                               //定义辅助栈
    cout << adjList[v].vertex;                     //访问顶点 v 并入栈
    visited[v] = true;
    s.push(v);
    while(!s.empty()){                             //栈不为空
        v = s.top();                               //取栈顶元素
        p = adjList[v].firstEdge;
        while(p!= nullptr && visited[p -> adjvex])  //查找 v 的下个未访问的邻接点
```

```
            p = p -> next;
        if(p!= nullptr){                          //存在未访问的邻接点
            v = p -> adjvex;
            cout << adjList[v].vertex;            //访问并入栈
            visited[v] = true;
            s.push(v);
        }
        else{                                     //不存在未访问的邻接点
            s.pop();                              //栈顶元素出栈
        }
    }
}
```

分析上述算法,在遍历图时,一旦某个顶点被标记成已被访问,就不再从它出发进行搜索。因此,遍历图的过程实质上是对每个顶点查找其邻接点的过程。其耗费的时间则取决于所采用的存储结构。当用二维数组表示的邻接矩阵作为图的存储结构时,查找每个顶点的邻接点的时间复杂度为 $O(n^2)$,其中 n 为图中顶点数。而当以邻接表作为图的存储结构时,查找邻接点的时间复杂度为 $O(e)$,其中 e 为图中边(或弧)的数。由此,当以邻接表作为存储结构时,深度优先遍历图的时间复杂度为 $O(n+e)$。

6.4.2 广度优先遍历

广度优先遍历(Breadth-First Traversal,BFT)类似于树的层序遍历。假设从图中某顶点 v 出发,在访问了 v 之后依次访问 v 的各个未曾访问过的邻接点,然后分别从这些邻接点出发依次访问它们的邻接点,并使"先被访问的顶点的邻接点"先于"后被访问的顶点的邻接点"被访问,重复上述过程,直至图中所有和 v 有路径相通的顶点都被访问。若此时图中尚有顶点未被访问,则另选图中一个未曾被访问的顶点作为起始点,重复上述过程,直至图中所有顶点都被访问到为止。换句话说,广度优先遍历图的过程是以 v 为起始点,由近至远,依次访问和 v 有路径相通且路径长度为 1,2,…的顶点。

图 6.26 给出了无向图的广度优先遍历过程中队列的变化示意图。首先访问顶点 N 后将 N 入队;将 N 出队并依次访问 N 的邻接点 P_a、T 和 P_e,并将 P_a、T 和 P_e 入队;将 P_a 出队并访问 P_a 的未曾访问的邻接点 L,并将 L 入队;重复上述过程,得到顶点的广度优先遍历序列为 N,P_a,T,P_e,L,M。

和深度优先遍历类似,在广度优先遍历的过程中也需要一个访问标志数组。并且,为了依次访问路径长度为 2,3,…的顶点,需借助队列来存储已被访问的路径长度为 1,2,…的顶点。代码 6.9 是从顶点 v 出发,图的广度优先遍历算法的 C++实现,适用于邻接矩阵存储。调用了 C++内置的队列来实现。

分析上述算法,每个顶点最多进一次队列。遍历图的过程实质上是通过边或弧找邻接点的过程,因此广度优先遍历图的时间复杂度和深度优先遍历图相同,两者不同之处仅仅在于对顶点的访问顺序不同。

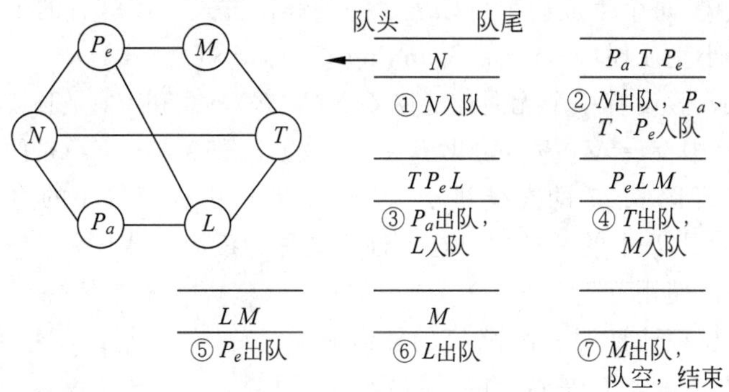

图 6.26　无向图的广度优先遍历中队列的变化示意图

代码 6.9　图的广度优先遍历的 C++实现

```
template < typename Element >
void AMGraph< Element >::bfTraverse (int v)
{
    for(i = 0;i < vertexNum;i++)                    //初始化 visited 数组
        visited[i] = false;
    queue< int > q;                                 //定义辅助队列
    cout << vertex[v];                              //访问顶点并入队
    visited[v] = true;
    q.push(v);
    while(!q.empty()){                              //队列不为空
        v = q.front();                              //取队头元素并出队
        q.pop();
        for (int j = 0;j < vertexNum;j++){          //查找 v 所有未访问的邻接点
            if (edge[v][j] == 1 && !visited[j]){    //存在未访问的邻接点
                visited[j] = true;
                cout << vertex[j];                  //访问并入队
                q.push(j);
            }
        }
    }
}
```

6.5　图的典型应用

6.5.1　最小生成树

高速铁路是当代中国的重要交通基础设施建设项目，总里程位居世界第一。假设要在 n 个城市之间铺设高速铁路，至少需要 $n-1$ 条线路才能连通所有城市，且每两个城市之间修建高速铁路的造价是不同的。此时，如何设计线路可以使工程的总造价最低？

在这个问题中，可以用无向连通网 $G=(V,E)$ 来表示城市高速铁路网，其中顶点表示城市，边 (u,v) 上的权值表示城市 u 和 v 之间铺设高速铁路的造价。对于一个连通网可以建立多种不同的生成树,每个生成树都可以表示一种铺设方式。在所有的生成树中,代价和最小的生成树称为最小生成树(Minimal Spanning Tree,MST)。

如图 6.27 所示,假设有一个无向连通网 $G=(V,E)$,V_1 和 V_2 是顶点集 V 的两个交集为空的非空子集,其中 $V_1=V-V_2$,边集 $B=\{(u,v)|u\in V_1,v\in V_2\}$是两个端点分别在 V_1 和 V_2 的边的集合,即图 6.27 的虚线部分。设边 e 是 B 中权值最小的边,则必然存在一棵最小生成树 T,边 e 是 T 中的一条边。这条性质被称为最小生成树的 MST 性质,并被许多构造最小生成树算法使用。

该性质可以由反证法证明。假设 G 的任何最小生成树都不包含边 e。设 T 是 G 的一棵最小生成树。如果 T 不包含边 e,那么把 e 加到 T 中必然产生一个包含边 e 的回路,因而在此回路中将有一条边 f 的端点一个在 V_1 中,另一个在 V_2 中。如果将 f 从 T 中删去就可以消除回路得到另一棵生成树 T',由于边 e 的权值不高于边 f,所以生成树 T'的权值也不会高于 T,T'是一棵包含边 e 的最小生成树,与假设矛盾。

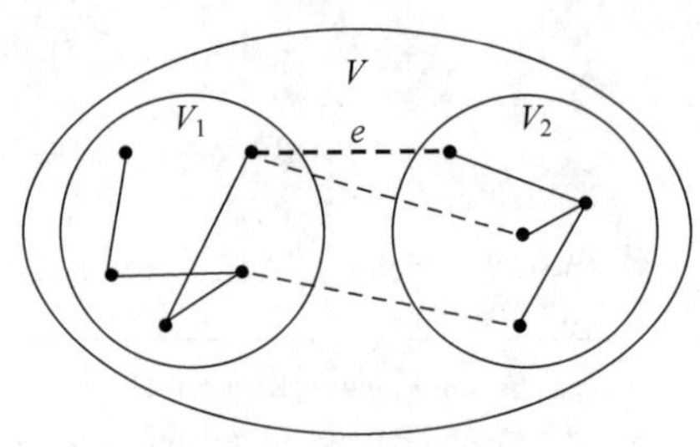

图 6.27　MST 性质

下面介绍两种利用 MST 性质构造最小生成树的算法。

1. Prim 算法

Prim 算法最早由捷克数学家亚尔尼克发现,后来分别由美国计算机科学家普里姆和荷兰计算机科学家迪杰斯特拉再次发现。尽管三人发现该算法的时间不同,但由于当时的信息传播不发达,计算机科学界普遍认可三位科学家都发现了该算法。因此,Prim 算法有时候也被称为 DJP 算法、亚尔尼克算法或普里姆-亚尔尼克算法。

设 $G=(V,E)$是一个具有 n 个顶点的无向连通网,$T=(U,\mathrm{TE})$是 G 的最小生成树。Prim 算法从图中的任意一个顶点 u_0 开始,初始化设置 $U=\{u_0\}(u_0\in V)$,$\mathrm{TE}=\varnothing$。然后重复执行以下步骤:在所有 $u\in U,v\in V-U$ 的边$(u,v)\in E$ 中找一条代价最小的边(u_k,v_k)并入集合 TE,同时 v_k 并入 U,直到 $U=V$ 为止。此时 TE 中必有 $n-1$ 条边,则 $T=(V,\mathrm{TE})$为 G 的最小生成树。

Prim 算法的活动图描述如图 6.28 所示。虽然该算法看上去非常简单,算法实现还是有一定难度的。这是因为活动图中仅给出基本思路,忽略了与集合存储相关的技术细节,以及求最短边时的一个关键技巧。

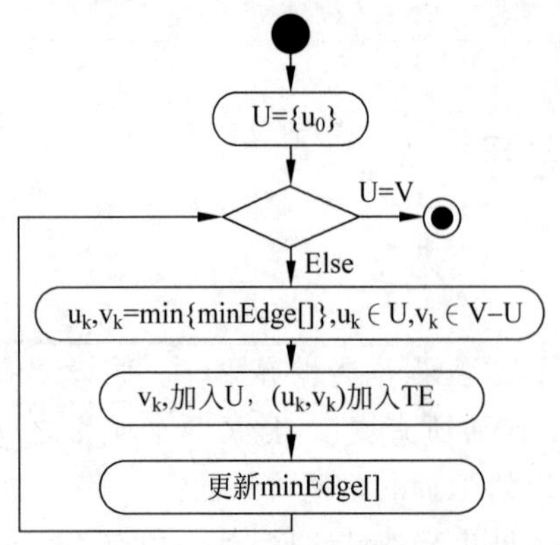

图 6.28　Prim 算法的活动图

下面先用一个例子讲解 Prim 算法构造最小生成树的过程,再给出具体实现。

例如,对于图 6.29 所示的无向连通网,给出了从顶点 P_e 出发,使用 Prim 算法构造最小生成树的过程。其中,加底纹的顶点属于 U,加粗的边属于边集 TE。

要实现这一算法,除了需要存储集合 U 和 $V-U$,以及边集 TE 以外,关键步骤是查找集合 U 到 $V-U$

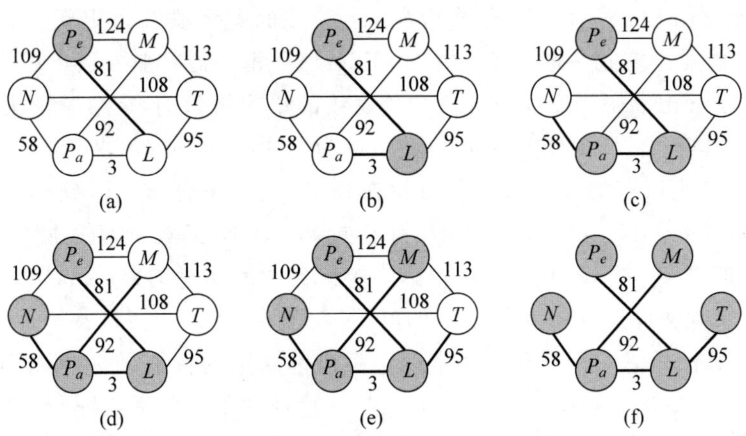

图 6.29　Prim 算法构造最小生成树的过程

的最短边。可以用一个二重循环遍历两个集合之间的所有边，但这样效率比较低。如果在每一趟查找集合 U 到 $V-U$ 的最短边时，除了记录最短边外，也保存其他结点的临时结果，以供后续查找使用，就能够提升查找效率。因此，设置一个辅助数组 minEdge[]，用来记录集合 $V-U$ 中的每个顶点 v_i 到集合 U 的最短边的临时结果。minEdge[]作为 U 到 $V-U$ 的候选最短边集，每一趟只需要在这个一维数组中查找最短边，因此提升了效率。辅助数组 minEdge 中的每一个对应分量 minEdge[i]包含 lowcost 和 adjvex 两个域，分别表示候选边的权值和边依附于 U 中的顶点。用 minEdge[i]. lowcost=0 表示顶点 v_i 已并入 U。

对于图 6.29 所示的例子，构造过程中辅助数组中各分量的变化如表 6.1 所示。

表 6.1　Prim 算法构造最小生成树过程中辅助数组中各分量的变化

minEdge	v_i						U	k
	v_0	v_1	v_2	v_3	v_4	v_5		
	P_e	N	P_a	L	T	M		
adjvex	0	0	0	0	0	0	$\{P_e\}$	3
lowcost	0	109	∞	81	∞	124		
adjvex	0	0	3	0	0	0	$\{P_e, L\}$	2
lowcost	0	109	3	0	95	124		
adjvex	0	2	3	0	0	2	$\{P_e, L, P_a\}$	1
lowcost	0	58	0	0	95	92		
adjvex	0	2	3	0	0	2	$\{P_e, L, P_a, N\}$	5
lowcost	0	0	0	0	95	92		
adjvex	0	2	3	0	0	2	$\{P_e, L, P_a, N, M\}$	4
lowcost	0	0	0	0	95	0		
adjvex	0	2	3	0	0	2	$\{P_e, L, P_a, N, M, T\}$	—
lowcost	0	0	0	0	0	0		

初始时，因为 $U=\{P_e\}$，所以从 $V-U=\{L, P_a, T, N, M\}$到 U 的各边 minEdge[]中找到一条权值最小的边(v_0, v_3)。此时 $k=3$，即(P_e, L)为最小生成树上的一条边。将(P_e, L)加入 TE，同时将 minEdge[3]. lowcost 改为 0，使 v_k 并入顶点集 U。

接下来更新 minEdge[]数组。依次检查 $V-U$ 中的剩余顶点 j，更新 j 到集合 U 的最短边。这时，只需要比较上一轮迭代后的 minEdge[j] 和 j 到新加入顶点 k 的边(v_j, v_k)，较小的作为新的 minEdge[j]。以表 6.1 中加底纹的单元格为例，在第二轮迭代中，得到顶点 N 到集合 U 最短边的临时结果为由 N 到下标为 0 的结点，即 (N, P_e)，长度为 109，小于 N 到集合 U 中其他顶点的直达边。第二轮迭代中，找到集合 $V-U$ 到集合 U 的最短边 (P_a, L)，P_a 加入集合 U。第三轮迭代中，为了更新顶点 N 到集合 U 最短边，不需要对 N 到 U 中的每个顶点逐一比较，只需要比较第二轮迭代中的临时结果(N, P_e)和到新加入顶点的边(N, P_a)，并相应地更新 minEdge 即可。

由于 Prim 算法中需要频繁获取任意两个顶点之间边的权值，使用邻接矩阵作为图的存储结构更加便于操作。另外，基于面向对象软件设计的单一职责原则，不建议将 Prim 的实现内置到 AMGraph 类中。Prim 算法的 C++实现见代码 6.10。

代码 6.10 Prim 算法的 C++实现

```
struct {                                              //辅助数组 minEdge 定义
    int adjvex;
    double lowcost;
} minEdge[MaxSize];
void mst_Prim(AMGraph G, int k) {                     //从顶点 k 开始建立 MST
    for(i = 0; i < G.vertexNum; i++) {                //初始化 minEdge
            minEdge[i].lowcost = G.edge[k][i];
            minEdge[i].adjvex = 0;
    }
    minEdge[k].lowcost = 0;                           //顶点 k 加入集合 U
    for(i = 1; i < G.vertexNum; i++) {
        k = shortEdge(minEdge);                       //minEdge 中查找非 0 最小值
        cout << G.vertex << G.[minEdge[k].adjvex];    //输出边
        cout << minEdge[k].lowcost;
        minEdge[k].lowcost = 0;                       //顶点 k 加入集合 U
        for(j = 0; j < G.vertexNum; j++) {            //更新 minEdge
            if(G.edge[k][j] < minEdge[j].lowcost) {   //满足此条件则更新
                minEdge[j].lowcost = G.edge[k][j];
                minEdge[j].adjvex = k;
            }
        }
    }
}
```

Prim 算法的复杂度主要受顶点个数影响。假设连通网 G 中有 n 个顶点，则第一个执行初始化的 for 循环语句执行 n 次；第二个 for 循环共执行 $n-1$ 次，循环体内嵌套了两个循环，一个是在 minEdge[v].lowcost 中求出最小代价，执行次数为 $n-1$ 次；另一个是更新辅助数组，执行次数为 n 次。因而 Prim 算法的时间复杂度为 $O(n^2)$，与网中的边数无关，因此适用于求稠密网的最小生成树。

2. Kruskal 算法

设无向连通网为 $G=(V,E)$，令 G 的最小生成树为 $T=(U,\mathrm{TE})$，初始状态下，$U=V$，

TE=∅,此时 T 中共有 n 个独立的顶点,每个顶点自成一个无边的连通分量。然后,将边集 E 中的各条边按权值大小排序,从权值最小的边开始考察。如果考察边所依附的两个顶点分别属于 T 的两个不同的连通分量,则将该边并入 TE,作为 T 的一条边,同时合并这两个连通分量;如果两个顶点属于同一个连通分量,则会使 T 形成回路,因而将该边舍弃。依次类推,当 T 中的所有顶点都在同一个连通分量上时,T 就是 G 的一棵最小生成树。Kruskal 算法的 UML 活动图如图 6.30 所示。

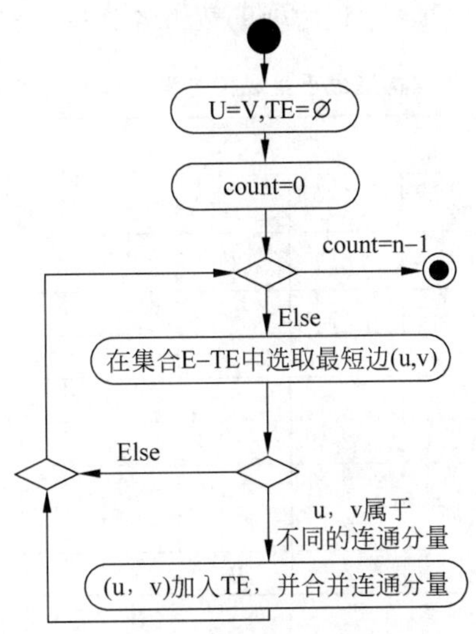

图 6.30 Kruskal 算法的活动图

图 6.31 给出了一个无向连通网 G 使用 Kruskal 算法构造最小生成树的过程。每次找一条权重最小的边,根据其是否处于两个不同的连通分量来判断这条边是否能构建最小生成树。图 6.31(e)中,虽然找到最小边(N,P_e),但两个顶点属于同一个连通分量,加入 TE 会导致回路,因此舍弃这条边。

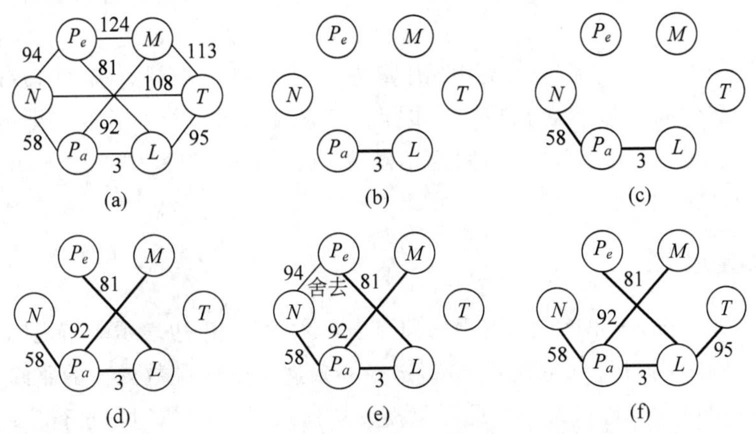

图 6.31 Kruskal 算法构造最小生成树的过程

Kruskal 算法在实现过程中的关键和难点在于如何判断即将加入的边是否会与生成树中已存在的边形成回路。这个问题有多种解决方案,一种较常见的方案是引入一个辅助数组 parent[n]来表示连通分量。在构建生成树的过程中,网中的每一个连通分量都是一棵生成树。parent[i]记录了顶点 v_i 的双亲结点,根据 parent[]数组由 v_i 开始逐层查找,当 parent[i]=−1 时可以获得当前连通分量的根结点。初始状态为 parent[i]=−1,表示各顶点自成一棵生成树。迭代过程中,当找到一条最短边(v_i,v_j)时,查找 v_i 和 v_j 的根结点 u 和 v。如果 u 不等于 v,则说明它们是两棵不同的树,即 v_i 和 v_j 属于不同的连通分量。此时令 parent[v]=u,则两棵树合二为一。

对于图 6.31 所示的例子,构造过程中辅助数组各分量的变化如表 6.2 所示。

表 6.2 Kruskal 算法构造最小生成树过程中辅助数组中各分量的变化

parent	v_i						考察边	根结点	输出 TE
	v_0	v_1	v_2	v_3	v_4	v_5			
	P_e	N	P_a	L	T	M			
parent[]	−1	−1	−1	−1	−1	−1			
parent[]	−1	−1	−1	**2**	−1	−1	(v_2,v_3)3	u=2,v=3	(v_2,v_3)3
parent[]	−1	−1	**1**	2	−1	−1	(v_1,v_2)58	u=1,v=2	(v_1,v_2)58
parent[]	−1	**0**	1	2	−1	−1	(v_0,v_3)81	u=0,v=1	(v_0,v_3)81
parent[]	−1	0	1	2	−1	**0**	(v_2,v_5)92	u=0,v=5	(v_2,v_5)92
parent[]	−1	0	1	2	−1	0	(v_0,v_1)94	u=0,v=0	舍去
parent[]	−1	0	1	2	**0**	0	(v_3,v_4)95	u=0,v=4	(v_3,v_4)95

在上例中,首先数组 parent[i]被初始化为−1,然后从已经排好序的边集中选出最短边(P_a,L),权值为 3。两个顶点所在树的根结点不同,说明该边连接两个不同的连通分量,所以可以加入 TE 中,即修改 parent[3]=2。依此类推,当输出 TE 的次数为 $n-1=5$ 时,就构造出一棵最小生成树。

由于 Kruskal 算法每次迭代是从图中选取一条边来操作,所以使用边集数组存储图中的边。执行 Kruskal 算法之前,要先对边集数组按照代价排序,这样可以加快最短边查找的速度。

假设连通网中有 n 个顶点 e 条边,则算法中对边集数组排序需要 $O(e\log e)$,这是 Kruskal 算法中影响时间复杂度的最主要步骤。考察最短边与合并连通分量的复杂度可以达到线性阶。所以 Kruskal 算法的时间复杂度为 $O(e\log e)$,与网中的边数相关,因此更适用于求稀疏网的最小生成树。

6.5.2 最短路径

在图 6.32 所示的交通网络中,图中的顶点表示六大城市,边表示城市之间的出行费用。假如一位游客要从北京 P_e 到伦敦 L,希望选择一条途中中转次数最少的路线,则要求顶点 P_e 到 L 的路径中包含的边数最小。此时只需要从顶点 P_e 出发,对图进行广度优先遍历即可。但是对于游客来说,可能更关心的是如何节省出行费用,即便中转也可以接受。此时路径长度不再以路径上边数作为度量单位,而是以路径上边的权值之和为度量单位,从图中找出一条代价和最小的路径,这个问题称为最短路径问题。本节将讨论有向网图的最短路径问题,并称路径上的第一个顶点为源点(sourse),路径上最后一个顶点为终点(destination)。

下面介绍两个常见的最短路径算法。

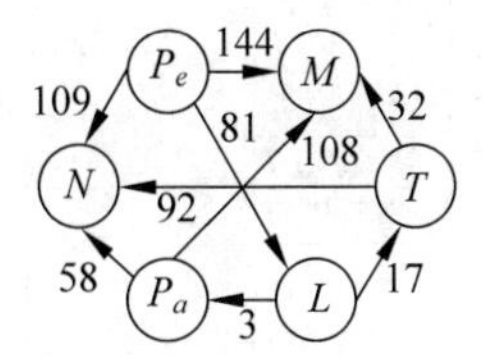

图 6.32 世界六大城市间的出行费用

1. Dijkstra 算法

Dijkstra 算法用于解决单源最短路径问题：给定一个有向带权图 $G=(V,E)$ 和源点 s，求从 s 到 G 中其他所有顶点的最短路径。Dijkstra 算法与最小生成树的 Prim 算法非常类似，迪杰斯特拉在 1959 年的一篇论文中对最小生成树和最短路径问题同时给出了思路相近的解决方案。

迪杰斯特拉提出了一个按照路径长度递增的次序产生最短路径的算法。该算法是一种典型的贪心算法，每当在未被访问的顶点中选择时，它一定选择距离最小的那个，这样就会先求出距离最短的一条路径，然后再求出距离次短的一条直至找到所有的最短路径。算法需要引入一个辅助向量 dis，它的分量 dis[i]用于存放当前找到的从源点 s 到终点 v_i 的最短路径长度。初始状态下，如果从 s 到 v_i 有边，则为边上的权值，否则为∞。为了保存最短路径所经过的各顶点，引入辅助数组 path[n]，用来存储源点到各顶点最短路径上的顶点序列。

在迭代过程中，首先在所有从源点出发的弧中选取一条权值最小的弧，即为第一条最短路径。接着设置一个顶点集合 S 用于存放已经找到最短路径的那些顶点。若当前求得的终点为 v_k，则将 v_k 加入集合 S 中，而 dis[k]为最短路径的长度。然后每次从集合 $V-S$ 中取出具有最短路径长度的顶点 u，将 u 加入 S，同时根据式(6.5)对辅助数组 dis 做修改：

$$\text{dis}[i]=\min\{\text{dis}[i],\text{dis}[k]+\text{edge}[k][i]\},\quad 0\leqslant i\leqslant n-1 \tag{6.5}$$

如果 dis[i]被修改为 dis[k]+edge[k][i]，还要同时修改辅助数组 path，使其变为由源点经顶点 v_k 到 v_i。为简便起见，假定顶点数据类型为字符串，则可以用 path[i]=path[k]+G. vertex[i]来连接。重复上述过程，直到集合 V 中的全部顶点加入到 S 中。如此便得到了源点 s 到其他顶点的最短路径。图 6.33 是 Dijkstra 算法的 UML 活动图描述。

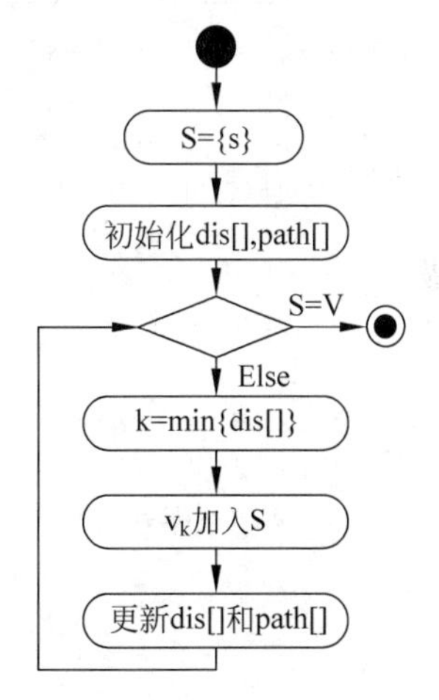

图 6.33 Dijkstra 算法构造最短路径的活动图

图 6.34 给出了以顶点 P_e 为源点，采用 Dijkstra 算法求解最短路径的例子。其中，带底纹的顶点表示该结点已经加入集合 S，带底纹的数组元素表示找到最短路径的顶点的路径序列和路径长度，实线表示在 path 中存在的候选路径。初始状态下，仅 P_e 加入集合 S，以 P_e 到各顶点的直达边作为初始的 dis 和 path。第一轮迭代中选中最短路径 P_eL，将 L 加入集合 S，并检查其他结点的 dis 和 path。显然，由源点 P_e 途径 L 到顶点 T 以及顶点 P_a 的路径要比 dis 中现存的路径更短，于是更新这两个顶点的 dis 和 path。第二轮迭代中，找到最短路径 P_eLP_a，将 P_a 加入集合 S，检查并更新其他结点的 dis 和 path。依此类推，直到 $S=V$。

由于算法执行过程中需要不断地获取任意两个顶点之间边的权值，所以选择邻接矩阵作为图的存储结构。Dijkstra 算法的 C++描述见代码 6.11。

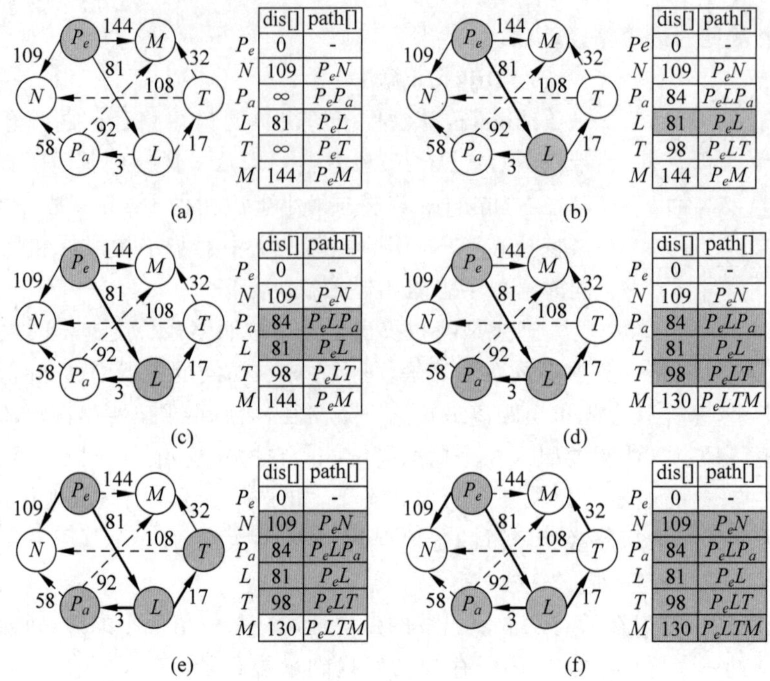

(a)	dis[]	path[]
P_e	0	-
N	109	P_eN
P_a	∞	P_eP_a
L	81	P_eL
T	∞	P_eT
M	144	P_eM

(b)	dis[]	path[]
Pe	0	-
N	109	P_eN
P_a	84	P_eLP_a
L	81	P_eL
T	98	P_eLT
M	144	P_eM

(c)	dis[]	path[]
P_e	0	-
N	109	P_eN
P_a	84	P_eLP_a
L	81	P_eL
T	98	P_eLT
M	144	P_eM

(d)	dis[]	path[]
P_e	0	-
N	109	P_eN
P_a	84	P_eLP_a
L	81	P_eL
T	98	P_eLT
M	130	P_eLTM

(e)	dis[]	path[]
P_e	0	-
N	109	P_eN
P_a	84	P_eLP_a
L	81	P_eL
T	98	P_eLT
M	130	P_eLTM

(f)	dis[]	path[]
P_e	0	-
N	109	P_eN
P_a	84	P_eLP_a
L	81	P_eL
T	98	P_eLT
M	130	P_eLTM

图 6.34　Dijkstra 算法求最短路径的过程及各参数变化

代码 6.11　Dijkstra 算法的 C++实现

```
void sp_Dijkstra(AMGraph G, int s) {
    for(i = 0; i < G.vertexNum; i++) {                    //初始化 dis[ ]和 path[ ]
              dis[i] = G.edge[s][i];
      if(dis[i]!= ∞ )
         path[i] = G.vertex[s] + " - " + G.vertex[i];
    }
    dis[s] = 0;                                           //顶点 s 加入集合 S
    num = 1;
    while(num < G.vertexNum) {
      k = 0;                                              //dis 中查找非 0 最小值
      while(dis[k] == 0) k++;
          for (i = 0; i < G.vertexNum; i++)
              if((dis[i] != 0) && (dis[i] < dis[k]))
          k = i;
          num++;                                          //输出路径长度及顶点序列
      cout << dis[k] << pre[k];
          for(i = 0; i < G.vertexNum; i++)                //更新 dis[ ]和 path[ ]
              if(dis[i] > dis[k] + G.edge[k][i]) {        //满足此条件则更新
                    dis[i] = dis[k] + G.edge[k][i];
          path[i] = path[k] + " - " + G.vertex[i];        //顶点 k 加入集合 S
        }
      dis[k] = 0;
    }
}
```

分析 Dijkstra 算法的时间性能，设图中顶点个数为 n 个，第一个循环体执行了 n 次，第二个循环体共执行 $n-1$ 次，内层循环的执行时间是 $O(n)$，所以总的时间复杂度为 $O(n^2)$。

2. Floyd 算法

有时人们只希望找到一条从源点到某一个特定顶点的最短路径，但是求解这个问题和求解单源点到其余所有顶点的最短路径的时间复杂度一样，也是 $O(n^2)$。

有时人们希望求得任意一对顶点之间的最短路径：给定有向带权图 $G=(V,E)$，对任意顶点 $v_i(i \neq j)$，求顶点 v_i 到顶点 v_j 的最短路径。

解决这一问题的一种方法是：每次以一个顶点为源点，重复执行 n 次 Dijkstra 算法。这样就能求出每一对顶点之间的最短路径，执行时间为 $O(n^3)$。弗洛伊德提出了另一种计算任意顶点对之间最短路径的算法——Floyd 算法，该算法的时间复杂度也为 $O(n^3)$，但它的形式更为简单。

Floyd 算法的基本思想是：假设求顶点 v_i 到 v_j 的最短路径。如果 v_i 到 v_j 有弧，则先假设 (v_i, v_j) 是其最短路径，需要进行 n 次试探才能最终确定。首先判断弧 (v_i, v_0) 和 (v_0, v_j) 是否存在，如果存在，则说明 v_i 和 v_j 之间存在一条路径 (v_i, v_0, v_j)。然后将它的路径长度和 (v_i, v_j) 的长度进行比较，取二者长度较短者作为从 v_i 到 v_j 中间顶点标号不大于 0 的最短路径。接着在路径上再增加一个顶点 v_1，将 $(v_i, \cdots, v_1, \cdots, v_j)$ 和先前求得的从 v_i 到 v_j 中间顶点的标号不大于 0 的最短路径比较，取长度较短者为中间顶点的标号不大于 1 的最短路径。依此类推，一般情况下，若 $(v_i, \cdots, v_k)$ 和 $(v_k, \cdots, v_j)$ 分别是从 v_i 到 v_k 和 v_k 到 v_j 的中间顶点的序号不大于 $k-1$ 的最短路径，则比较 $(v_i, \cdots, v_k, \cdots, v_j)$ 和先前得到的从 v_i 到 v_j 且中间顶点标号的不大于 $k-1$ 的最短路径，两者较短者就是 v_i 到 v_j 中间顶点的标号不大于 k 的最短路径。经过 n 次比较之后，最后求得的必是从 v_i 到 v_j 的最短路径。

实现 Floyd 算法需要引入两个二维数组。一个是辅助数组 dis[n][n]，用于存放迭代过程中求得的最短路径长度。dis[i][j]表示从 v_i 到 v_j 的中间顶点的标号不大于 1 的最短路径长度；$\text{dis}^k[i][j]$表示从 v_i 到 v_j 的中间顶点的标号不大于 k 的最短路径长度。初始状态为图的邻接矩阵，此时 $\text{dis}^{-1}[i][j]=\text{arc}[i][j]$。在算法执行过程中，数组 dis 按照式(6.6)进行迭代：

$$\text{dis}^k[i][j]=\min\{\text{dis}^{k-1}[i][j], \text{dis}^{k-1}[i][k]+\text{dis}^{k-1}[k][j]\}, \quad 0 \leqslant k \leqslant n-1 \tag{6.6}$$

另一个辅助数组是 path[n][n]，用于保存最短路径所经过的路径上的顶点。初始时，path[i][j]=vertex[i]+ vertex[j]。

例如，图 6.35 给出了 Floyd 算法求解任意顶点之间的最短路径过程中数组 dis 和数组 path 的变化情况。初始状态下，数组 dis 与图的邻接矩阵完全一致，数组 path 标记了各条直达边的顶点序列。第 0 次迭代，考虑让所有路径都经过顶点 P_e，相应更新了 N 与 L、N 与 M、L 与 M 之间的最短路径。第 1 次迭代，考虑让所有路径都经过顶点 N，并相应更新 P_e 与 P_a、P_e 与 T、P_a 与 T 之间的最短路径。依此类推，直到所有路径都经过全部的顶点都被考虑过，则迭代结束。

在图 6.35 的例子中，第 3 次迭代后，数组 dis 和 path 已经达到最优，在后续迭代中没有发生变化。

Floyd 算法的 C++描述见代码 6.12。

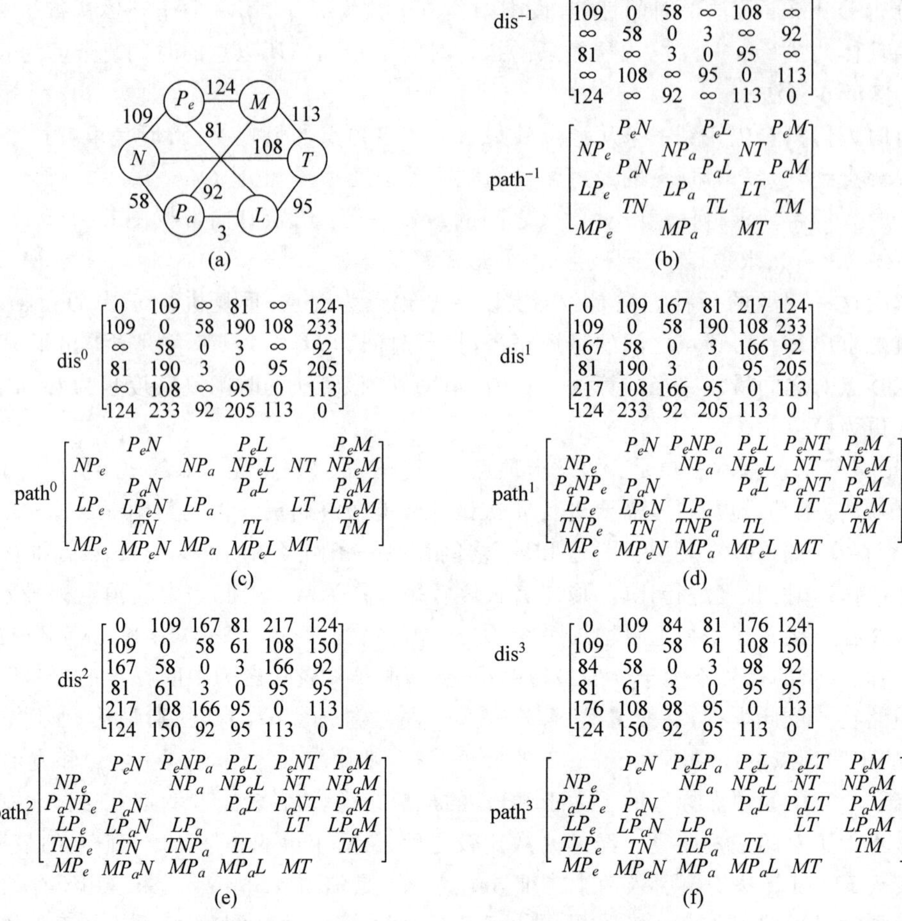

图 6.35　Floyd 算法求最短路径的过程及各参数变化

代码 6.12　Floyd 算法的 C++实现

```
void sp_Floyd(AMGraph G) {
    for(i = 0; i < G.vertexNum; i++) {             //初始化 dis[]和 path[]
        for(j = 0; j < G.vertexNum; j++) {
            dis[i][j] = G.arc[i][j];
            path[i][j] = j;                        //以顶点 k 作为中间顶点
        }
    }                                              //满足此条件则更新
    for(k = 0; k < G.vertexNum; k++) {
        for(i = 0; i < G.vertexNum; i++) {
            for(j = 0; j < G.vertexNum; j++) {
                if(dis[i][j] > dis[i][k] + dis[k][j]) {
        dis[i][j] = dis[i][k] + dis[k][j];
            path[i][j] = path[i][k];
                }
            }
        }
    }
}
```

6.5.3 有向无环图及其应用

如果一个有向图从任意顶点出发无法经过若干边回到该点，则该图为有向无环图(Directed Acycline Graph，DAG)。DAG是一种重要的图论数据结构，它可以用来表示工程中的活动过程。现实生活中的计划、施工过程、生产流程、程序流程都可以看作一个"工程"，除了一些很小的工程外，大部分工程都可以划分为若干子任务，称为"活动"。活动之间一般有先后顺序，某些活动的开始必须依赖于其他某些活动的完成，只有不违反这些限制条件，整个工程才能顺利完成。

1. AOV网和拓扑排序

若用DAG表示一个工程，则每个顶点表示一个活动，弧表示活动之间的先后顺序，则这样的有向无环图被称为AOV网(activity on vertex network)。人们总是希望得到一个活动序列能够保证整个工程的顺利完成。

假定$G=(V,E)$是一个有向图，顶点集V中包含n个顶点，若顶点序列$(v_0,v_1,\cdots,v_{n-1})$是一个拓扑序列，当且仅当该序列满足：若从顶点v_i到v_j存在一条路径，则在序列中顶点v_i必在v_j之前。对有向图构造拓扑序列的过程称为拓扑排序。任意AOV网中的拓扑序列不一定存在，若AOV网存在回路，则无法找到拓扑序列。所以，拓扑排序也可以用来判断有向图中是否存在回路。

拓扑排序满足以下条件：①序列中包含每个顶点，且每个顶点只出现一次；②若A在序列中排在B的前面，则在图中不存在从B到A的路径。

下面给出拓扑排序构造拓扑序列的基本思想：

(1) 从图中选择一个入度为0的顶点输出；

(2) 从图中删除该顶点及其所有出边；

(3) 重复执行步骤(1)、步骤(2)直到输出所有顶点，或图中剩余顶点的入度均不为0(存在回路)。

实现拓扑排序算法需要考虑图的存储结构，由于算法执行过程中需要不断获取顶点的出边，所以可以选取邻接表存储图，且为了提高顶点入度的存取速度，在顶点表结点中增加一个存放顶点入度的域indegree。

对于图6.36(a)所示的AOV网，其邻接表存储结构如图6.36 (b)所示。

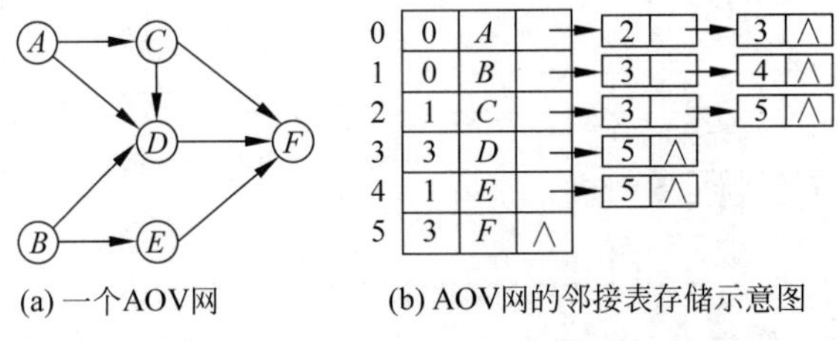

图6.36 AOV网及其邻接表存储示意图

另外为了避免重复检测入度为0的顶点，另设一个栈S用于存储所有无前驱的结点。初始时，将入度为0的顶点压栈。每次迭代将栈顶元素出栈并输出，接着将出栈顶点的每个邻接点k的入度减1，若顶点k的入度为0，则将顶点k入栈。对于图6.37所示的AOV

网,给出算法执行拓扑排序的过程及栈内元素的变化。

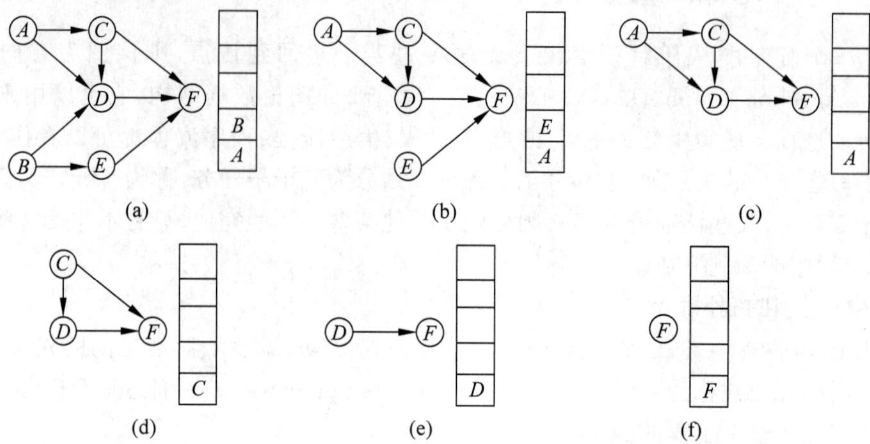

图 6.37 拓扑排序过程及栈内元素变化示意图

拓扑排序的 C++实现见代码 6.13。

代码 6.13 拓扑排序算法的 C++实现

```
void topoSort(ALGraph G) {
        for(i = 0; i < G.vertexNum; i++) {              //将入度为 0 的顶点入栈
            if(G.adjList[i].indegree == 0)
        stack.push(i);
        }
        count = 0;                                      //栈顶元素出栈
        while(!stack.empty()) {
            i = stack.pop(); count++;                   //扫描顶点 i 的所有出边
            cout << G.adjList[i].vertex;
            p = G.adjList[i].firstEdge;                 //入度减 1
            while(p != nullptr){                        //将入度为 0 的顶点 k 入栈
                k = p->adjvex;
                G.adjlist[k].indegree--;
                if(G.adjList[k].indegree == 0)
        stack.push(k);
                p = p->next;
            }
        }
        if(count < G.vertexNum)
        cout << "存在回路"<< endl;
}
```

对于拓扑排序算法,假设 AOV 网中有 n 个顶点、e 条弧,初始化时扫描顶点表将入度为 0 的顶点入栈,执行时间为 $O(n)$,在拓扑排序的过程中,若图中没有回路,则每个顶点进栈一次,出栈一次,入度减 1 的操作在 while 语句中共执行 e 次。所以,算法的时间复杂度为 $O(n+e)$。

2. AOE 网和关键路径

现实中人们不仅要求一个工程能够顺利完成，还希望整个工程完成的总时间最短。AOV 网中缺少关于活动持续时间的信息，因此可以用另一种有向图表示工程：用顶点表示事件，用弧表示活动，用权值表示活动的时间开销，这种带权有向无环图称为 AOE 网(activity on edge network)。

在 AOE 网中入度为 0 的顶点称为源点，出度为 0 的顶点称为汇点。工程中某些活动是能够同时进行的，所以完成整个工程所花费的时间取决于 AOE 网中代价和最大的路径，这条从源点到汇点的最长路径称为关键路径，关键路径上的顶点称为关键活动。如果关键路径上的任意一项活动不能如期完成，那么整个工程就要延期。相反，如果能缩短关键活动的时间，就能提高整个工程的效率。

利用 AOE 网进行工程管理的技术称为计划评估与审查(Program Evaluation and Review Technique，PERT)。PERT 要解决的主要问题如下：

(1) 计算整个工程的最短工期；

(2) 确定关键路径，找出影响工程进度的关键活动。

在介绍关键路径算法之前，对下面几个术语进行解释，以便于对算法的理解。

(1) 事件 v_i 的最早发生时间 ee[i]：只有当进入顶点 v_i 的所有活动都结束，顶点 v_i 对应的事件才能够发生，因此，ee[i]为从源点 v_0 到顶点 v_i 的最长路径长度所代表的时间。这个长度决定了从顶点 v_i 发出的活动可以开始的最早时间。计算 ee[i]的方法为从源点开始，按照拓扑序列向汇点递推，即

$$\begin{cases} \mathrm{ee}[0]=0, & i=0 \\ \mathrm{ee}[i]=\max\{\mathrm{ee}[k]+\mathrm{cost}[k][i]\}, & 1 \leqslant i \leqslant n-1 \end{cases} \tag{6.7}$$

其中，cost[k][i]是所有以 v_i 为弧头的弧的权值，即活动(v_k，v_i)对应的持续时间。

(2) 事件 v_i 的最晚发生时间 el[i]：汇点以最早发生时间发生情况下(即保证工程工期不会推迟)，事件 v_i 的最晚发生时间。计算 el[i]的方法为从汇点开始，按照逆拓扑序列向源点递推，即

$$\begin{cases} \mathrm{el}[n-1]=\mathrm{ee}[n-1], & i=n-1 \\ \mathrm{el}[i]=\min\{\mathrm{el}[k]-\mathrm{cost}[i][k], & 0 \leqslant i \leqslant n-1\} \end{cases} \tag{6.8}$$

其中，cost[i][k]是所有以 v_i 为弧尾的弧的权值，即活动(v_i，v_k)对应的持续时间。

(3) 活动 a_i 的最早开始时间 ae[i]：若弧(v_j，v_k)表示活动 a_i，则 a_i 的最早开始时间为事件 v_k 的最早发生时间，即 ae[i]=ee[j]。

(4) 活动 a_i 的最晚开始时间 al[i]：若弧(v_j，v_k)表示活动 a_i，保证事件 v_k 的最晚发生时间 el[k]的前提下，活动 a_i 的最晚开始时间为事件 v_k 的最早发生时间，即 al[i]=el[k]−cost[j][k]。

按照以上四个基本概念，求解关键路径的算法就非常简单了，计算步骤如下：

(1) 从源点开始，按拓扑序列求出所有事件的最早发生时间 ee[i]；

(2) 从汇点开始，按逆拓扑序列求出所有事件的最晚发生时间 el[i]；

(3) 根据各事件的 ee[i] 求出所有活动的最早开始时间 ae[i]；

(4) 根据各事件的 el[i] 求出所有活动的最晚开始时间 al[i]；

(5) 比较 ae[i]和 al[i],若 ae[i]=al[i],则输出 a_i 为关键活动。

对于图 6.38 所示的 AOE 网,关键路径算法执行的计算结果如表 6.3 所示。

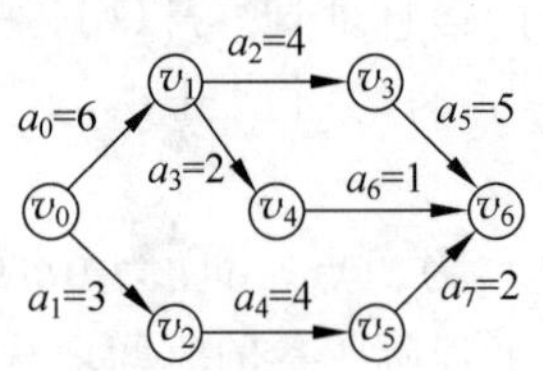

图 6.38　AOE 网

表 6.3　AOE 网中关键路径算法执行的计算结果

事　　件	ee	el	活　　动	ae	al	al－ae
v_0	0	0	a_0	0	0	**0**
v_1	6	6	a_1	0	6	6
v_2	3	9	a_2	6	6	**0**
v_3	10	10	a_3	6	12	6
v_4	8	14	a_4	3	9	6
v_5	7	13	a_5	10	10	**0**
v_6	15	15	a_6	8	14	6
—	—	—	a_7	7	13	4

从表 6.3 中可以看出关键活动为 a_0、a_2 和 a_5,对应的关键路径为(v_0,v_1,v_3,v_6)。对照图 6.38,如果这三个关键活动中的任意一个不能按时完成,整个工程的工期就会被拖延,同样,如果能够缩短任意一个关键活动需要消耗的时间,就可以加快工程进度,提前完成整个工程。

6.6　本章小结

图是一种非常重要的数据结构,相比线性表和树,图结构具有更强、更广泛地对现实世界复杂问题进行建模的能力,线性表和树都可以看作图的特殊形式。本章首先学习了图的逻辑结构,然后介绍了邻接矩阵和邻接表两种图的存储结构,接下来介绍了图的两种遍历方法及其算法设计与 C++代码实现方法。最后介绍了图的几种重要的应用,包括最小生成树、最短路径以及有向无环图的应用 AOV 网和 AOE 网等。最小生成树和最短路径问题有大量的实际应用,是计算机学科非常重要和基础的算法工具,能够解决很多真实场景的复杂问题。有向无环图主要解决工程项目流程的规划与管理问题,是现代化管理的重要手段和方法。

本章习题

一、选择题

1. 设图的邻接矩阵如下,则各顶点的度之和依次为(　　)。

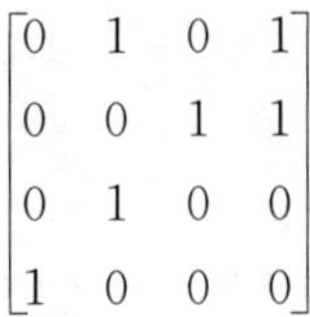

$$\begin{bmatrix} 0 & 1 & 0 & 1 \\ 0 & 0 & 1 & 1 \\ 0 & 1 & 0 & 0 \\ 1 & 0 & 0 & 0 \end{bmatrix}$$

A. 1,2,1,2　　　B. 3,4,2,3　　　C. 2,2,1,1　　　D. 4,4,2,2

2. n 个顶点的无向图的邻接表最多有(　　)个结点。

A. n^2　　　B. $n(n-1)$　　　C. $n(n+1)$　　　D. $n(n-1)/2$

3. 若 G 是一个具有 36 条边的非连通无向图(不含回路和多重边),则图 G 的结点数至少是(　　)。

A. 12　　　B. 11　　　C. 10　　　D. 9

4. 设无向图的顶点个数为 n,则该图最多有(　　)条边。

A. $n-1$　　　B. $n(n-1)/2$　　　C. $n(n+1)/2$　　　D. 0　　　E. n^2

5. 用有向无环图描述表达式 $(x+y)*((x+y)/x)$,需要的顶点个数至少是(　　)。

A. 5　　　B. 6　　　C. 8　　　D. 9

6. 使用 Dijkstra 算法求图 6.39 中从顶点 1 到其他各顶点的最短路径,依次得到的各最短路径的目标顶点是(　　)。

A. 5,2,3,4,6　　　B. 5,2,3,6,4　　　C. 5,2,4,3,6　　　D. 5,2,6,3,4

7. 使用 Dijkstra 算法从顶点 a 出发求最短路径,如图 6.40 所示,已知第一次迭代得到目标顶点 b,第二次求得的目标顶点 d,则得到后续其他目标顶点的次序是(　　)

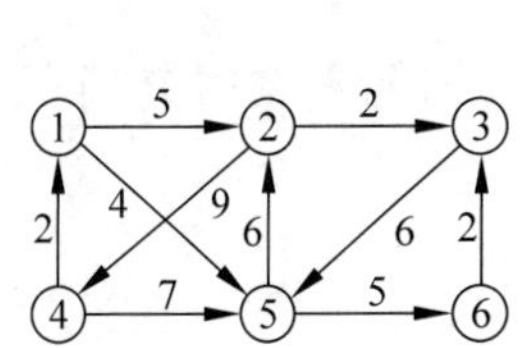

图 6.39　一个带权有向图(1)

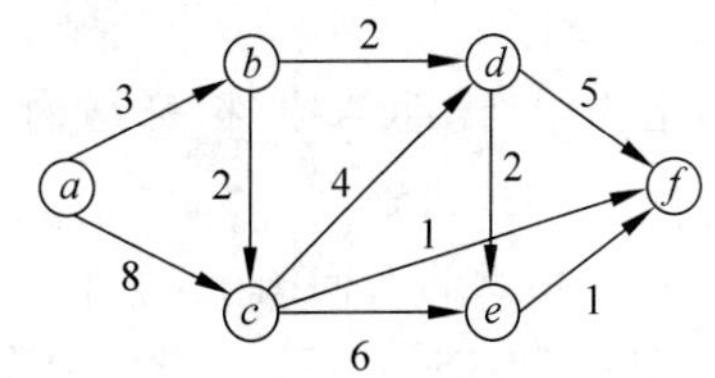

图 6.40　一个带权有向图(2)

A. $c\ e\ f$　　　B. $e\ c\ f$　　　C. $c\ f\ e$　　　D. $e\ f\ c$

8. 有关图中路径的定义,表述正确的是(　　)。

A. 路径是顶点和相邻顶点偶对构成的边所形成的序列

B. 路径是图中相邻顶点的序列

C. 路径是不同边所形成的序列

D. 路径是不同顶点和不同边所形成的集合

9. 判断有向图是否有回路,除了可以用拓扑排序外,还可以用(　　)。

A. 求关键路径的算法　　　B. 广度优先遍历算法

C. 求最短路径的算法　　　D. 深度优先遍历算法

10. 求解最短路径的 Floyd 算法的时间复杂度为(　　)。

A. $O(n)$　　　B. $O(n+e)$　　　C. $O(n*n)$　　　D. $O(n*n*n)$

11. 下面关于求关键路径的说法不正确的是(　　)。

A. 求关键路径是以拓扑排序为基础的

B. 一个事件的最早发生时间和以该事件为尾的弧的活动最早开始时间相同

C. 一个事件的最晚发生时间为以该事件为尾的弧的活动最晚开始时间与该活动的持续时间的差

D. 关键活动一定位于关键路径上

12. 图 6.41 所示的 AOE 网表示一项包含 8 个活动的工程。活动 d 的最早开始时间和最晚开始时间分别是(　　)。

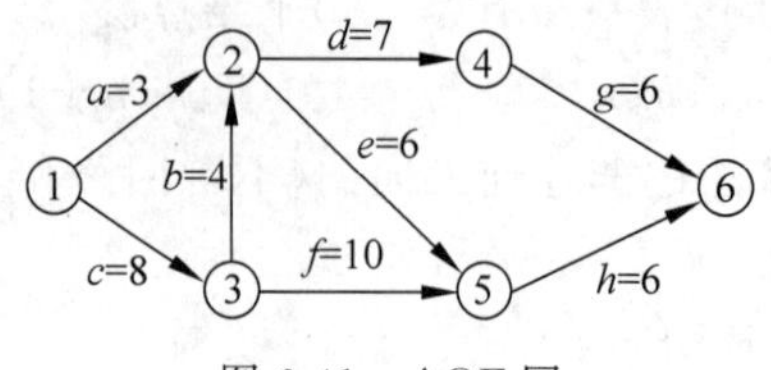

图 6-41　AOE 网

A. 3 和 7　　B. 12 和 12　　C. 12 和 14　　D. 15 和 15

13. 下列关于 AOE 网的叙述中,不正确的是(　　)。

A. 关键活动不按期完成就会影响整个工程的完成时间

B. 任何一个关键活动提前完成,那么整个工程将会提前完成

C. 所有的关键活动提前完成,那么整个工程将会提前完成

D. 某些关键活动若提前完成,那么整个工程将会提前完成

二、填空题

1. 若一个具有 n 个顶点和 e 条边的无向图是一个森林,则该森林中必有________棵树。

2. 在数据结构中,线性结构、树形结构和图形结构数据元素之间分别存在________、________和________的联系。

3. 在具有 n 个顶点的有向图中,每个顶点的度最大可达________。

4. n 个顶点的连通图至少有________条边。

5. 若无向图满足________,则该图是树。

6. N 个顶点的连通图用邻接矩阵表示时,该矩阵至少有________个非零元素。

7. 求图的最小生成树有两种算法,________算法适用于求稀疏图的最小生成树。

8. 图的简单路径是指________。

9. 有向图 $G=(V,E)$,其中 $V=\{a,b,c,d,e,f\}$,$E=\{(a,b),(a,e),(a,f),(b,c),(c,d),(e,c),(e,f)\}$,在该图所对应的邻接矩阵中,包含 1 的个数为________。

10. AOV 网中,结点表示________,边表示________。AOE 网中,结点表示________,边表示________。

11. 连通网 G,其边数 e 与顶点个数 n 的关系为 $e<n\log n$,则对其求最小生成树的算法应该采用的是________。

12. 无向图 $G(V,E)$,其中 $V(G)=\{1,2,3,4,5,6,7\}$,$E(G)=\{(1,2),(1,3),(2,4),(2,5),(3,6),(3,7),(6,7),(5,1)\}$。对该图从顶点 3 开始遍历,去掉遍历中未走过的边,得到一棵生成树 $G'(V,E')$,其中 $V(G')=V(G)$,$E(G')=\{(1,3),(3,6),(7,3),(1,2),(1,5),(2,4)\}$,则采用的遍历方法是________。

三、应用题

1. 回答以下问题：

(1) 如果 G_1 是一个具有 n 个顶点的连通无向图，那么 G_1 最多有多少条边？G_1 最少有多少条边？

(2) 如果 G_2 是一个具有 n 个顶点的强连通有向图，那么 G_2 最多有多少条边？G_2 最少有多少条边？

(3) 如果 G_3 是一个具有 n 个顶点的弱连通有向图，那么 G_3 最多有多少条边？G_3 最少有多少条边？

2. 用下面的邻接矩阵存储一个无向图，要求：

(1) 绘制该图；

(2) 给出该无向图的邻接表；

(3) 从顶点 a 出发，分别给出一个广度优先遍历和深度优先遍历。

$$\begin{bmatrix} 0 & 1 & 1 & 0 & 0 & 0 \\ 1 & 0 & 0 & 1 & 0 & 0 \\ 1 & 0 & 0 & 1 & 1 & 0 \\ 0 & 1 & 1 & 0 & 0 & 1 \\ 0 & 0 & 1 & 0 & 0 & 1 \\ 0 & 0 & 0 & 1 & 1 & 0 \end{bmatrix}$$

3. 对一个有向无环图，如何调整其顶点编号，使该图的邻接矩阵为上三角矩阵？

4. 已知 6 个顶点(编号为 0～5)的有向带权图 G，其邻接矩阵为上三角矩阵，按行优先顺序保存在以下一维数组中。

4	6	∞	∞	∞	5	∞	∞	∞	4	3	∞	∞	3	3

要求：

(1) 写出图 G 的邻接矩阵；

(2) 画出有向带权图 G；

(3) 求图 G 的关键路径，并计算关键路径的长度。

5. 什么情况下，Prim 与 Kruskal 生成不同的 MST？

6. 根据图 6.42，利用 Dijkstra 算法求从顶点 a 到其他各顶点间的最短路径。要求：

(1) 画出该图的一种存储方式；

(2) 给出求解步骤，写出执行算法过程中各步的状态；

(3) 写出最终结果。

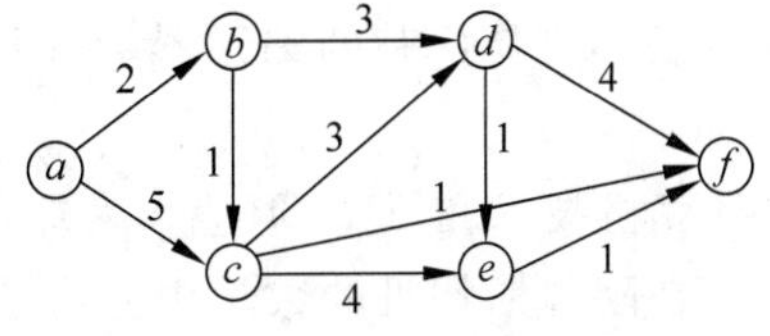

图 6.42　一个带权有向图(3)

四、算法设计题

1. 试写出把图的邻接矩阵表示转换为邻接表表示的算法。

2. 假设以邻接矩阵作为图的存储结构,编写算法,判别在给定的有向图中是否存在一个简单有向回路,若存在,则以顶点序列的方式输出该回路(找到一条即可)(注: 图中不存在顶点到自己的弧)。

3. 已知某有向图用邻接表存储,编写程序删除图中顶点数据为 key 的结点。

4. 已知无向图 $G(V,E)$,编写程序求其连通分量。

扩展阅读: 艾兹格·W. 迪杰斯特拉

艾兹格·W. 迪杰斯特拉(Edsger Wybe Dijkstra,以下简称 Dijkstra)于 1930 年出生于荷兰鹿特丹,父亲是化学家,母亲是数学家。在当地的一所高中念书时的他原本想要在法学界发展,并且憧憬在联合国做一名本国代表,然而因为毕业时他的数学、物理、化学、生物都是满分,在老师和父母劝说下,他于 1948 年考入了 Leyden 大学学习理论物理学。

在大学期间,世界上第一台电子计算机问世,1951 年,在父亲的准许下 Dijkstra 到剑桥大学参加一个夏季课程,学习电子计算装置程序设计。在剑桥大学学习程序设计时,他逐渐感觉到相比于理论物理,程序设计更具吸引力,于是决定转向计算机程序设计。那个时候程序设计尚未成为一个行业,人们不清楚这个行业的基础知识体系到底是什么。他在结婚前填写的申请表中的职业一栏写上了"程序员",结果被当地政府拒绝,因为当时的荷兰还没有这个职业。

1956 年,为了展示一台新计算机 ARMAC 的计算能力,Dijkstra 需要想出一个可以让不懂数学的普通大众和媒体容易理解的问题。有一天他和妻子在阿姆斯特丹购物,期间在一家咖啡店的阳台上喝咖啡休息,他开始思考这个问题。他觉得可以让计算机演示如何计算荷兰两个城市间的最短路径,这样的问题和答案都很容易被人理解。随后在没有任何纸和笔的情况下,他在 20 分钟内想出了其算法处女作,也就是著名的最短路径算法。当时的算法研究还处在初级阶段,数学家们都不认为这能成为一个数学问题: 两点之间的路径数量是有限的,其中必然有一条最短的,这算什么问题呢? 直到三年之后,Dijkstra 才在 Numerische Mathematik 的创刊号上发表了这个算法。在之后的几十年中,甚至直到今天,最短路径算法依然被各个行业广泛应用。Djikstra 的眼科医生一直不知道他是做什么的,有一天突然问他: "是你发明了 GPS 导航的算法吗?"原来他读了 2000 年 11 月的《科学美国人》杂志,讲 GPS 的文章中提到了 Djikstra。后来 Dijkstra 又提出了许多计算机学界的重要理论和概念,例如著名的"goto 有害论"、信号量和 PV 原语、结构化程序设计等。Dijkstra 的实践编程能力毫不逊色于他的理论研究能力,他和 Jaap Zonneveld 一起写了第一个 ALGOL 60 的编译器,这是最早支持递归的编译器,并因此获得了 1972 年被誉为"计算机界的诺贝尔奖"的图灵奖。

尽管 Dijkstra 发明了很多计算机技术和算法,但他本人却很少使用计算机,这或许和他身为程序员时的特殊经历有关。在阿姆斯特丹的数学中心当兼职程序员的那段时间,他的主要工作是为一些正在被设计制造的计算机编写程序,为了验证程序的正确性,他不得不拿纸和笔,通过推理来证明自己的程序是正确的,这种习惯可能是他后来经常强调通过程序结构保证正确性易于推理的原因。后来在得克萨斯大学奥斯汀分校的同事的压力下，他购买了一台 Macintosh 计算机，但只用来回复电子邮件和浏览网页。许多计算机科学家热衷于论文的数字排版，Donald Knuth 甚至为此中断自己的著作，但是 Dijkstra 从来不认为一篇文章需要草稿和编辑才能写出来，他总是先把整篇文章的内容构思好才下笔。在计算机学界，大家都很清楚 Dijkstra 使用钢笔而不是计算机写文章的习惯，但是从来没有人否认过他的文章的简洁、优雅。多年来，他还定期与数百名朋友和同事通信——不是通过电子邮件，而是通过普通邮件。

生活中的 Dijkstra 喜欢用他的博森多夫钢琴为朋友弹奏莫扎特的曲子。他和妻子喜欢乘坐大众巴士去国家公园探险，他在巴士上写了很多技术论文。Dijkstra 的才智、口才和说话方式让人印象深刻。例如他曾说过："计算机是否会思考的问题就像潜水艇是否会游泳的问题。"他对一位有前途的研究人员的建议是："只做只有你能做的事。"他在图灵奖获奖演讲中说："计算机作为一种工具，将只是我们文化表面的涟漪。"

2002 年 8 月 6 日，与癌症抗争多年的 Dijkstra 在荷兰 Nuenen 自己的家中去世，享年 72 岁。在计算机科学和技术兴盛的时代，我们应该永远铭记 Dijkstra 这样一位伟大的计算机科学家，他的贡献深刻影响了整个计算机学界和行业乃至人类社会。

第7章 查　找

在软件开发领域，查找是数据处理中经常使用的一种操作，例如编译器对源程序中变量名的管理、数据库系统的信息维护等均涉及查找操作。在日常生活中也离不开查找，例如，在等公交车时查找最近车辆在哪站，在手机电话号码簿中查找某人的电话号码等。查找以集合为数据结构，以查找为核心操作，同时也可以包含插入和删除等其他操作。查找是很多软件中最消耗时间的一部分，因而，一个好的查找算法会大大提高运行速度。

本章将讨论的问题是"信息的存储和查找"技术。

【学习重点】

◆ 折半查找的过程及性能分析；

◆ 二叉排序树的插入、删除和查找操作；

◆ 平衡二叉树的调整方法；

◆ 散列表的构造和查找方法；

◆ B树的查找和构造思想；

◆ 各种查找技术的时间性能及对比。

【学习难点】

◆ 二叉排序树的删除操作；

◆ 平衡二叉树的调整方法；

◆ B树的插入和删除算法。

7.1 查找的基本概念

在查找操作中，通常将数据元素称为记录（record）。可以把记录中标识一个记录的某个数据项称为关键码（key），关键码的值称为键值（keyword）。若该关键码可以唯一标识一个记录，则称此关键码为主关键码（primary key）；反之，则称此关键码为次关键码（second key）。例如，在身份证中，共有10个数据项，而身份证号是能够唯一标识身份的数据项。

1. 查找

查找（search）是在具有相同数据类型的记录构成的集合中找出满足待查条件的记录。在本章将把查找条件限制为"匹配"，即查找关键码等于待查值的记录。如果在查找集合中找到了与待查值相匹配的记录，则称查找成功；否则，称查找不成功（或查找失败）。一般情况下，查找成功时，会返回一个成功标志，例如返回待查记录的所在位置；查找不成功时，会返回一个不成功标志，例如0或－1，也可将待查记录插入到查找集合中。

2. 静态查找

在查找的过程中，不进行插入和删除操作的查找称为静态查找(static search)，静态查找在查找不成功时，只需返回一个不成功标志，查找结果不改变原先查找集合结构。静态查找适用于查找集合生成后，只对它进行查找，而不进行插入和删除等改造型操作。

3. 动态查找

在查找的过程中，同时涉及插入和删除操作的查找称为动态查找(dynamic search)，动态查找在查找不成功时，可将待查记录插入到查找集合中，查找的结果可能会改变原先查找集合结构。动态查找适用于当查找与插入和删除操作在同一个阶段进行，例如，当查找成功时，删除找到的记录，当查找不成功时，要插入待查的记录。

4. 查找结构

在前面的章节中，无论是线性结构还是非线性结构都涉及查找操作，但在这些结构中的查找操作只是作为这些结构上插入和删除操作的一部分来考虑，查找的实现处于次要地位。但是，在越来越多的应用中，查找操作成为最主要的操作，为了提高查找效率，需要专门为查找操作来设计数据结构，这种面向查找操作的数据结构称为待查找表(search structure)。

本章讨论的查找结构如下：

(1) 线性表。适用于静态查找，主要使用顺序查找技术、折半查找技术。

(2) 树表。适用于动态查找，主要使用二叉排序树的查找技术。

(3) 散列表。静态查找和动态查找均适用，主要使用散列技术。

本章主要讨论查找结构，故假设待查找表记录中只有一个整型的数据项。

查找算法的基本操作是将记录的关键码和待查值进行比较，绝大多数查找算法的运行时间主要消耗在关键码的比较上，因此，以关键码比较次数来衡量查找算法的时间性能。关键码比较次数取决于哪些因素呢？除了算法本身和问题规模外，更与待查关键码在查找集合中的位置有关。同一个查找集合、同一种查找算法，待查关键码所处的位置不同，比较次数大多不同。所以，查找算法的时间复杂度是问题规模和待查关键码在查找集合中的位置的函数，记为 $T(n)$。

对于查找算法则需要考虑查找算法的整体性能。将查找算法进行的关键码比较次数的数学期望值定义为平均查找长度(average search length)，对于查找成功的情况，平均查找长度为

$$\mathrm{ASL}=\sum_{i=1}^{n} p_i c_i \tag{7.1}$$

其中，n 为查找集合中的记录个数；p_i 为查找第 i 个记录的概率，满足条件 $\sum_{i=1}^{n} p_i=1$；c_i 为查找第 i 个记录所需的关键码的比较次数。c_i 与算法密切相关，取决于算法。p_i 与算法无关，取决于具体应用，一般情况下可以假设每个元素的查找概率都相同，即 $p_i=1/n$。如果 n 是已知的，则平均查找长度 ASL 只是问题规模的函数。显然，一个算法的 ASL 越大，说明时间性能越差，反之，时间性能越好。

如果查找不成功，平均查找长度为查找失败对应的关键码的比较次数。查找算法总的平均查找长度本应为查找成功与查找失败两种情况下的查找长度的平均值。但在实际应用中，查找集合的规模经常很大，记录个数往往比较多，查找成功的可能性远大于查找不成功的可能性，这时可以忽略查找失败的情况。

7.2 线性表的查找

在各种数据结构中,线性表是最简单的一种,针对线性表的查找也是最基本和最常用的查找方法,一般有顺序查找和折半查找。

7.2.1 顺序查找

顺序查找是最基本的查找方法。其查找基本思想:从待查找表的一端开始,向另一端逐个按待查值 key 与关键码进行比较,如果找到,则查找成功,并给出数据元素在表中的位置;如果整个待查找表按顺序查找完成,仍未找到与 key 相同的关键码,则查找失败,给出失败信息。顺序查找适应面广泛,不要求元素有序;可以从前向后扫描线性表,亦可以从后向前扫描;也不要求特定的存储结构,顺序存储和链式存储都适用。

以顺序存储为例,假定数据元素从下标为 1 的数组单元开始存放,0 号单元留空。查找过程从最后一个关键码数据向前扫描,当查找成功或者遍历整个待查找表时结束,查找成功返回关键码数据下标,查找失败返回 0。

顺序查找算法的 C++实现见代码 7.1。

代码 7.1 顺序查找的 C++实现

```
int seq_Search1 (int arr[], int key, int n)
{       int i = n;                                  //从后向前进行查找,i 为最大的下标
        while (i > 0 && arr[i] != key)              //i = 0 或查找成功时退出
          i--;                                      //否则,继续比较前一个元素
        return i;                                   //返回循环结束时的下标
}
```

在顺序查找算法中,每一趟循环都需要比较待查值和判断数组下标是否越界,查找效率比较低。可以通过一个简单的改进来避免反复判定数组下标是否越界。将顺序表 0 号单元存储待查值 key,用于查找时判断查找失败。这样,每一趟循环中只需要比较待查值,总的比较次数大幅下降。顺序查找算法的改进示例见代码 7.2。

代码 7.2 顺序查找算法的改进

```
int seq_Search2 (int[] arr, int key, int n)
{   int i = n;                                  //从后向前进行查找,i 为最大的下标
    arr[0] = key;                               //设置监视哨,作为循环退出条件
    while (arr[i] != key)                       //只需比较待查值
        i--;
    return i;                                   //返回循环结束时的下标
}
```

就上述顺序查找算法而言,对于 n 个数据元素的表,假设待查值 key 与表中第 i 个元素关键码相等,即待查值为第 i 个记录时,需进行 $n-i+1$ 次关键码比较,故 $c_i=n-i+1$,则在等概率情况下,即假定每个数据元素的被查找的概率相等,$p_i=\frac{1}{n}$,查找成功时,顺序查找的平均查找长度为

$$\mathrm{ASL}=\sum_{i=1}^{n}p_ic_i=\sum_{i=1}^{n}\frac{1}{n}\times(n-i+1)=\frac{n+1}{2} \tag{7.2}$$

而查找不成功时,需遍历线性表中的 n 号到 0 号元素,关键码的比较次数总是 $n+1$ 次。

顺序表查找算法中的基本操作就是关键码的比较,因此,查找算法的时间复杂度就是查找长度的量级 $O(n)$。

顺序查找算法简单,适用性强,对数据的存储方式和有序性都没有要求。但顺序查找比较次数多,效率较低,当待查找集合元素非常多时,不建议使用顺序查找方法。

某些情况下,待查找表中数据元素的查找概率是不相等的。为了提高查找效率,构造查找集合时最好按照查找概率对数据元素进行排序。查找概率越高,比较次数越少,元素在集合中的位置应越靠近查找起始端,反之亦然。

7.2.2 折半查找

折半查找(binary search algorithm)也称为二分查找,是一种在有序数组中进行查找的算法。其基本思想为:在待查找表中,取中间元素作为比较对象,若待查关键码值与中间元素的关键码相等,则查找成功;若待查关键码值小于中间元素的关键码,则在中间元素的左半区继续查找;若待查关键码值大于中间元素的关键码,则在中间元素的右半区继续查找。不断重复上述查找过程,直到查找成功,或待查找表内无待查关键码值,查找失败。图 7.1 和图 7.2 分别呈现了查找成功和查找失败的例子。

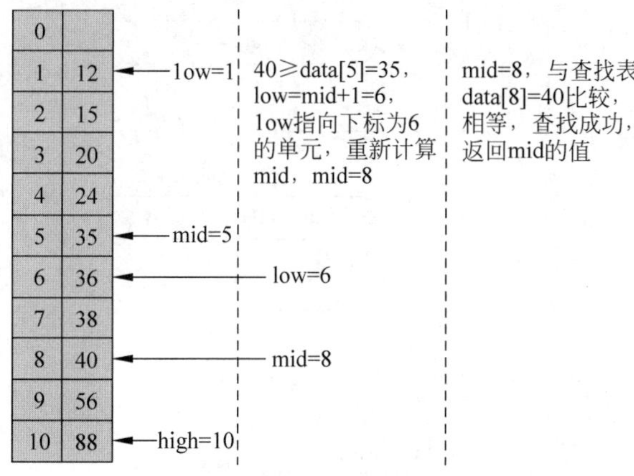

图 7.1 折半查找成功的过程(key=40)

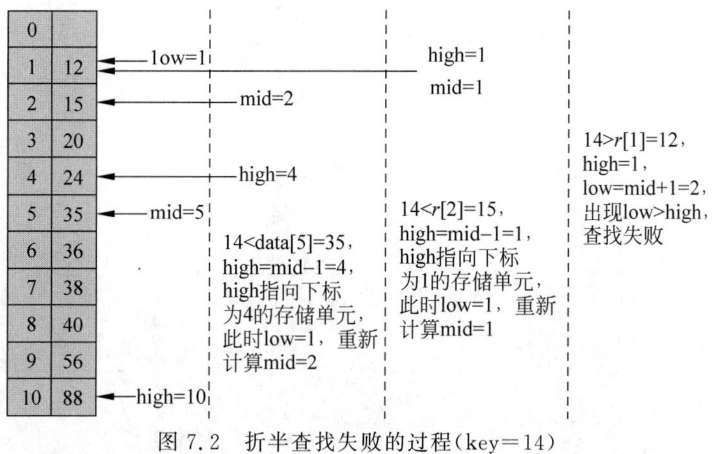

图 7.2 折半查找失败的过程(key=14)

要满足以上思路,表中的数据元素就必须有序,有序的含义指待查找表中的数据元素为升序排列。另外,待查找表必须为顺序存储结构。

折半查找非递归算法的活动图如图 7.3 所示。与 1.3 节中的算法相比,这里有两个小的改进。

(1) 取中值时使用 mid=start+(end-start)/2,当 end 和 start 比较大时可以避免直接相加引起的数据溢出。

(2) 最后判断 arr[mid]==key,这是因为多数判断结果会出现 arr[mid]>key 或者 arr[mid]<key,最后判断相等可以减少比较次数。

折半查找的递归和非递归算法 C++实现,见代码 7.3 和代码 7.4。

折半查找的过程可以用二叉树来描述,树中的每个结点对应有序表中的一个记录,结点的值为该记录在表中的位置。通常称描述折半查找过程的二叉树为折半查找判定树,简称判定树。包含 n 个结点的折半查找判定树的构造方法如下:

(1) 当 $n=0$ 时,折半查找判定树为空;

(2) 当 $n>0$ 时,折半查找判定树的根结点是有序表中序号为中间值 mid 的记录,根结点的左子树是与有序表 r[1]~r[mid-1]相对应的折半查找判定树,根结点的右子树是与 r[mid+1]~r[n]相对应的折半查找判定树。

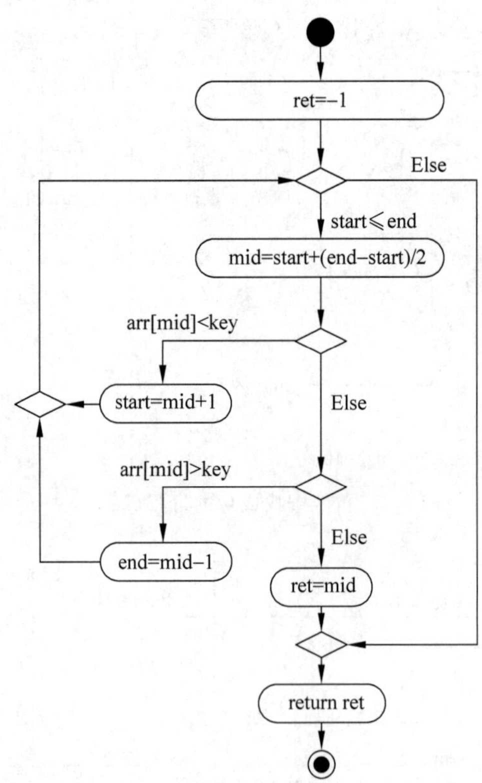

图 7.3 折半查找算法的活动图

代码 7.3　折半查找的 C++递归实现

```
int binary_Search1 (int arr[ ], int start, int end, int key)
{
    if (start > end)
        return  -1;                              //未搜索到数据返回 - 1
    int mid  =  start  +  (end  -  start) / 2;    //直接平均可能会溢出
    if (arr[mid] > key) return
        binary_search(arr,start, mid - 1, key);
    else if (arr[mid] < key) return
        binary_search(arr,mid + 1, end, key);
    else                                          //最后检测相等可以提高效率
        return mid;
}
```

代码 7.4　折半查找的 C++非递归实现

```
int binary_Search( int arr[ ], int start, int end, int key)
{
    int ret  =  -1;                           //未搜索到数据返回 - 1
    int mid;
    while (start < =  end) {
        mid  =  start  +  (end  -  start) / 2; //直接平均可能会溢出
        if (arr[mid] < key)
            start  =  mid  +  1;
        else if (arr[mid] > key)
            end  =  mid  -  1;
        else {                                //最后检测相等可以提高效率
            ret  =  mid;
            break;
        }
    }
    return ret;                               //单一出口
}
```

计算可得,折半查找判定树的深度为$\lfloor \log_2 n \rfloor+1$。在表中查找任一记录的过程,即是折半查找判定树中从根结点到该记录结点的路径,和给定值的比较次数等于该记录结点在树中的层数。如果查找不成功,查找的过程就是走了一条从根结点到外部结点的路径,和给定值进行的关键码的比较次数等于该路径上内部结点的个数。

7.3　树表的查找技术

7.3.1　二叉排序树

1. 二叉排序树定义

二叉排序树(binary sort tree)或者是一棵空树,或者是具有下列性质的二叉树:

(1) 若左子树不为空,则左子树上所有结点的值均小于其根结点的值;若右子树不为空,则右子树上所有结点的值均大于其根结点的值;

(2) 左右子树也都是二叉排序树。

以图 7.4 的二叉排序树为例,进行中序遍历,得到了一个按关键码升序序列(8,10,12,17,21,25,27,38)。因此可知,一个无序序列可通过构造一棵二叉排序树成为有序序列。

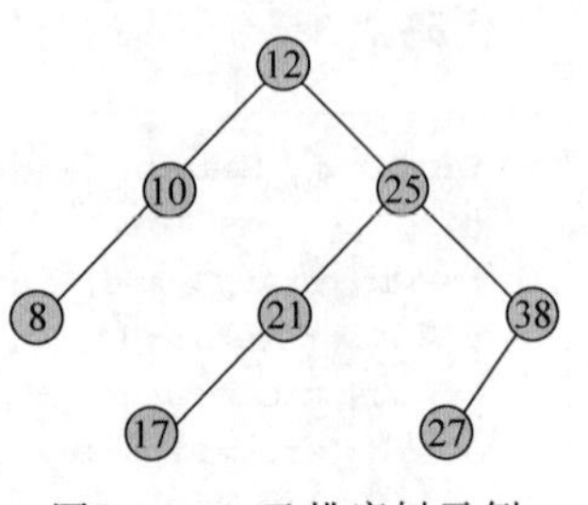

图 7.4　二叉排序树示例

2. 二叉排序树的查找

从二叉排序树的定义可知,查找过程如下:

(1) 若二叉排序树为空,查找失败;

(2) 二叉排序树非空,将待查关键码值 key 与它的根结点关键码值进行比较;

(3) 若相等,查找成功,结束查找过程,否则跳转步骤(4);

(4) 当 key 小于根结点的关键码值时,则在以它的左孩子为根的子树上继续进行查找,跳转步骤(3),当 key 大于根结点的关键码值时,则在以它的右孩子为根的子树上继续进行查找,跳转步骤(3)。

通常以二叉链表作为二叉排序树的存储结构,则查找过程算法程序描述见代码 7.5。

代码 7.5　二叉排序树的查找

```
BNode * BSortTree::searchItem(BNode * bt, int key)
{
    if (bt == NULL) return nullPtr;                    // 未搜索到数据返回 - 1
    if (bt -> data == key) return bt;
    else if (bt -> data > key)
        return searchItem (bt -> lchild, key);
    else
        return searchItem (bt -> rchild, key);
}
```

对给定序列建立二叉排序树,若左右子树均匀分布,则其查找过程类似于有序表的折半查找。但若给定序列原本有序,则建立的二叉排序树就蜕化为单链表,其查找效率同顺序查找一样。因此,对均匀的二叉排序树进行插入或删除操作后,应对其调整,尽可能使其左右子树保持均匀。

3. 二叉排序树的插入

二叉排序树的插入过程如下:首先根据二叉树性质判断被插结点的双亲结点的位置以及是其双亲结点的左孩子还是右孩子,其次修改其双亲结点对应的孩子域,将该被插结点作为叶子结点插入。若二叉树为空,则首先生成一棵只有根结点的二叉树。由二叉树的构造过程可知,非空二叉树新插入的结点均为叶子结点。二叉排序树的插入算法示例见代码 7.6。

代码 7.6　二叉排序树的插入

```
BNode * BSortTree::insertBST(BNode * bt, int x)
{
    if (bt == nullPtr)                                 //找到插入位置
    {
      BNode * s = new BNode;
```

```
      s->data = x;
      s->lchild = s->rchild = nullPtr;
      return s;
    }
    else if (bt ->data > x)
      bt->lchild = insertBST(bt->lchild, x);          //插入位置在左子树上
    else
      bt->rchild = insertBST(bt->rchild, x);          //插入位置在右子树上
    return bt;
}
```

4. 二叉排序树的构造

构造一棵二叉排序树其实是由空树逐个插入树结点的过程。通过循环调用二叉排序树的插入操作即可实现。

【例 7.1】 记录的关键码序列为(12,10,8,25,21,38,27,17),则构造一棵二叉排序树的过程如图 7.5 所示。

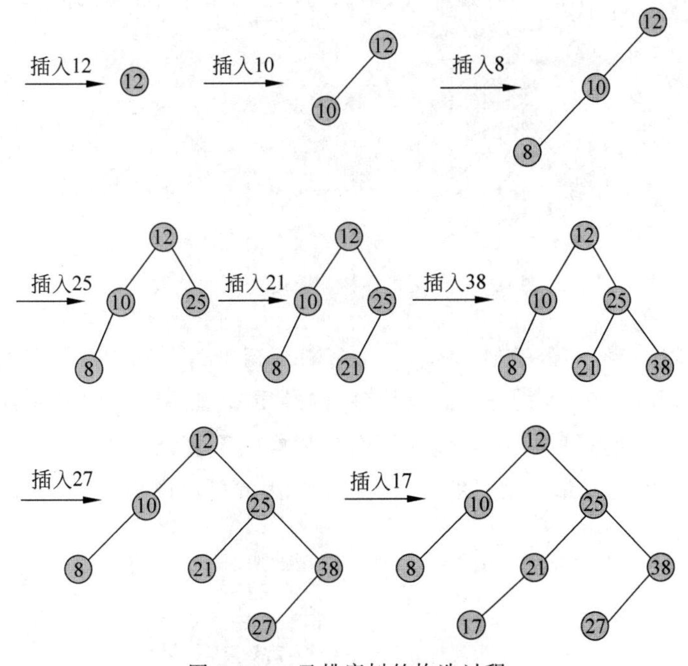

图 7.5　二叉排序树的构造过程

由二叉树的构造过程可知,非空二叉树新插入的点均为叶子结点。构造一棵二叉排序树的目的,并不是为了排序,而是为了提高查找和插入或删除关键码的速度。在一个有序数据集上的查找速度快于无序数据集的查找速度,而二叉排序树这种非线性结构,也有利于插入和删除的实现。

5. 二叉排序树的删除

从二叉排序树中删除任意结点的一个重要原则是,在删除任何结点之后,该二叉树仍然保持二叉排序树的特性。

设待删结点为 p(p 为指向待删结点的指针),其双亲结点为 f,以下分三种情况进行

讨论。

(1) 若待删除的结点为叶子结点,则可以直接删除。因为删除叶子结点后不影响整个二叉树的特性,所以,只要将被删结点的双亲结点相对应的孩子指针域改为空指针即可。如图 7.6 所示,删除关键码值为 27 的结点,该结点是叶子结点,所以直接删除即可。

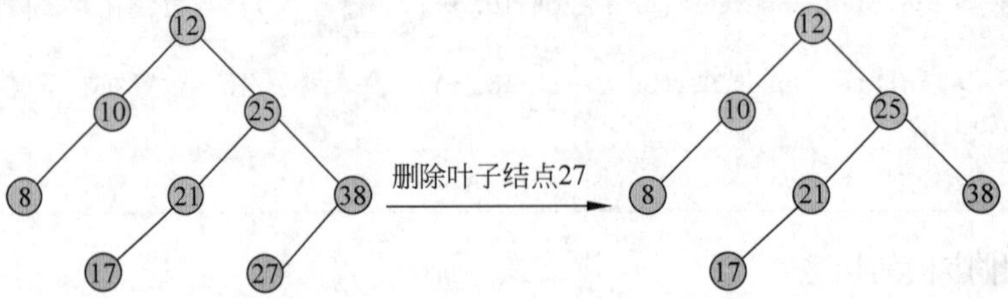

图 7.6　二叉排序树删除叶子结点

(2) 若待删除结点 p 的度为 1,即只有右子树 P_R 或只有左子树 P_L,此时,只需用 P_R 或 P_L 替换 f 结点的 P 子树即可。如图 7.7 所示,删除关键码值为 21 的结点,该结点只有一个左孩子(关键码值为 27 的结点),所以用该结点的左孩子替换该结点即可。

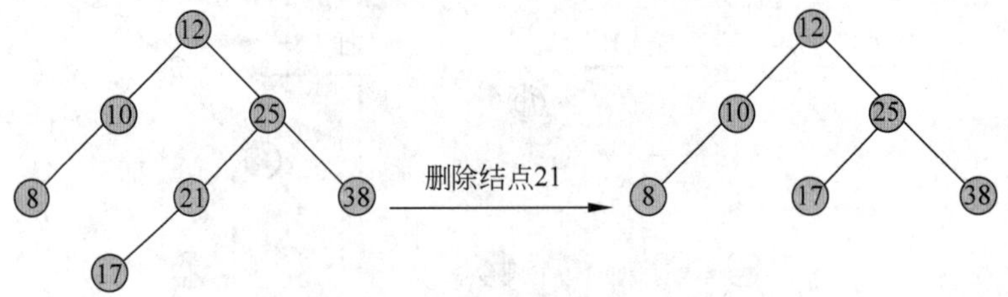

图 7.7　二叉排序树删除度为 1 的结点

(3) 若待删除结点 p 既有左子树 P_L 又有右子树 P_R,可知中序遍历的序列为 P_L,p,P_R,为了替换被删除结点 p 而保持二叉树有序的性质,可以用 P_L 中最大的结点替换 p,也可以用 P_R 中最小的结点替换 p,然后删除用来替换的重复结点即可。由于替换结点是 p 的左子树最大值或右子树最小值,度必然为 1 或 0,因此可以调用(2)或(1)中的方法删除该结点,如图 7.8 所示。

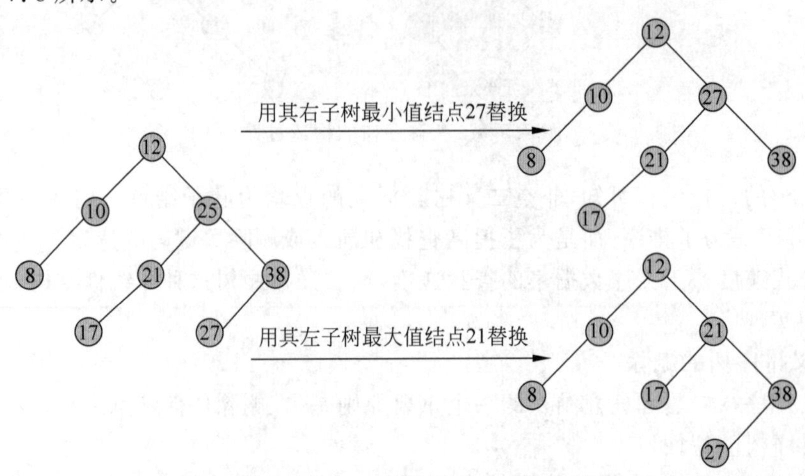

图 7.8　删除度为 2 的结点(结点 25)的两种处理方式

7.3.2 平衡二叉树

1. 平衡二叉树的概念

按给定的关键码序列建立二叉排序树后，若此二叉排序树的左右子树均匀分布，则其查找过程类似于有序待查找表的折半查找。但若给定关键码序列为有序序列，则建立的二叉排序树就会蜕化为一个单链表，其查找效率等同于顺序查找。因此，关键码分布不均匀的二叉排序树在插入一个新结点或删除一个原有结点后，应该对该二叉排序树进行相关调整，使其依然保持分布均匀。这个过程就称为二叉树排序树的平衡处理，这个过程形成的二叉排序树就称为平衡二叉树(AVL 树)。

平衡二叉树是一棵空树，或者是具有下列性质的二叉排序树：它的左子树和右子树都是平衡二叉树，且左子树和右子树深度之差的绝对值不超过 1。

判断二叉排序树是否平衡的标准就是二叉排序树中每个结点的左子树与右子树的高度之差是否超过 1。结点的左子树与右子树的高度之差称为结点的平衡因子。由平衡二叉树定义，所有结点的平衡因子只能取−1、0、1 三个值之一。

图 7.9 给出了两棵二叉排序树，图 7.9(a)的树中除了关键码值为 12 的根结点和关键码值为 21 的非终端结点外，树中每个结点左、右子树的高度差都不超过 1。若二叉排序树中存在这样的结点，其平衡因子的绝对值大于 1，这棵树就不是平衡二叉树。图 7.9(a)有两个这样的结点，不是平衡二叉树；图 7.9(b)是平衡二叉树。

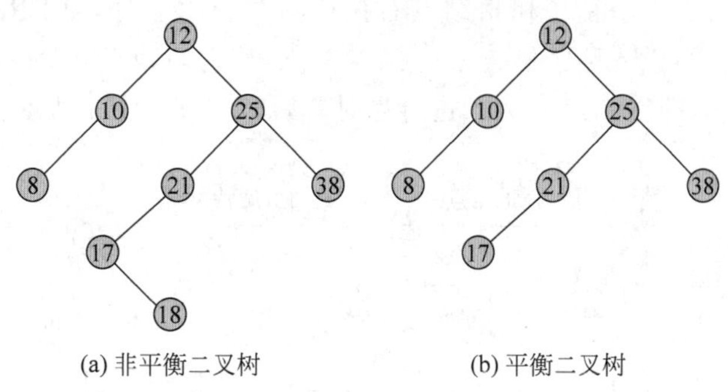

(a) 非平衡二叉树　　(b) 平衡二叉树

图 7.9　平衡树与非平衡树

2. 平衡二叉树的调整

在平衡二叉树上插入或删除结点后，可能使树失去平衡，因此，需要对失去平衡的二叉树进行平衡化调整。调整的对象是距离插入点最近的，且平衡因子绝对值大于 1 的结点为根的子树，称为最小不平衡子树。假设 A 结点为最小不平衡子树的根结点，依据插入位置的不同，该子树进行平衡化调整分为 LL 型、RR 型、LR 型和 RL 型这四种情况。

1) LL 型

当插入位置在最小不平衡子树根结点左孩子的左子树上时，为 LL 型调整。图 7.10(a)所示的子树是插入关键码值为 X 的结点之前的子树，数字为各结点的平衡因子，属于一棵平衡二叉树。其中，结点 B 为结点 A 的左子树的根，B_L 和 B_R 分别为结点 B 的左、右子树，A_R、B_R、B_L 三棵子树的高均为 h。图 7.10(b)为关键码值为 X 的结点插入在结点 B 的左子树 B_L 上时二叉树的状态，这次插入导致结点 A 的平衡因子绝对值大于 1，结点 A 失去平衡,而结点 A 也是距离插入点最近的不平衡结点,从而调整围绕结点 A 展开。

调整后的子树中各结点的平衡因子绝对值不超过 1,同时必须是二叉排序树。根据各结点的大小关系可知,结点 B 的右子树 B_R 亦可作为结点 A 的左子树。因此,可将结点 B 作为新的根结点,将 B_R 调整为结点 A 的左子树,而结点 B 的左子树仍保持结点 B 的左子树,如图 7.10(c)所示。

沿插入路径检查三个点 A、B、X,若它们处于"/"直线上的同一个方向,则要做顺时针旋转处理,即以结点 B 为轴顺时针旋转。

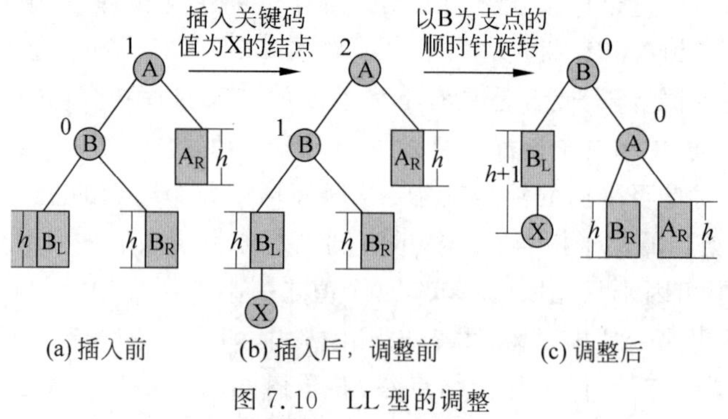

图 7.10　LL 型的调整

2) RR 型

当插入位置在最小不平衡子树根结点右孩子的右子树上时,为 RR 型调整。RR 型与 LL 型调整恰好相反,沿插入路径检查三个点 A、B、X,若它们处于"\"直线上的同一个方向,则做逆时针旋转处理,即以结点 B 为轴进行逆时针旋转,如图 7.11 所示。

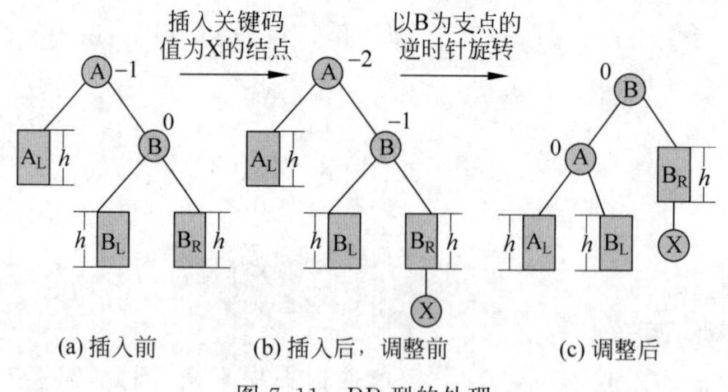

图 7.11　RR 型的处理

3) LR 型

当插入位置在最小不平衡子树根结点左孩子的右子树上时,为 LR 型调整。图 7.12(a)为插入后的子树,根结点 A 的左子树比右子树高度高 1,待插入结点 X 将插入到结点 B 的右子树上,并使结点 B 的右子树高度增 1,从而使结点 A 的平衡因子的绝对值大于 1,导致结点 A 为根的子树平衡被破坏。

沿插入路径检查三个点 A、B、C,若它们呈之字形,需要进行先逆后顺的两次旋转:

(1) 对结点 B 为根的子树,以结点 C 为轴,向左进行逆时针旋转,结点 C 成为该子树的新根,如图 7.12(b)所示;

(2) 第一次旋转完成后，待插入结点 X 相当于插入到结点 B 为根的子树上，这样 A、C、B 三点处于“/”直线上的同一个方向，则要做顺时针旋转处理，即以结点 C 为轴顺时针旋转，如图 7.12(c)所示。

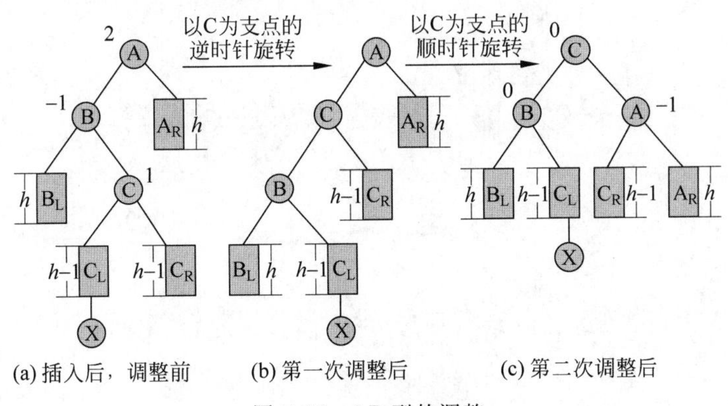

图 7.12 LR 型的调整

4) RL 型

当插入位置在最小不平衡子树根结点右孩子的左子树上时，为 RL 型调整。RL 型和 LR 型的调整处理正好相反，需要进行先顺后逆的两次旋转：对结点 B 为根的子树，以结点 C 为轴，向右进行顺时针旋转，结点 C 成为该子树的新根；第一次旋转完成后，A、C、B 三点处于“\”直线上的同一个方向，则要做逆时针旋转处理，即以结点 C 为轴逆时针旋转，如图 7.13 所示。

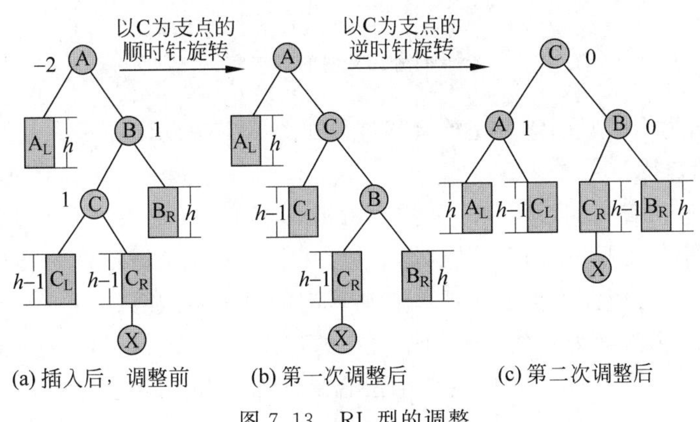

图 7.13 RL 型的调整

【例 7.2】 已知插入关键码序列(12,10,8,25,38,21,17,18)，构造一棵二叉平衡树。

解：如图 7.14 所示。

【例 7.3】 已知长度为 12 的表(Jan,Feb,Mar,Apr,May,June,July,Aug,Sep,Oct,Nov,Dec)，按表中顺序构造平衡二叉树。

解：根据题意，对(Jan,Feb,Mar,Apr,May,June,July,Aug,Sep,Oct,Nov,Dec)按字母顺序比较元素的大小，得到 Apr＜Aug＜Dec＜Feb＜Jan＜July＜June＜Mar＜May＜Nov＜Oct＜Sep。按题目顺序依次插入各个结点，当插入 Aug 时，出现第一次不平衡，为 LR 型调整。调整后继续插入结点，到 Oct 时出现第二次不平衡，为 RL 型调整。调整后继续插入

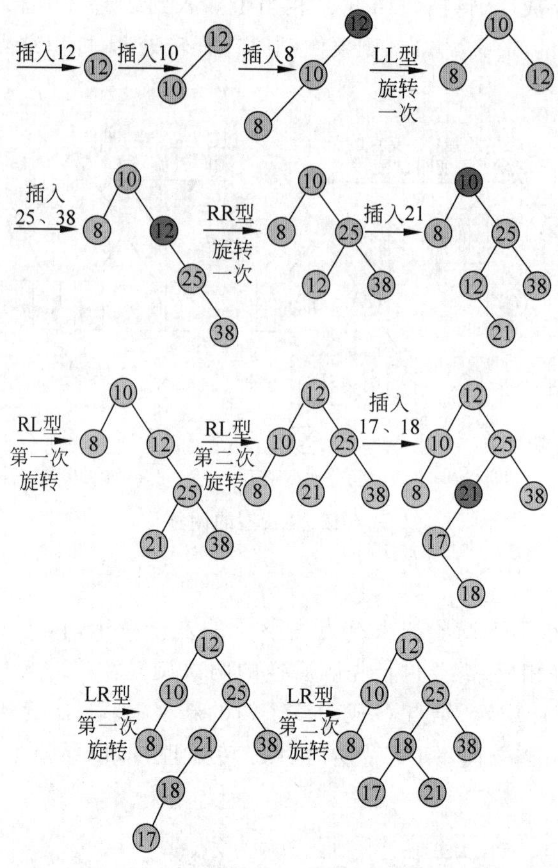

图 7.14 平衡二叉树的构造实例(1)

Nov 出现不平衡,为 RR 型调整。完整调整过程如图 7.15 所示。

3. 平衡树的查找

在平衡树上进行查找的过程和二叉排序树相同,因此,在查找过程中和待查关键码值进行比较的关键码个数不超过平衡树的深度。那么,含有 n 个关键码的平衡树的最大深度是多少呢?因此,需要分析深度为 h 的平衡树所具有的最少结点数。

假设以 N_h 表示深度为 h 的平衡树中含有的最少结点数。显然,$N_0=0, N_1=1, N_2=2$,并且 $N_h=N_{h-1}+N_{h-2}+1$。利用归纳法容易证明:当 $h\geqslant 0$ 时,$N_h=F_{h+2}-1$,F_h 为 Fibonacci 序列的各项 $0,1,1,2,3,5,8,13,\cdots$,$F_h\approx\varphi^h/\sqrt{5}\left(其中\ \varphi=\frac{1+\sqrt{5}}{2}\right)$,$N_h\approx\varphi^{h+2}/\sqrt{5}-1$。

那么,含有 n 个结点的平衡树的最大深度为

$$\log_{\varphi}(\sqrt{5}\cdot(n+1))-2$$

因此,在平衡树上进行查找的时间复杂度为 $O(\log_2 n)$。

上述对二叉排序树和二叉平衡树的查找性能的讨论都是在等概率的前提下进行的。

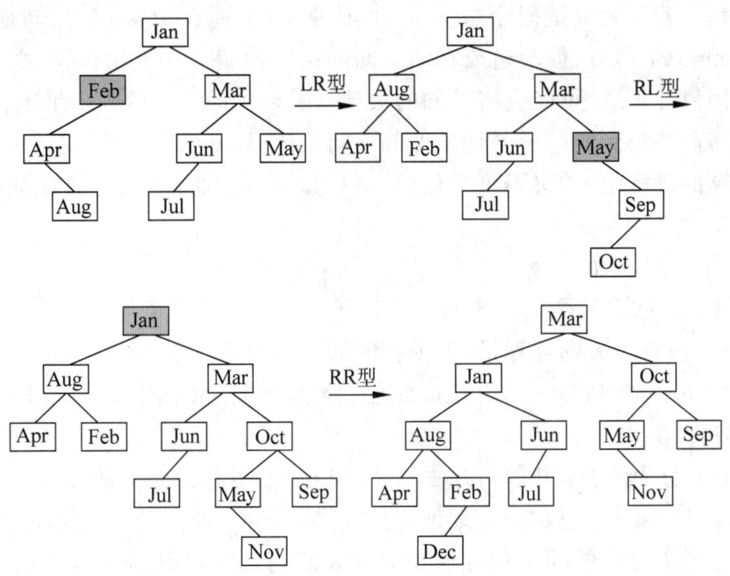

图 7.15 平衡二叉树的构造实例(2)

7.4 散 列 表

7.4.1 散列表的概念

前几节所讨论的查找方法,都需要对关键码序列进行比较,即"查找"是建立在比较关键码序列的基础上的,查找效率则由比较后缩小的查找范围来决定。如果关键码序列中关键码的存储位置与关键码之间存在确定的关系,查找时,就可以依据关键码直接得到存储位置,即关键码与存储地址间存在一一对应关系,通过这个关系,就能快速得到关键码对应的存储地址。可以选取某个函数,依据此函数按关键码序列中的每一个关键码计算存储位置,并按地址存放在同一个待查找表中;查找时,由该函数对待查关键码值 key 计算地址,将待查关键码 key 与存储地址中的关键码进行比较,来确定查找是否成功,这就是散列方法;散列方法中使用的计算函数称为散列函数(杂凑函数);按散列函数构造的待查找表称为散列表(hash table),也音译为哈希表。

【例 7.4】 关键码集合分别为(36,4,18,17,16,34,20,21)。选取关键码与关键码位置间的函数为 H(key)=key mod 11。

首先,通过上面的散列函数对 8 个关键码建立待查找表如下:

地址	0	1	2	3	4	5	6	7	8	9	10
关键码		34		36	4	16	17	18		20	21

其次,查找时,使用散列函数计算待查关键码 key 的地址,然后将 key 与该地址的关键码进行比较,若相等,则查找成功。

对于有 n 个关键码的序列,如何设计关键码与存储地址一一对应的函数,是一个需要认真思考的问题。若最大关键码个数为 m,可分配 n(n 远大于 m)个存储地址,选取函数 H(key)=key mod m 即可,但会造成存储空间的巨大浪费。一般情况下,关键码序列的关键码经过散列函数计算后,可能会将不同的关键码映射到同一个散列地址上,这种现象称为冲突(collision),而映射到同一散列地址上的不同关键码 key 则称为同义词。在使用散列函数进行地址计算的过程中,冲突不可避免,只能尽量减少。所以,散列方法需要解决以下两个问题。

1) 如何设计散列函数

(1) 计算简单。散列函数的计算时间应该低于其他查找技术与关键字比较的时间。所以,散列函数不应该有很大的计算量,否则会降低查找效率。

(2) 地址均匀。函数值尽量均匀散布在地址空间,保证存储空间的有效利用并减少冲突。

2) 如何解决冲突

冲突解决技术分为两类:开散列方法[open hashing,也称为拉链法(separate chaining)]和闭散列方法[closed hashing,也称为开地址方法(open addressing)]。这两种方法的不同之处在于:开散列法把关键码的同义词存储在散列表的同义词表中,而闭散列法把发生冲突的关键码存储在同一个散列表中。

7.4.2 常用的散列函数

1. 直接定址法

$$H(key) = a \times key + b \quad (a、b \text{ 为常数})$$

利用关键码的线性函数值作为散列地址,这类函数是一一对应函数,不会产生冲突,但要求地址集合与关键码集合大小相同,不适用于关键码数量较大的集合。

【例 7.5】 关键码集合为(10,40,50,60,80,90),选取散列函数为 H(key)=key/10,则散列表如下:

地址	0	1	2	3	4	5	6	7	8	9
关键码		10			40	50	60		80	90

2. 平方取中法

先计算关键码的平方,然后根据可使用空间的大小,选取平方数的中间几位为哈希地址。

散列函数 H(key)取 key^2 的中间几位。这种方法的目的是通过取平方扩大差别,平方值的中间几位和散列地址的每一位都相关,则对不同的关键码得到的散列函数值不容易产生冲突,由此产生的散列地址也较为均匀。

3. 除留余数法

$$H(key) = key \bmod p \quad (p \text{ 是一个整数})$$

即将关键码除以 p 的余数作为散列地址。这个方法无须事先知道关键码的分布。使用除留余数法,选取合适的 p 尤其重要,假设散列表表长为 m,一般要求 $p \leqslant m$,且接近 m 或等于 m。p 一般选择质数,也可以是不包含小于 20 质因子的合数。

7.4.3 处理冲突的方法

1. 开放定址法

开放定址法是如果计算得到的散列地址已经存放了关键码，就是产生了冲突，需要继续计算下一个空的散列地址，只要散列表足够大，空的散列地址就能找到，找到后将关键码存入即可。开放地址法主要用于构造闭合散列表。开放定址法计算空的散列地址方法有很多，下面介绍三种。

1）线性探测法

$$H_i = (\mathrm{H}(\mathrm{key}) + d_i) \bmod m \quad (1 \leqslant i < m)$$

其中，H(key)为散列函数；m 为散列表长度；d_i 为增量序列 1,2,…,$m-1$，且 $d_i = i$。

【例 7.6】 关键码集合为{36,4,18,17,16,34,20,21,3}，散列函数 H(key)＝key mod 11，用线性探测法处理冲突，散列表表长 m 为 13，依次计算后建表如下：

地址	0	1	2	3	4	5	6	7	8	9	10	11	12
关键码		34		36	4	16	17	18	3	20	21		

计算过程如下：

H(36)＝36 mod 11＝3，H(4)＝4 mod 11＝4，H(18)＝18 mod 11＝7

H(17)＝17 mod 11＝6，H(16)＝16 mod 11＝5，H(34)＝34 mod 11＝1

H(20)＝20 mod 11＝9，H(21)＝21 mod 11＝10

36、4、18、17、16、34、20、21 依次由散列函数计算得到的散列地址（期间无冲突产生）直接存入相应地址；而 H(3)＝3 mod 11＝3，散列地址冲突，需寻找下一个空的散列地址；由 H1＝(H(3)＋1) mod 13＝4 仍然冲突，继续计算 H2＝(H(3)＋2) mod 13＝5 仍然冲突，再计算 H3＝(H(3)＋3) mod 13＝6，H4＝(H(3)＋4) mod 13＝7，直到 H5＝(H(3)＋5) mod 13＝8 找到空的散列地址，存入该地址中。

从上面的例子，可以得出线性探测法解决冲突会使第 i 个散列地址的同义词存入第 $i+1$ 个散列地址，本应存入第 $i+1$ 个散列地址的关键码变成了第 $i+2$ 个散列地址的同义词，因此，出现很多关键码在相邻的散列地址上"堆积"起来，大大降低查找效率。对此，可采用二次探测法，以改善"堆积"问题。

2）二次探测法

$$H_i = (\mathrm{H}(\mathrm{key}) + d_i) \bmod m$$

二次探测法的形式与线性探测法相同，但增量 d_i 的取值不同，d_i 为增量序列 1^2，$-1^2, 2^2, -2^2, \cdots, q^2, -q^2$，且 $q \leqslant \sqrt{m}$。

【例 7.7】 关键码集合为(36,4,18,17,16,34,20,21,3)，散列函数 H(key)＝key mod 11，用二次探测法处理冲突，散列表表长 m 为 13，用二次探测法处理冲突，建表如下：

地址	0	1	2	3	4	5	6	7	8	9	10	11	12
关键码		34	3	36	4	16	17	18		20	21		

36、4、18、17、16、34、20、21 依次由散列函数计算得到的散列地址(期间无冲突产生)直接存入;对关键码寻找空的散列地址,只有 3 这个关键码与例 7.6 不同。

H(3)=3,散列地址上冲突,由 $H1=(H(3)+1^2) \bmod 11=4$ 仍然冲突;$H2=(H(3)-1^2) \bmod 11=2$,找到空的散列地址,存入。

3) 双散列函数探测法

$$H_i=(\mathrm{H(key)}+i\times \mathrm{RH(key)}) \bmod m \quad (i=1,2,\cdots,m-1)$$

先用第一个函数 H(key)对关键码计算散列地址,一旦产生地址冲突,再用第二个函数 RH(key)确定移动的步长因子(类似线性探测和二次探测解决冲突中的 d_i),最后,通过步长因子序列由探测函数寻找空的散列地址。例如,H(key)$=A$ 时产生地址冲突,就计算 RH(key)$=B$,则探测的地址序列为 $H_1=(A+B) \bmod m$,$H_2=(A+2*B) \bmod m$,…,$H_{m-1}=(A+(m-1)*B) \bmod m$。

2. 链地址法

假设散列函数得到的散列地址域在区间$[0,m-1]$上,以每个散列地址作为一个指针,指向一个链,即分配指针数组建立 m 个空链表,即同义词表。由散列函数对关键码计算后,映射到同一散列地址 i 的同义词均加入到同一指向的链表中,这种解决冲突的方法叫链地址法。链地址法处理冲突,是对于给定的关键码序列中的每一个关键码 key 执行下述操作:

(1) 计算散列地址 $j=$H(key);

(2) 将 key 对应的记录插入到同义词表中。

【例 7.8】 关键码集合为(36,4,18,17,16,34,20,21,3),散列函数 H(key)=key mod 11,表长 $m=11$,用链地址法处理冲突,建表如图 7.16 所示。

3. 建立一个公共溢出区

闭合散列表解决冲突还有第三个方法,即设立一个公共的溢出区,如果在计算某个关键码的存储地址时产生冲突,则把该关键码存入到公共溢出区。假设散列函数产生的散列地址集为$[0,m-1]$,则分配两个表:基本表 BaseTable$[m]$和溢出表 OverTable$[k]$。基本表 BaseTable$[m]$中的每个地址只存放一个关键码,计算某个关键码时,若对应的散列地址在基本表上产生冲突,则该关键码存入溢出表 OverTable$[k]$中。查找时,对给定值 key 通过散列函数计算出散列地址为 i,先与基本表的 BaseTable $[i]$单元比较,若相等,查找成功;否则,再到溢出表 OverTable$[k]$中进行查找。

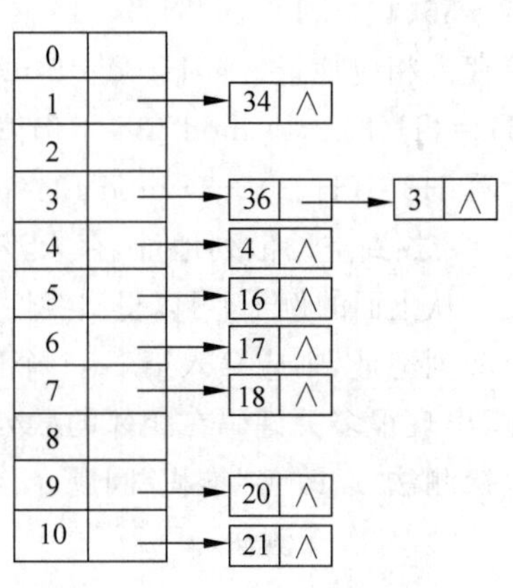

图 7.16 链地址法处理冲突

7.4.4 散列表的查找分析

散列表的查找过程和构造待查找表的过程基本相同。大部分关键码可通过散列函数计算的地址直接找到,少数关键码在散列函数计算的存储地址上产生了冲突,则按处理冲突的方法进行查找。在处理冲突的方法中,产生冲突后的查找仍然是待查关键码与散列表中已有关键码进行比较的过程。所以,对散列表查找效率的分析,依然用平均查找长度来衡量。

查找过程中,关键码的比较次数,取决于产生冲突的频度。产生冲突频次少,则查找效率就高，产生冲突频次多，则查找效率就低。因此，影响产生冲突多少的因素，也就是影响查找效率的因素。产生冲突与散列函数均匀程度、处理冲突的方法、散列表的装填因子这三个因素相关。

分析这三个因素，尽管散列函数的优劣直接影响冲突产生的频度，但一般情况下，总认为所选的散列函数是"均匀的"，因此，可以不考虑散列函数对平均查找长度的影响。从7.4.3节线性探测法和二次探测法处理冲突的例子看，相同的关键码集合、同样的散列函数，但在关键码查找等概率情况下，闭合散列表的平均查找长度却不同。例如在前面的例子中对最后一个关键码3的处理，线性探测法计算了6次，而二次探测法计算了3次，在两次处理冲突中，其他8个关键码都只计算了1次，故它们的平均查找长度不同。

线性探测法的平均查找长度：ASL＝(8×1＋1×6)/9＝14/9。

二次探测法的平均查找长度：ASL＝(8×1＋1×3)/9＝11/9。

影响产生冲突多少的因素还有散列表的装填因子，其表示为

$$\alpha=\frac{\text{填入表中关键码个数}}{\text{散列表长度}}$$

其中，α 是散列表装满程度的标志因子。由于表长是定值，α 与"填入表中的关键码个数"成正比，所以，α 越大，填入表中的关键码较多，产生冲突的可能性就越大；α 越小，填入表中的关键码较少，产生冲突的可能性就越小。

实际上，散列表的平均查找长度是装填因子 α 的函数，只是不同处理冲突的方法有不同的函数。几种不同处理冲突方法的平均查找长度如表7.1所示。

表7.1　不同处理冲突方法的平均查找长度

处理冲突的方法	查找成功时	查找不成功时
线性探测再散列	$\frac{1}{2}\left(1+\frac{1}{1-\alpha}\right)$	$\frac{1}{2}\left(1+\frac{1}{(1-\alpha)^2}\right)$
二次探测再散列	$-\frac{1}{\alpha}\ln(1-\alpha)$	$\frac{1}{1-\alpha}$
拉链法	$1+\frac{\alpha}{2}$	$\alpha+e^{-\alpha}$

7.5　B树

7.5.1　B树的概念与查找

B树(binary tree)是一种多路平衡查找树，能够保持数据的有序性，使数据的查找、插入、删除等操作都在对数时间内完成。B树在数据库和文件系统中使用广泛。

B树定义为一棵 m 阶的B树，或者为空树，或为满足下列特性的 m 叉树：

(1) 树中每个结点最多有 m 棵子树；

(2) 若根结点不是终端结点，则至少有两棵子树；

(3) 除根结点之外的所有非终端结点至少有 $\lceil m/2\rceil$ 棵子树；

(4) 有 n 个子结点的非终端结点拥有 $n-1$ 个关键码；

(5) 所有的叶子结点位于同一层。

B 树中的结点包含以下信息数据:$(n, p_0, K_1, p_1, K_2, \cdots, p_{n-1}, K_n, p_n)$,如图 7.17 所示。

其中,n 为关键码的个数,且$\lceil m/2 \rceil - 1 \leqslant n \leqslant m-1$; $K_i(1 \leqslant i \leqslant n)$为关键码,且 $K_i < K_{i+1}$; $p_i(0 \leqslant i \leqslant n)$为指向子树根结点的指针,且指针 p_i 所指子树中所有结点的关键码均小于 K_{i+1} 且大于 K_i。

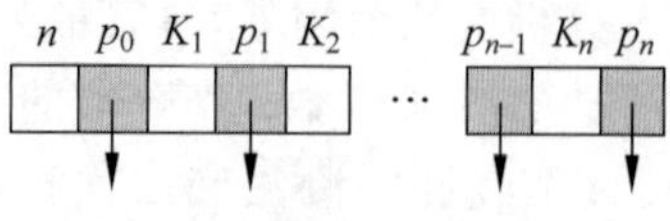

图 7.17　B 树的结点结构

B 树中的叶子结点定义有一定的争议。有的学者认为叶子结点是 B 树最下层的关键码,但也有学者认为叶子结点是最下层关键码的下面一层。本书采用后者,叶子结点代表了 B 树的外部结点或查找失败的结点,实际上指向叶子结点的指针域为空,叶子结点并不真实存在,仅表示查找失败时的落脚点,如图 7.18 所示。

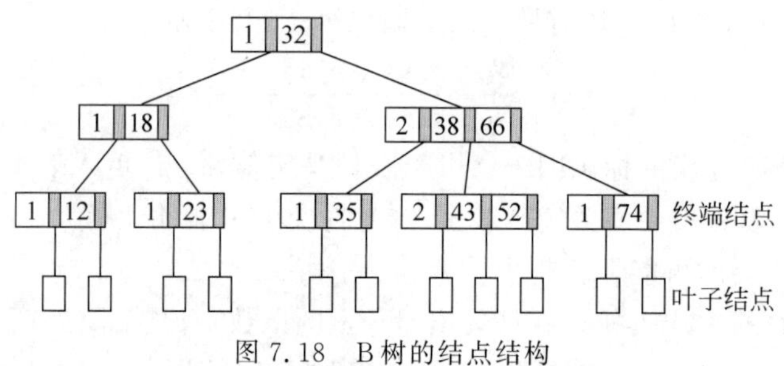

图 7.18　B 树的结点结构

根据 B 树的定义可知,在 m 阶 B 树中每个结点最多有 m 棵子树($m-1$ 个关键码),除根结点之外的所有非终端结点至少有$\lceil m/2 \rceil$棵子树;若根结点不是终端结点,则至少有两棵子树(即一个关键码),最多有 m 棵子树(即 $m-1$ 个关键码);m 阶 B 树中任何一个结点的左、右子树的高度都相等;B 树的每个结点上是多关键码的有序表。

B 树每个结点是多关键码的一个有序表,所以 B 树的查找与二叉排序树的查找类似,不同之处在于按待查关键码对某个结点进行查找时,等同于在一个有序表中进行查找。若找到,则查找成功;否则,需要在对应关键码的指针指向的子树结点中进行查找,若结点是叶子结点,则说明该 B 树中没有对应的关键码,查找失败。例如,在图 7.18 中查找关键码值为 43 的待查关键码时,首先,从根结点开始,根结点中关键码 32 小于 43,按根结点右指针域到结点(38,66)中查找,43 位于两个关键码(38,66)之间,于是沿着 38 和 66 之间的指针域找到结点(43,52),按顺序比较关键码,最后找到关键码 43。

可见,B 树的查找是在 B 树上找结点和在结点中找关键码的两个过程交叉进行的。一般情况下,B 树是存储在外存上的,在 B 树上找结点就是通过指针在磁盘进行定位,将结点的信息读入内存,之后,再对结点中关键码的有序表进行顺序查找或折半查找。而在磁盘上读取结点信息会比在内存中进行关键码查找耗时多,因此在磁盘上读取结点信息的次数,即 B 树的层数是决定 B 树查找效率的关键因素。

假设,有 n 个关键码的 m 阶 B 树,最坏情况下高度可以达到多少?按二叉平衡树进行类似分析。首先,讨论 m 阶 B 树各层上的最少结点数。

由B树定义可知，第一层至少有1个结点；第二层至少有2个结点；由于除根结点外的每一个非终端结点至少有$\lceil m/2 \rceil$棵子树，则第三层至少有$2\times\lceil m/2 \rceil$个结点，依此类推，第$k+1$层至少有$2\times\lceil m/2 \rceil^{k-1}$个结点，而第$k+1$层为叶子结点。因此，若$m$阶B树有$n$个关键码，则叶子结点即查找不成功的结点为$n+1$，由此有：

$$n+1 \geqslant 2\cdot\lceil m/2 \rceil^{k+1} \Rightarrow k \leqslant \log_{\lceil \frac{m}{2} \rceil}\left(\frac{n+1}{2}\right)+1$$

即在具有n个关键码的B树上进行查找时，从根结点到关键码所在结点的路径上涉及的结点个数不超过k个。因此，B树能够实现查找和访问数据在对数时间内完成。

7.5.2 B树的插入、构造和删除

1. B树的插入

假定要在m阶B树中插入关键码k，关键码数目最大值为$m-1$。插入过程分为查找定位和分裂-提升两个阶段。首先查找插入关键码对应的终端结点p，如果该结点的关键码数目小于$m-1$，则直接插入即可；否则需要执行“分裂-提升”过程：将结点p根据中间值“分裂”成两个结点p_1和p_2，然后中间值提升到父结点，中间值的左指针指向p_1，右指针指向p_2。若父结点的关键码数溢出(超过$m-1$)，则继续向根部“分裂-提升”，导致树的高度增加一层。

从上面的过程可以看出，关键码的插入实际是在B树最底层的某个非终端结点中插入一个关键码，若该结点上已有关键码个数小于$m-1$个，则可通过比较该结点各个关键码的值而插入到该结点中的合适位置上；若该结点上已有关键码个数等于$m-1$个，则插入后该结点上关键码个数会达到m个，使该结点的子树超过m棵，从而与B树定义不符。所以该结点必须进行调整，即结点的“分裂”。将结点插入后的关键码分成三部分，使得前后两部分关键码分裂为两个结点，中间关键码提升到双亲结点，和双亲结点的关键码序列合并。由此可见，B树是实际上是从底向上生长的。

2. B树的构造

B树的构造就是逐一插入各个关键码的过程。

【例7.9】 设关键码序列为(12,10,25,8,21,38,17,27)，按照关键码序列输入依次创建3阶B树。3阶B树中最多有两个关键码。首先插入12,12为B树根结点的第一个关键码，再插入10,10和12同为根结点的关键码，且在根结点排在12之前，过程如图7.19所示(为简便，图中结点仅保留关键码信息)：

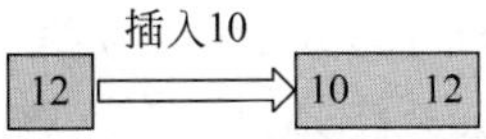

插入10

12 ⇒ 10 12

图7.19 B树构造过程(1)

再插入25时，结点中的关键码(10 12 25)个数超过3个，因此，根结点要产生分裂，分裂时结点中间位置关键码12分裂出一个新的根结点，如图7.20所示。

插入8时，首先和根结点中的结点(12)进行比较，比12小，沿着结点(12)的左链进入下一层结点中和10进行比较，这个结点插入之前只有一个关键码，则8和10同处于这个结点中，插入21的过程和插入8类似，只不过发生在根结点的右链结点中。插入8和21之后的3阶B树如图7.21所示。

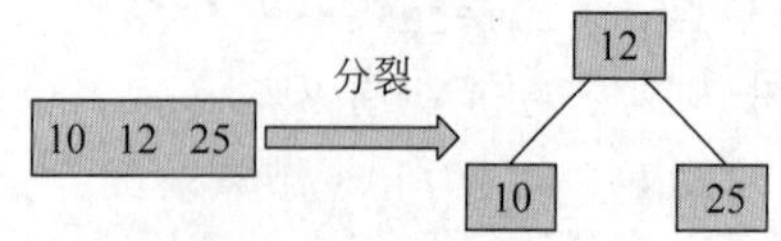

图 7.20　B 树构造过程(2)

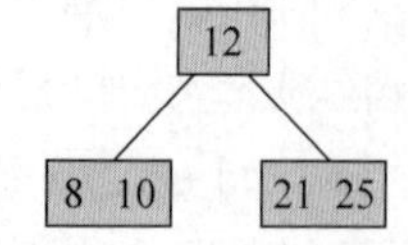

图 7.21　B 树构造过程(3)

继续插入 38,则需要插入在结点(21 25)中,此时因为结点关键码个数大于 3,则必然产生分裂,分裂时结点(21 25 38)中间位置关键码和它双亲结点的关键码 12 进行合并,根结点(12)变为(12 25),如图 7.22 所示。继续插入关键码 17、27,17 插入在结点(21)中,27 插入在结点(38)中,最后的 3 阶 B 树如图 7.23 所示。

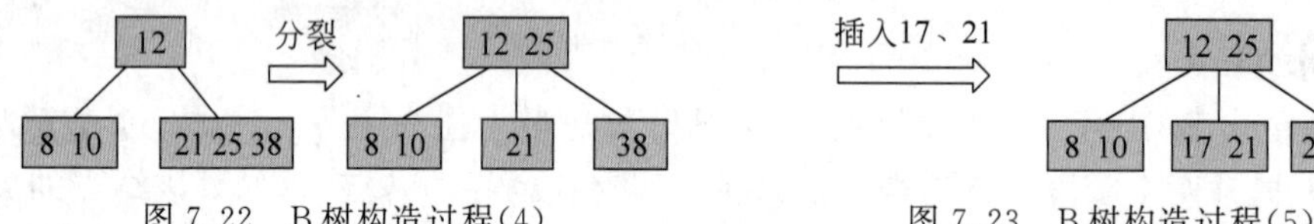

图 7.22　B 树构造过程(4)　　　　图 7.23　B 树构造过程(5)

3. 删除

设在 m 阶 B 树中删除关键码 key。首先要查找定位待删除关键码的位置。定位的结果是返回了 key 所在结点的指针 q,假定 key 是结点 q 中第 i 个关键码 k_i,具体分为以下几种情况:

(1) 若结点 q 不是终端结点,则用 p_i 所指的子树中的最小键值 x 来“替换”k_i,然后删除 x。由于 x 所在结点一定是终端结点,删除问题就归结为在终端结点中删除关键码;

(2) 如果终端结点中关键码的个数大于$\lceil m/2 \rceil-1$,则可直接删除该关键码。

【例 7.10】 在图 7.18 的 3 阶 B 树中,由结点关键码个数条件$\lceil m/2 \rceil-1 \leqslant n \leqslant m-1$ 可知,结点的关键码个数为 1 个或者 2 个。现要删除关键码 38,则用右子树最小值 43 替换,并删除原关键码 43,得到结果如图 7.24 所示。

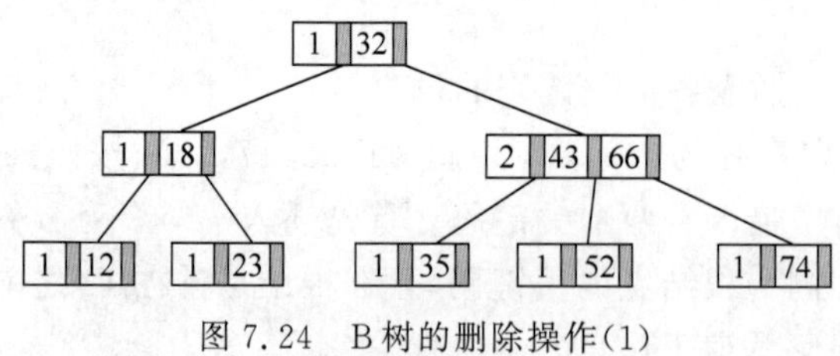

图 7.24　B 树的删除操作(1)

(3) 如果在终端结点中删除一个关键码后,关键码的个数不足最小值,则不符合 m 阶 B 树的要求,需要从兄弟结点借关键码或合并结点,以保证 B 树的特性,具体分为以下两种子情况:

① 兄弟结点的关键码个数大于$\lceil m/2 \rceil-1$,则从兄弟结点借一个关键码,借来的关键码上移到父结点,父结点相应的关键码下移到被删结点中。

【例 7.11】 在图 7.18 的 3 阶 B 树中删除关键码 32,则首先用右子树最小值 35 替换,再删除原关键码 35。此时,该终端结点只有一个关键码,删掉后不符合 B 树特性,而右兄弟结点(43,52)关键码个数大于$\lceil m/2 \rceil-1$,可以借关键码 43。按照规则,43 上移到父结点,父结点中对应的关键码 38 下移到被删结点,得到结果如图 7.25 所示。

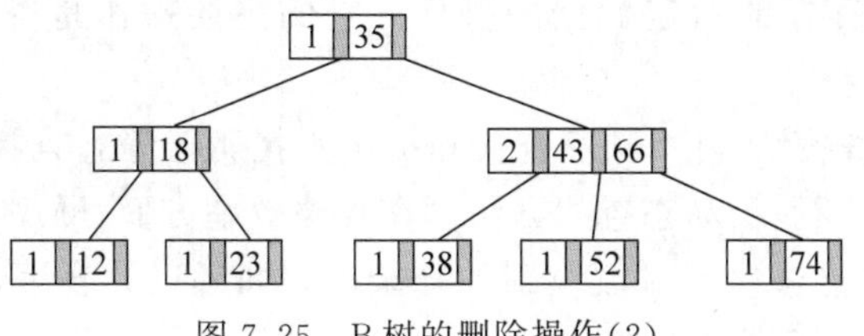

图 7.25　B 树的删除操作(2)

② 如果兄弟结点的关键码个数不大于$\lceil m/2 \rceil -1$，则将双亲结点相应关键码下沉并合并，合并过程可能一直上传到根结点，并使 B 树的树高减少一层。

【例 7.12】 在图 7.25 的 3 阶 B 树中继续删除关键码 38，由于兄弟结点关键码个数不够借，故需要将双亲结点对应关键码 43 下沉并与关键码 52 合并，得到结果如图 7.26 所示。

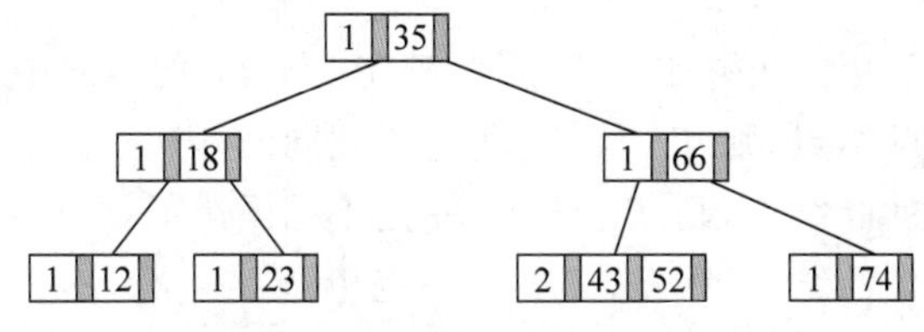

图 7.26　B 树的删除操作(3)

【例 7.13】 在图 7.26 的 3 阶 B 树中继续删除关键码 23，由于兄弟结点关键码个数不够借，故需要将双亲结点对应关键码 18 下沉并与关键码 12 合并，得到结果如图 7.27 所示。

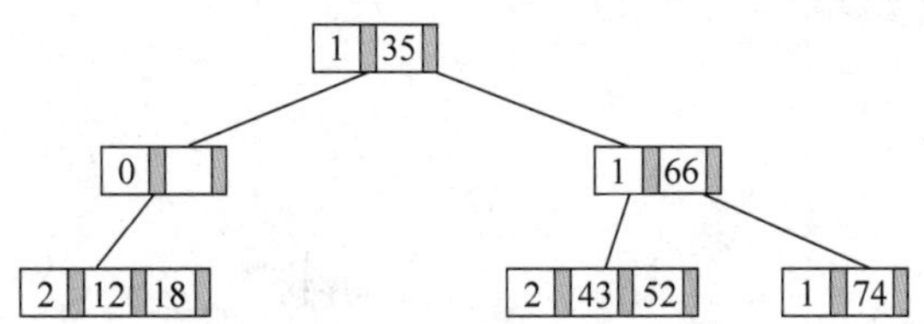

图 7.27　B 树的删除操作(4)

此时被删结点的双亲结点关键码个数为 0，不符合 3 阶 B 树的要求，合并过程需要向上一层传递，将 35 下沉并与 66 合并，得到结果如图 7.28 所示。

图 7.28　B 树的删除操作(5)

7.6　本 章 小 结

查找是根据给定数据元素的关键码，在查找表中寻找其关键码等于给定值的数据元素(或记录)。查找表按照操作方式分为静态查找表和动态查找表。静态查找表是只进行查找操作的查找表。它的主要操作是查询某个数据元素的关键码是否在查找表中存在或者查询待查数据元素的各种属性。动态查找表在查找过程中同时进行插入查找表中不存在的数据或者从查找表中删除存在的指定数据的操作。它的主要操作是查找时插入或删除数据元素。

本章涉及的几种查找结构中,顺序查找和折半查找属于静态查找方法,二叉排序树、二叉平衡树、散列表和B树属于动态查找方法。在算法效率方面,顺序查找效率较低,折半查找、二叉平衡树和B树能够达到对数级别的复杂度。如果设计合理,散列表能够达到常数级别的复杂度,是效率最高的查找算法。

本 章 习 题

一、选择题

1. 在任意一棵非空平衡二叉树(AVL树)T_1 中,删除某结点 v 之后形成平衡二叉树 T_2,再将 T_2 插入形成平衡二叉树 T_3。下列关于 T_1 与 T_3 的叙述中,正确的是(　　)。

Ⅰ. 若 v 是 T_1 的叶结点,则 T_1 与 T_3 可能不相同

Ⅱ. 若 v 不是 T_1 的叶结点,则 T_1 与 T_3 一定不相同

Ⅲ. 若 v 不是 T_1 的叶结点,则 T_1 与 T_3 一定相同

A. 仅Ⅰ　　B. 仅Ⅱ　　C. 仅Ⅰ、Ⅱ　　D. 仅Ⅰ、Ⅲ

2. 已知二叉排序树如图7.29所示,元素之间应满足的大小关系是(　　)。

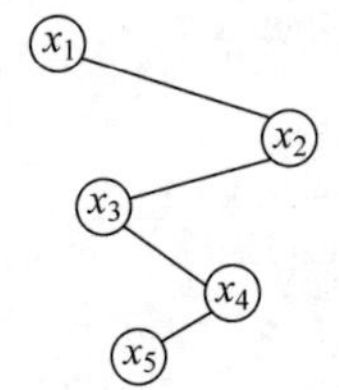

图7.29　二叉排序树

A. $x_1<x_2<x_5$　　B. $x_1<x_4<x_5$　　C. $x_3<x_5<x_4$　　D. $x_4<x_3<x_5$

3. 高度为5的3阶B树含有的关键字个数至少是(　　)。

A. 15　　B. 31　　C. 62　　D. 242

4. 假设顺序表含5个数据元素(a,b,c,d,e),它们的查找概率分别为(0.3,0.35,0.2,0.1,0.05),顺序查找时为使平均查找长度最小,表中数据的排列顺序应为(　　)。

A. (e,d,c,b,a)　　B. (b,a,c,d,e)　　C. (b,a,d,c,e)　　D. (a,b,e,c,d)

5. 下列叙述中,不符合 m 阶B树定义要求的是(　　)。

A. 根结点最多有 m 棵子树　　B. 所有叶结点都在同一层上

C. 各结点内关键字均升序或降序排列　　D. 叶结点之间通过指针链接

6. 已知一个长度为16的顺序表 L,其元素按关键字有序排列。若采用折半查找法查找一个 L 中不存在的元素,则关键字的比较次数最多是(　　)。

A. 4　　B. 5　　C. 6　　D. 7

7. 既希望较快地查找又便于线性表动态变化的查找方法是(　　)。

A. 顺序查找　　B. 折半查找

C. 索引顺序查找　　D. 散列法查找

8. 已知一棵深度为 k 的平衡二叉树，其每个非叶子结点的平衡因子均为 0，则该树共有结点总数为(　　)。

A. $2^{k-1}-1$　　B. $2^{k-1}+1$　　C. $2^{k}-1$　　D. $2^{k}+1$

9. 在一个顺序存储的有序表上进行二分查找时，既可用折半查找，又可用顺序查找，但前者比后者的查找速度(　　)。

A. 必定快　　B. 不一定快

C. 大部分情况下快　　D. 取决于表递增还是递减

10. 下面关于散列查找的说法正确的是(　　)。

A. 散列函数构造得越复杂越好，因为这样随机性好，冲突小

B. 除留余数法是所有散列函数中最好的

C. 不存在特别好与坏的散列函数，要视情况而定

D. 若需在散列表中删去一个元素，不管用何种方法解决冲突，都只要简单地将该元素删去即可

二、填空题

1. 在各种查找方法中，平均查找长度与结点个数 n 无关的查找方法是________。

2. 动态查找表和静态查找表的重要区别在于前者包含________和________这两种运算，而后者不包含这两种运算。

3. 顺序查找 n 个元素的顺序表，若查找成功，则比较关键字的次数最多为________；当使用监视哨时，若查找失败，则比较关键字的次数为________。

4. 折半查找要求数据元素________，存储方式采用________。

5. 已知有序表为(12,18,24,35,47,50,62,83,90,115,134)，当用二分法查找 90 时，需要________次查找成功，查找 47 时，需要________次查找成功，查找 100 时，需要________次才能确定不成功。

6. 线性表的查找方法中，适用于链式存储的查找方法是________。

7. 处理散列冲突的常用方法有________、________和________。

8. 一棵含有 15 个关键字的 4 阶 B 树，其非叶结点数最少不能少于________个，最多可以为________个。

9. 散列表用________确定记录的存储位置。

10. 已知 n 个关键字具有相同的散列函数值，并且采用线性探测再散列方法处理冲突，将这 n 个关键字散列到初始为空的地址空间中，一共发生了________次散列冲突。

11. 在含有 n 个结点的二叉排序树中查找一个关键字，进行关键字比较次数的最大值是________。

三、应用题

1. 画出对长度为 18 的有序顺序表进行折半查找的判定树，并计算出在等概率时查找成功的平均查找长度以及查找失败时所需的最多的关键字比较次数。

2. 将关键字(7,8,30,11,18,9,14)散列存储在散列表中，散列表存储空间是一个从下标 0 开始的一维数组，散列函数 H(key)=(3×key) mod 7，处理冲突采用线性探测再散列法，要求装填(载)因子为 0.7。要求：

(1) 画出所构造的散列表；

(2) 分别计算等概率情况下的查找成功和查找不成功的平均查找长度。

3. 设有一棵空的3阶B树，按以下次序插入关键字12、36、48、56、64、72、88，请画出该树的变化状态，再先后删除48和72，依次画出该B树的新变化状态。

4. 给定正整数序列(53,17,12,66,58,70,87,25,56,60)，完成以下各题：

(1) 按次序构造一棵二叉排序树，如何从该树得到一个有序序列？

(2) 删除结点66，画出树结构。

5. 试画出从空树开始由字符序列(t,d,e,s,u,g,b,j,a,k,r,i)构成的平衡二叉树，并为每一次平衡处理指出调整类型。

四、算法设计题

1. 利用二叉树遍历思想设计算法，判断一棵二叉树是否为平衡二叉树。如果是平衡二叉树，则返回true，否则，返回false。二叉树采用二叉链表存储表示。

2. 已知顺序表中有m个记录，表中记录不依关键字有序排列，编写算法，为该顺序表建立一个有序的索引表，索引表中的每一项包含所记录的关键字和该记录在顺序表中的序号，要求算法的时间复杂度在最好的情况下能达到$O(m)$。

3. 按递增次序输出二叉排序树中所有大于x的结点数据。

扩展阅读：启发式搜索算法

现如今，计算机被用来解决复杂的问题。计算机科学的两大基础目标就是发现可证明其运行效率良好且可得最优解或次优解的算法。从本质上讲，这个过程也属于查找，即在一定的约束条件下搜索最优解。

过去人们针对这两大目标发明了许多算法，这些算法被严格证明能够得到问题的最优解或精确解，并且要求时间和空间复杂度是可接受的。随着时代的发展，现代问题变得越来越复杂，并且与大型数据集的分析有关。即使一个精确的算法可以被开发出来，它的时间或空间复杂度可能会被证明是不可接受的。

1956年达特茅斯会议上，人工智能正式诞生，计算机科学开始掀起新的浪潮。在人工智能中，启发式算法毫无疑问是重要的核心内容。明斯基是第一个在搜索一个大的问题空间的上下文中使用“启发式”这个词的人。在谈到国际象棋时，香农曾估计它在搜索树中有10^{120}条路径，明斯基认为：“我们需要找到一些技术，通过这些技术，不完全分析的结果能够提高搜索效率。”1965年，纽厄尔和西蒙引入了“启发式搜索”的概念，虽然它本身只是一种尝试，试图阐明许多早期人工智能程序的共同点，但是在20世纪60年代后，“启发式”逐渐开始作为“启发式搜索”短语的一部分而存在。随着研究的深入，启发式算法的含义逐渐变得清晰。

启发式算法使用一种经验法则、策略、方法或技巧，用于提高发现复杂问题找到解决方案的系统的效率，它在使用可以接受的时间和空间内尽可能逼近最优解，给出一个相对优解，这在现实中是比较实际的。例如，它常能发现很不错的解，但也没办法证明它不会得到较坏的解；它通常可在合理时间解出答案，但也没办法知道它是否每次都能以这样的速度求解。

许多启发式算法是相当特殊的，依赖于某个特定问题。启发式搜索在寻找最优解的过程中能够根据个体或者全局的经验来改变其搜索路径，当寻求问题的最优解变得不可能或者很难完成时，例如NP完全问题，启发式搜索就是一个高效的获得可行解的办法。A^*搜索算法是一种经典的启发式搜索算法，在一棵搜索树上定义函数 $g(n)$ 表示从根结点到当前结点的实际代价，$h(n)$ 表示从当前结点到目标结点的代价估计。A^* 搜索算法会为 $g(n)+h(n)$ 选择代价最小的结点，如果 $h(n)$ 不超过当前结点到目标结点的实际距离，那么 A^* 搜索算法一定能得到最优解。这里面的 $h(n)$ 就是启发式搜索中的"启发"函数。

有一类通用启发式算法称为元启发式算法，通常使用随机数搜索技巧。它们一般不依赖于某种问题的特定条件，可以应用在非常广泛的问题上，但不能保证效率。现代启发式搜索算法主要有：模拟退火算法、遗传算法、搜索算法、进化规划、进化策略、蚁群算法、人工神经网络等。1983 年发明的模拟退火算法来源于热力学中固体退火原理，是一种基于概率的算法，它采用类似爬山法的方法，克服了爬山法容易陷入局部解的缺点。20 世纪 50 年代中叶，仿生学的创立让许多科学家开始从生物中寻找解决人造系统问题的灵感。遗传算法就是根据大自然中生物体进化规律而设计提出的。它模拟了达尔文生物进化论的自然选择和遗传学机制的生物进化过程的计算模型，是一种通过模拟自然进化过程搜索最优解的方法。1992 年提出的蚁群算法则是从蚂蚁觅食行为中获得的灵感。人们发现单个蚂蚁的行为比较单纯，但是蚁群整体却表现出了一些智能的行为。例如蚁群可以在不同的环境下，寻找最短到达食物源的路径。这是因为蚁群内的蚂蚁可以通过在其经过的路径上释放和感知"信息素"来传递信息，蚂蚁们会沿着"信息素"浓度较高路径行走，而每只蚂蚁都会在路上留下"信息素"，这样就形成一种类似正反馈的机制，经过一段时间后，整个蚁群自然而然地就会沿着最短路径到达食物源了。

近年来随着智能计算领域的发展，在经典启发式算法的基础上出现了一类被称为超启发式算法的新启发式算法。超启发式算法提供了某种高层策略，通过操纵或管理一组低层启发式算法，以获得新启发式算法。这些新启发式算法则被运用于求解各类 NP 难问题。由于超启发式算法的研究尚处于起步阶段，对于现有的各种超启发式算法，学术界尚未对分类方法达成一致。可以按照高层策略的机制不同，把现有超启发式算法大致分为 4 类：基于随机选择、基于贪心策略、基于元启发式算法和基于学习的超启发式算法。

现代启发式算法的研究还处于不断发展中，新思想和新方法仍层出不穷，例如归纳整理分散的研究，建立统一的算法体系；利用现有的数学理论为启发式算法提供新的数学工具；对现有算法进行改进以及整合开发混合式算法等，启发式算法在理论和实践方面还大有可为。随着人工智能新一波热浪的到来，未来的启发式算法将迎来新的春天。

第8章 排 序

排序是数据处理经常进行的一种操作，其目的是将一组“无序”的记录序列按照其关键码值调整为“有序”的记录序列。在大数据时代，工作、网购、旅行、居家生活都离不开排序。例如，操作系统的进程和线程调度时需要对各个进程和线程的优先级进行排序，订火车票时按出发时间排序，网购前按价格或销量进行排序，打完一场游戏按得分进行名次排序。

计算机科学发展到今天，已经有了成百上千种排序的算法。排序算法可以分为内部排序和外部排序，内部排序是数据记录在内存中进行排序，而外部排序由于排序的数据很大，一次不能容纳全部的排序记录，因此在排序过程中需要访问外存。同时，对排序算法的研究促进了文件处理技术的发展。

【学习重点】

◆ 各种排序算法的基本思想与排序过程；

◆ 各种排序算法的 C++ 实现；

◆ 各种排序算法的时间复杂度的分析；

◆ 各种排序算法之间的比较。

【学习难点】

◆ 快速排序、堆排序与归并排序的算法思想与 C++ 实现。

8.1 排序的基本概念

将杂乱无章、毫无规律的数据元素，按照一定的方法以其关键码顺序排列成升序或降序的过程叫作排序。

排序问题中，通常将数据元素称为记录(record)。唯一标识这个记录的数据域就称为关键码，例如，身份证中能唯一标识身份的信息——身份证号。

1. 待排序记录

从数据处理的角度看，排序是线性结构的一种操作，所以，存储待排序记录采用顺序存储结构或链接存储结构。为突出排序方法的这个主题，本章讨论的排序算法作如下约定：

(1) 数据序列的存储采用顺序存储结构；

(2) 假定关键码为整型，并且只记录关键码一个数据项，即采用一维整型数组实现，数组的长度为 $N+1$(原始关键码序列存储在以下标为 1 开始的数组中，下标为 0 的单元不用或作他用)；

(3) 默认的排序结果为升序(ascending order)，即将待排序的记录序列排序为升序序列，则降序为逆序排列。若待排序序列中记录的排列顺序与升序的顺序正好相反，称此记录序列为逆序(inverse order)或反序(anti-order)。

在排序过程中,将扫描待排序的记录序列一遍的过程称为一趟(pass)。在排序过程中,趟的含义能够更好地深刻理解并掌握排序方法的思想和过程。

2. 排序算法的稳定性

假定在待排序的记录序列中,存在多个具有相同关键码的记录,若经过排序,这些记录的相对次序保持不变。例如,在原序列中,若 49 在 49^* 之前,在排序后的序列中,49 仍在 49^* 之前,则称这种排序算法稳定(stable);否则称为不稳定(unstable)。

对于不稳定的排序算法,只要举出一个实例,即可说明它的不稳定性;对于稳定的排序算法,则需对算法进行分析而得到稳定的特性。

3. 排序的分类

一方面,根据在排序过程中待排序的所有记录的关键码序列是否全部置于内存中,可将排序方法分为内排序和外排序两大类。

内排序是指在排序的整个过程中,待排序的所有记录关键码序列全部被放置在内存中;外排序是指由于待排序记录关键码个数太多,不能同时放置在内存,而需要将一部分记录关键码序列置于内存,另一部分记录关键码置于外存,整个排序过程需要在内外存之间多次交换数据才能得到排序的结果。

另一方面,根据排序方法是否建立在待排序记录关键码比较的基础,可以将排序方法分为基于比较的排序和不基于比较的排序。基于比较的排序方法主要通过待排序记录关键码之间的比较和记录的移动这两种操作来实现,大致可分为插入排序、交换排序、选择排序、归并排序四类;不基于比较的排序方法是根据待排序记录关键码的特点所采取的其他方法,通常没有大量的待排序记录关键码之间的比较和记录的移动操作,例如基数排序。

4. 排序算法的性能

排序是计算机进行数据处理中常用的一种操作,属于处理系统的核心部分,因此排序算法时间开销是衡量其好坏的最重要的标志。对于基于比较的内排序,在排序过程中通常需要进行下列两种基本操作:①比较,即关键码之间的比较;②移动,即关键码从一个位置移动到另一个位置。所以,在待排序记录关键码个数确定的条件下,算法的执行时间主要消耗在关键码之间的比较和记录的移动上。所以,高效率的排序算法应有尽可能少的关键码比较次数和尽可能少的记录移动次数。

评价排序算法优劣的另一个标准是执行算法所需要的辅助存储空间。辅助存储空间是指在待排序记录的关键码个数确定的条件下,除了存放待排序记录的关键码占用的存储空间之外,执行算法所需要的其他存储空间。

另外,算法自身的复杂程度也是一个要考虑的因素。

8.2 插入排序

插入排序是一类借助“插入”进行排序的方法,其主要思想是:每次将一个待排序的记录按其关键码的大小插入到一个有序序列中,直到全部记录排好序。

8.2.1 直接插入排序

1. 算法思想

直接插入排序(insertion sort)是插入排序中最简单的排序方法,类似于玩纸牌时抓牌后整理手中纸牌的过程。其基本思想是:依次将待排序关键码序列中的每一个关键码插入一个已排好序的关键码序列中,直到全部关键码都排好序。每一趟插入的过程如例 8.1 所示。

【例 8.1】 向有序表(8,10,21,25)中插入记录 $r[5]$:

r[0]	r[1]	r[2]	r[3]	r[4]	r[5]
	8	10	21	25	17

初始化,待比较位置 $k=i-1$;设置哨兵 $r[0]=r[i]$,暂存待插入元素。

17	8	10	21	25 (↓k)	

$k=4$,由于 $r[0]<r[k]$,说明插入位置在 $r[k]$之前,则 $r[k]$后移 $r[k+1]=r[k]$,$k--$,继续比较前一元素。

17	8	10	21 (↓k)		25

$k=3$,$r[0]<r[k]$,继续后移元素。

17	8	10 (↓k)		21	25

$k=2$,此时满足 $r[0] \geq r[k]$,说明找到插入位置在 k 之后的空位,向空位填入插入记录 $r[k+1]=r[0]$,插入一个记录的过程结束。

17	8	10	17	21	25

2. 关键问题

在直接插入排序中,需解决的关键问题如下。

1) 如何构造初始的有序序列

在第一趟进行插入排序时假定初始有序序列只有一个记录的关键码。将第 1 个关键码看成是初始有序序列,然后从第 2 个记录的关键码起依次插入到有序序列中,直至将第 n 个记录插入。

2) 如何查找待插入关键码的插入位置

这相当于在一个有序序列中进行查找,在对第 i 个记录进行插入时,首先初始化待比较元素的下标 $k= i-1$,将待插入关键码保存在下标为 0 的单元。

3）直接插入排序中的排序过程

划分待排序记录的关键码序列为有序区和无序区，初始时有序区为待排序记录的第一个记录的关键码，无序区则为其他待排序记录关键码序列。

从无序关键码序列中取出1个关键码，把它插入到有序关键码序列中的合适位置，使有序关键码序列仍然有序，无序关键码序列减少一个关键码。重复上述过程，直到无序关键码序列没有关键码为止。

直接插入排序的C++实现见代码8.1。

代码 8.1 直接插入排序的C++实现

```
void insertSort (int r[], int length)
{
    for (i = 2; i < length; i++) {  //从第二个元素开始逐一插入
      r[0] = r[i];                  // 哨兵 r[0]
      k = i - 1;                    //设置 k 为初始插入位置
      while (r[0] < r[k]){        //待插关键码小于当前关键码,则继续向前寻找合适插入位置
          r[k + 1] = r[k];
          k--;
      }
      r[k + 1] = r[0] ;             //找到插入位置,插入
    }
}
```

3. 性能分析

1）时间复杂度

直接插入排序算法由两重循环嵌套组成，外层循环要执行 $n-1$ 次，内层循环的执行次数取决于在第 i 个记录的关键码前有多少个记录的关键码大于第 i 个记录的关键码。

在最好情况下，即待排序序列为正序时，每趟只需与有序区的最后一个关键码比较一次，移动两次关键码。总的比较次数为 $n-1$，关键码移动的次数为 $2(n-1)$，因此，时间复杂度为 $O(n)$。

在最坏情况下，即待排序序列为逆序时，每一趟的插入，都需要和有序区已有的关键码进行比较。例如在进行第 i 趟插入时，第 i 个关键码必须与前面 $i-1$ 个关键码以及哨兵做比较，而每比较一次就要做一次关键码的移动，则比较次数为 $\sum_{i=2}^{n} i = \frac{(n+2)(n-1)}{2}$，关键码的移动次数为 $\sum_{i=2}^{n}(i+1) = \frac{(n+4)(n-1)}{2}$，因此，时间复杂度为 $O(n^2)$。

在平均情况下，假定待排序序列中出现各种排列的概率相同，所以在插入第 i 个记录时平均需要比较有序区中全部关键码的一半，所以总的比较次数为 $\sum_{i=2}^{n} \frac{i}{2} = \frac{(n+2)(n-1)}{4}$，移动次数 $\sum_{i=2}^{n} \frac{(i+1)}{2} = \frac{(n+4)(n-1)}{4}$。所以，直接插入排序算法的时间复杂度为 $O(n^2)$。

2）空间复杂度

直接插入排序只需要一个关键码的辅助空间，用来作为待插入关键码的暂存单元和查

找关键码的插入位置过程中的“哨兵”。

4. 算法评价

直接插入排序是一种稳定的排序方法。

直接插入排序算法思想简单、容易实现,当关键码序列基本有序或待排序关键码较少时,它效率很高,几乎是最佳的排序方法。但是,当待排序关键码个数较多时,大量的比较和移动操作会使得直接插入排序算法的效率降低。

8.2.2 希尔排序

直接插入排序算法在两种条件下具有很高的效率,一是若待排序关键码序列基本有序时,二是若待排序关键码个数较少时。插入排序每次只能将数据移动一位,导致移动的次数较多。因此,直接插入排序还有进一步改进的空间,Donald Shell 于 1959 年提出了直接插入算法的改进算法——希尔排序(Shell's sort)。

1. 算法思想

希尔排序也称为递减增量排序算法,其基本思想是:假设待排序关键码序列有 n 个元素,首先取整数 $d(d<n)$ 作为增量,将全部待排序关键码分为 d 个子序列,所有间隔为 d 的关键码放在同一个子序列中,然后在每一个子序列中分别进行直接插入排序。完成之后,缩小间隔 d,例如取 $d=\left\lceil \frac{d}{2} \right\rceil$。重复上述的子序列划分和直接插入排序工作,直至最后 $d=1$,将所有待排序关键码放在同一个序列中排序为止。

下面介绍一个希尔排序的例子,如例 8.2 所示。

【例 8.2】 假设待排序的记录为 8 个,关键字为 12、10、25、8、21、25*、17、27。具体的排序过程是:先取整数 $d=4$,将所有相距为 d 的记录构成一组,从而将整个待排序记录序列分割成为 d 个子序列。

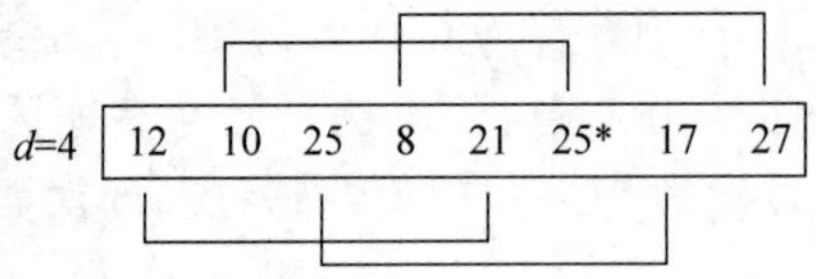

分割得到的 4 个子序列为(12,21),(10,25*),(25,17),(8,27)。分别对子序列进行直接插入排序后得到第 1 趟排序结果:12 10 17 8 21 25* 25 27。

在第 1 趟排序的基础上,缩小间隔 d,取 $d=2$,再进行第 2 趟希尔排序,得到:

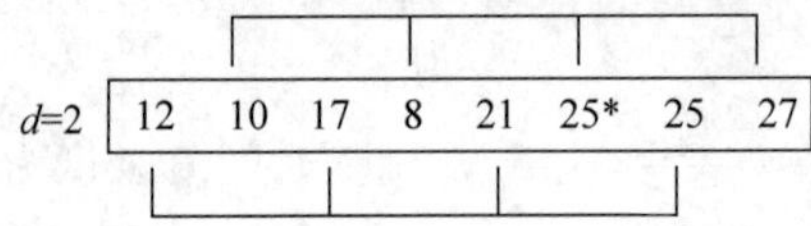

分割得到的 2 个子序列分别为(12,17,21,25),(10,8,25*,27)。分别对子序列进行直接插入排序后得到第 2 趟排序结果:12 8 17 10 21 25* 25 27。

此时,序列基本“有序”,继续缩小增量 $d=1$,此时只有一个子序列,进行直接插入排序,即可得到最终结果:

d=1	8	10	12	17	21	25*	25	27

2. 关键问题

在希尔排序中，需解决的关键问题是：

1）如何分割待排序记录，才能确保整个待排序序列向基本有序发展

希尔排序实际上是一种分组排序方法。先取一个小于 n 的整数 d_1 作为第一个增量，把文件的全部记录分组。所有间隔为 d_1 的记录放在同一个组中。先在各组内进行直接插入排序；然后，取第二个增量 $d_2<d_1$ 继续进行分组。当增量为 1 时，算法变为普通插入排序，这保证了数据一定会被排序。

增量的选择是希尔排序的重要部分，只要最终增量为 1，任何增量序列都可以工作。Donald Shell 最初建议步长选择为 $d_1=\frac{n}{2}$，并且 $d_i=\frac{d_{i-1}}{2}$，直到步长达到 1。这样取优于插入排序的 $O(n^2)$，但仍然有减少平均时间和最差时间的余地。

2）子序列内如何进行直接插入排序

在整个序列中，前 d 个记录分别是 d 个子序列中的第一个记录，所以从第 $d+1$ 个记录开始进行插入。由于子序列中的元素间隔为 d，因此在插入记录 $r[i]$ 时，应从 $r[i-d]$ 起往前跳跃式(跳跃幅度为 d)搜索待插入位置。在搜索过程中，记录后移也是跳跃 d 个位置。

希尔排序的 C++实现见代码 8.2。

代码 8.2 希尔排序的 C++实现

```
void shellSort (int r[], int length)
{
    for ( d = length/2; d >= 1; d = d/2 ) {          // 增量为 d 进行直接插入
      for ( i = d; i < length ; i++) {               // 进行一趟希尔排序
          r[0] = r[i];                               // 暂存待插关键码
          k = i - d;
          while( k > 0 && r[0] < r[k]) {             //防止下标越界
            r[k + d] = r[k];                         //后移 d 个位置
            k = k - d;                               //跳跃式搜索插入位置
          }
          r[k + d] = r[0];                           //插入位置
      }
    }
}
```

3. 性能分析

开始时增量较大，每个子序列中的记录个数较少，从而排序速度较快；当增量较小时，虽然每个子序列中记录个数较多，但整个序列已基本有序，排序速度也较快。

希尔排序算法的时间性能是所取增量的函数，对特定的待排序关键码序列，可以准确地估算待排序关键码的比较次数和元素移动次数。但要弄清待排序关键码比较次数和移动次数与增量选择 d 之间的依赖关系，并给出完整的数学分析，目前还没有人能够做到。

最初 Shell 提出初值取 $d_1=\frac{n}{2}$，$d_i=\frac{d_{i-1}}{2}$，直到 $d=1$。Knuth 提出取 $d_i=\frac{d_{i-1}}{3}+1$。目前一个比较优秀的增量序列是 Sedgewick 提出的(1,5,19,41,109,…)，该序列的项来自

$9\times4^i-9\times2^i+1$ 和 $2^{i+2}\times(2^{i+2}-3)+1$ 这两个算式。另一个在大数组中表现优异的序列是基于斐波那契数列和黄金分割得到的,感兴趣的读者可以自己查找相关资料。

Knuth 利用大量实验统计资料得出:当 n 很大时,待排序关键码平均比较次数和元素平均移动次数在 $n^{1.25}$ 到 $1.6\times n^{1.25}$ 的范围内。研究表明,希尔排序的时间性能在 $O(n^2)$ 和 $O(n\log_2 n)$之间。

4. 算法评价

希尔排序是不稳定的。

希尔排序优于插入排序,但不如快速排序,在问题规模为中等大小时表现良好。

8.3 交 换 排 序

交换排序是指对待排序关键码序列通过相邻关键码的两两比较,若与排序要求相反,则交换两个正在比较关键码的顺序。

8.3.1 冒泡排序

1. 算法思想

冒泡排序(bubble sort)的基本思想是:对 n 个待排序关键码序列,两两比较相邻关键码,如果反序则交换。第一趟冒泡排序得到一个最大关键码 $r[n]$,对 $n-1$ 个待排序关键码序列进行第二趟冒泡排序,再得到一个次大关键码 $r[n-1]$,如此重复,直到 n 个待排序关键码有序为止。

【例 8.3】 对以下序列进行冒泡排序:

r[]	12	10	25	8	21	25*	17	27

设 $r[i](1<i\leqslant n)$为待排序关键码序列,本例中 $n=8$,对待排序关键码序列进行一趟冒泡排序,过程如下:$r[1]$和 $r[2]$(12,10)交换,$r[3]$和 $r[4]$ (25,8)交换,$r[4]$和 $r[5]$ (25,21)交换,$r[6]$和 $r[7]$ (25^*,17)交换。通过相邻关键码的比较、交换,调整了关键码的存储顺序,一趟排序过后,序列中的末尾元素 $r[n]$是待排序关键码序列中最大的关键码。

10	12	8	21	25	17	25*	27

之后依此类推。在每一趟排序过程中,标记最后一次交换的位置 exchange。exchange 之后的元素两两之间均为正序关系,因此 exchange 标记了有序区和无序区的分界。

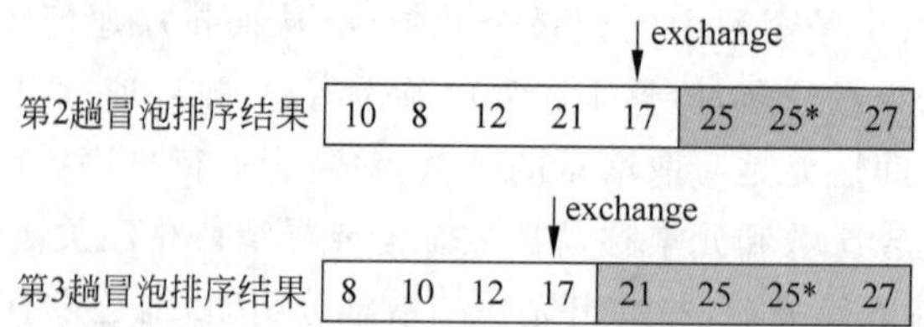

第二趟排序中最后一次交换是 $r[5]$和 $r[6]$(25,17),第三趟排序中最后一次交换是 $r[4]$和 $r[5]$(21,17)。如果一趟排序没有发生任何交换时,则说明序列中任意相邻元素均为正序,则序列已经有序,就不需要进行后续的排序了。第四趟排序未发生任何交换,排序

完成。

第4趟冒泡排序结果 | 8 10 12 17 21 25 25* 27

2. 关键问题

1）如何区分有序区和无序区

排序中使用变量 exchange 记载记录交换的位置，则一趟排序后，exchange 记载的一定是这一趟排序中记录的最后一次交换的位置，此位置以后的所有记录均已经有序。因此，可以用 exchange 来标记有序区和无序区。有序区的元素不进行后续的两两比较。

2）如何判别冒泡排序的结束

在每一趟冒泡排序之前，令 exchange 的初值为 0，排序过程中，只要有记录交换，exchange 的值就会大于 0。一趟比较完毕，根据 exchange 的值是否为 0 来判别是否有记录交换，从而判别整个起泡排序结束。

冒泡排序的 C++实现见代码 8.3。

代码 8.3 冒泡排序的 C++实现

```
void bubbleSort(int r[], int length)
{
    exchange = length;                    //初始化 exchange 以进入循环
    while (exchange)                      //有交换时进行下一趟排序
    {
        bound = exchange;                 //标记有序区
        exchange = 0;
        for (j = 1; j < bound; j++)       //在无序区进行两两比较
            if (r[j]> r[j + 1]) {
                r[j] =  r[j] + r[j + 1];  //逆序则交换
                r[j + 1] =  r[j] - r[j + 1];
                r[j] =  r[j] - r[j + 1];
                exchange = j;             //记录交换位置
            }
    }
}
```

3. 性能分析

空间性能：冒泡排序只需要一个额外辅助单元用于交换。

时间性能：最好情况（正序）下，需要执行一趟排序，比较 $n-1$ 次，移动 0 次，时间复杂度为 $O(n)$；最坏情况（反序）下，第 i 趟排序需要比较 $n-i$ 次，移动 $n-i$ 次，总的时间复杂度为 $O(n^2)$；平均情况的时间复杂度为 $O(n^2)$。

4. 算法评价

冒泡排序与直接插入排序有相等的运行时间，但是两种算法需要的交换次数却有很大不同。本书的冒泡排序算法经过了一定的改进，传统的冒泡排序在最坏情况下需要交换 n^2 次，而插入排序只要最多 n 次交换。而且，冒泡排序实现会对已经排序好的数列拙劣地反复运行，插入排序则不存在类似问题。

尽管这个算法是最简单和容易实现的排序算法之一，但它对于包含大量元素的数列排序是很没有效率的。从理解的角度,它也不像直接插入排序和简单选择排序那么直观,因此,很多现代的算法书不推荐使用冒泡排序,而用直接插入或者简单选择来代替。

8.3.2 快速排序

在冒泡排序中,记录的比较和移动都是针对相邻的关键码,因而有大量的比较和交换操作,效率比较低。快速排序也是一种交换排序,通过分治策略把一个序列分成两个子序列,然后递归地处理两个子序列。比较和交换操作是从子序列的两端向中间进行的,增大了比较和移动的距离,从而减少了总的比较和交换次数。快速排序(quick sort)最早由英国计算机学家托尼·霍尔(Tony Hoare)提出,是一类重要的排序算法。大多数情况下,快速排序要比其他排序算法速度更快。

1. 算法思想

快速排序的基本思想是:以某个关键码为界(称为轴值),通过比较和交换关键码将待排序关键码序列分成两个子序列。其中,一个子序列的所有关键码大于或等于轴值;另一子序列的所有关键码小于轴值关键码。将待排序关键码序列按轴值关键码分成两部分的过程,称为一次划分。然后递归地对两个子序列进行划分,直到整个关键码序列按关键码有序为止。

2. 关键问题

因此,快速排序的关键问题如下。

1) 如何选择轴值(pivot)

轴值的作用是将序列分割为两部分。很明显,两个子序列的长度最好相等。也就是说,理想的轴值是序列的中间值。但是在实际问题中,尤其是面对大量数据的排序时,很难判断中间值到底是多少。因此,实际操作中通常随机选择一个记录作为轴值。为便于实现,经常使用子序列的第一个记录的关键码作为轴值。如果使用了其他关键码作为轴值,则需要将其交换至序列的起始位置。

2) 如何进行一次划分

一次划分也称为分割操作,根据轴值将待排序序列分成两个子序列,所有比轴值小的元素摆放在轴值前面,所有比轴值大的元素摆放在轴值后面。

【例 8.4】 对以下序列进行一次划分:

12	10	25	8	21	25*	17	27

首先设置 i、j 两个指针,分别指向序列的首尾元素,比较过程中 i 从前向后搜索,j 从后向前搜索。

12	10	25	8	21	25*	17	27
↑ i							↑ j

取第一个关键码 $r[i]=12$ 为轴值,j 从后向前扫描,$r[j]$与轴值 $r[i]$比较,逆序则交换。本例中 $r[j]=8$ 时交换。

8	10	25	12	21	25*	17	27
↑ i			↑ j				

交换以后 $r[j]$为轴值，i 从前向后扫描，$r[i]$与轴值 $r[j]$比较，逆序则交换。本例中 $r[i]=25$ 时交换。

8	10	12	25	21	25*	17	27
		↑ i	↑ j				

重复上述过程，直到 $i=j$ 时，一次划分结束。轴值将序列分成了两部分，前一部分关键码均小于轴值，后一部分关键码均大于轴值。

8	10	12	25	21	25*	17	27
		↑↑ ij					

一次划分的 C++实现见代码 8.4。

代码 8.4　一次划分的 C++实现

```
int partition(int r[], int left, int right, int pivot)
{
    i = left; j = right;                         // 定义首尾指针
    swap(r[i], r[pivot]);                        // 将轴值交换至序列起始位置
    while (i < j)
    {
        while (i < j && r[i] <= r[j]) j--;       //右侧扫描
        if (i < j) {                             //逆序则交换
            swap(r[i], r[j]); i++;
        }
        while (i < j && r[i] <= r[j]) i++;       //左侧扫描
        if (i < j) {                             //逆序则交换
            swap(r[j], r[i]); j--;
        }
    }
    retutn i;                                    //返回轴值记录的最终位置
}
```

3）如何递归地处理分割后的子序列

只需要将分割后的两个子序列进一步递归地分割为更小的子序列即可，直到子序列无法继续分割时停止。

【例 8.5】　对例 8.4 划分后的子序列递归地排序：

[8　10]　12　[25　21　25*　17　27]

分别对左右两侧的子序列进行分割，以首记录的关键码 8 和 25 作为轴值，得到：

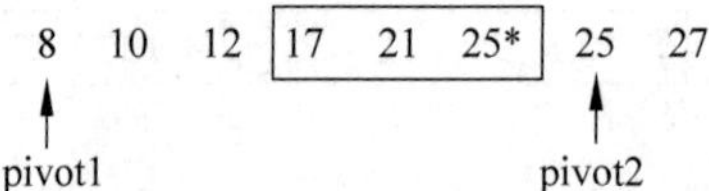

本次递归以后,没有记录或者仅有一个记录的子序列,无法继续分割,因此只需要对子序列(17,21,25*)继续进行递归。

8 10 12 17 [21 25*] 25 27

pivot(17)

8 10 12 17 21 25* 25 27

pivot(21)

快速排序的C++实现见代码8.5。

代码8.5 快速排序的C++实现

```
void quickSort(int r[], int left, int right)
{
    if(left < right)                                    // 无法继续分割时递归停止
    {
        pivot = selectPivot(r,left,right);              // 选择轴值
        pivotpos = partition (r, left, right, pivot);   //一次划分
        quickSort (r, left, pivotpos - 1);              //左侧子序列递归排序
        quickSort (r, pivotpos + 1, right);             //右侧子序列递归排序
    }
}
```

快速排序的递归过程可用生成一棵二叉树形象地给出,图8.1为例8.4和例8.5中快速排序对应的递归调用过程的二叉树。

3. 性能分析

空间性能:快速排序是递归的,每次递归调用时的指针和参数均需用栈来存放,递归调用层次数与图8.1中二叉树的深度一致。因此,存储开销在理想情况下为$O(\log_2 n)$,即树的高度;在最坏情况下,即二叉树是一个单链,为$O(n)$。

时间性能:在最好和平均情况下,快速排序的复杂度是$O(n\log_2 n)$,最坏情况下(每次划分只得到一个子序列)是$O(n^2)$。

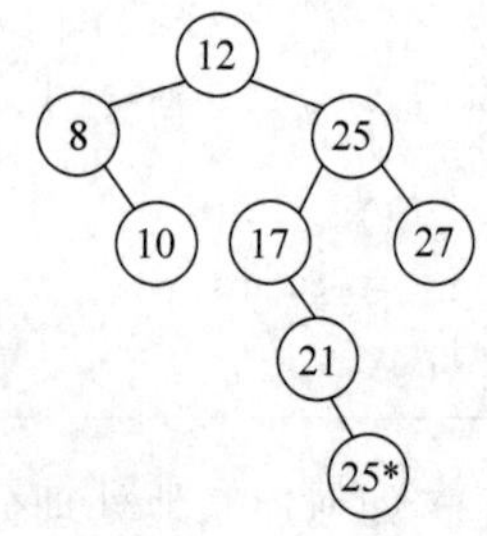

图8.1 快速排序递归调用过程的二叉树表示

4. 算法评价

快速排序是一个不稳定的排序方法。

快速排序通常被认为是同数量级$O(n\log_2 n)$的排序方法中平均性能最好的。快速排序的递归调用过程隐含地生成了一棵二叉排序树。与后面将要学习的堆排序和归并排序相比,快速排序的实际排序速度往往更快一些。但快速排序存在最坏情况,也就是一次划分只得到一个子序列的情况,快速排序的表现不如堆排序和归并排序。

8.4 选择排序

选择排序是每一趟从待排序关键码序列中选取一个关键码值最小(大)的关键码,直至所有关键码都被选择过。即第 1 趟从 n 个关键码中选取关键码值最小(大)的关键码,第 2 趟从剩下的 $n-1$ 个关键码中选取关键码值最小(大)的关键码,直到整个待排序关键码序列中所有关键码被选择过。那么,按每次选取最小(大)关键码值的次序会得到一个按待排序关键码升(降)序的序列。

8.4.1 简单选择排序

1. 算法思想

简单选择排序(selection sort)的基本思想是:在一组待排序关键码序列中,选出一个关键码值最小的关键码与第 1 个位置的关键码交换;然后在剩下的关键码中再找关键码值最小的关键码与第 2 个位置的关键码交换,依此类推,直到第 $n-1$ 个关键码(倒数第 2 个关键码值)和第 n 个元素(最后一个关键码值)比较为止。

在简单选择排序过程中,所需移动记录的次数较少。最好情况下,即待排序记录初始状态就已经是正序排列了,则不需要移动记录。

【例 8.6】 对以下序列进行简单选择排序:

r[]	12	10	25	8	21	25*	17	27

初始整个序列都是无序区,第一趟选出序列的最小值 8,并与无序区第一个元素 $r[1]=12$ 交换,得到:

8	10	25	12	21	25*	17	27

此时,有序区有一个元素 8,无序区为 $r[2]$到序列结束,第二趟在无序区中选出最小值并与无序区第一个元素 $r[2]$交换,使有序区增加一个元素,无序区减少一个元素。

8	10	25	12	21	25*	17	27

第三趟继续在无序区中选择最小值,与无序区第一个元素 $r[3]$交换。

8	10	12	25	21	25*	17	27

依此类推,直到整个序列有序(17 与 25 交换后,破坏了排序的稳定性)。

8	10	12	17	21	25*	25	27

2. 关键问题

简单选择排序思路非常简单,只需要从无序区选择最小关键码,并交换至无序区第一个元素即可。每一趟排序只交换一对元素,有序区长度增加 1,无序区长度减少 1,直至整个序列有序,因此总共进行 $n-1$ 次交换。

简单选择排序的 C++实现见代码 8.6。

代码 8.6　简单选择排序的 C++实现

```
void selectionSort(int r[], int length)
{
    for ( i = 1; i < length; i++)                // 每趟选出一个最小关键码,共 n - 1 趟
    {
        min = i;                                 //设置本趟无序区的起始下标 i
        for (j = i + 1; j <= length; j++)        //在无序区查找最小值
            if (r[j]< r[min]) min = j;
        if (min!= i) swap(r[i],r[min]);          //与无序区的起始元素交换
    }
}
```

3. 性能分析

从上面的简单选择排序过程中可以看出,进行的比较次数与初始状态下待排序关键码序列的排列情况无关。当 $i=1$ 时,需进行 $n-1$ 次比较;当 $i=2$ 时,需进行 $n-2$ 次比较;依此类推,共需要进行的比较次数是 $n(n-1)/2$,即进行比较操作的时间复杂度为 $O(n^2)$。关键码的交换次数则比较少,最坏情况下,每一趟排序均需要交换元素,一共交换 $n-1$ 次,进行交换操作的时间复杂度为 $O(n)$。从排序过程中可看出,简单选择排序交换次数较少,但关键码的比较次数依然是 $n(n-1)/2$,所以时间复杂度仍为 $O(n^2)$。

4. 算法评价

简单选择排序是不稳定排序。

正如其名字所显示的,简单选择排序是一种简单直观的排序算法,而且交换次数为 $n-1$ 次,少于冒泡排序,但总的时间复杂度仍为 $O(n^2)$,时间效率较差,不适用于大序列的排序。

8.4.2　堆排序

简单选择排序的主要缺陷在于关键码的比较次数,如何减少关键码间的比较次数是改进的着眼点。若能利用每趟比较后的结果,也就是在找出键值最小记录的同时,也找出键值较小的记录,则可减少后面的选择中所用的比较次数,从而提高整个排序过程的效率。堆排序(heap sort)就是这样一种利用堆的性质进行选择排序的方法。首先了解堆的概念,设有 n 个元素的序列构成一棵完全二叉树,当且仅当满足下述关系之一时,称之为堆。

(1) 每个结点的关键码值都不大于其孩子结点的关键码值,称为小根堆。

(2) 每个结点的关键码值都不小于其孩子结点的关键码值,称为大根堆。

两个堆示例如图 8.2 所示,可以看出,堆其实是一个满足一定条件的完全二叉树。

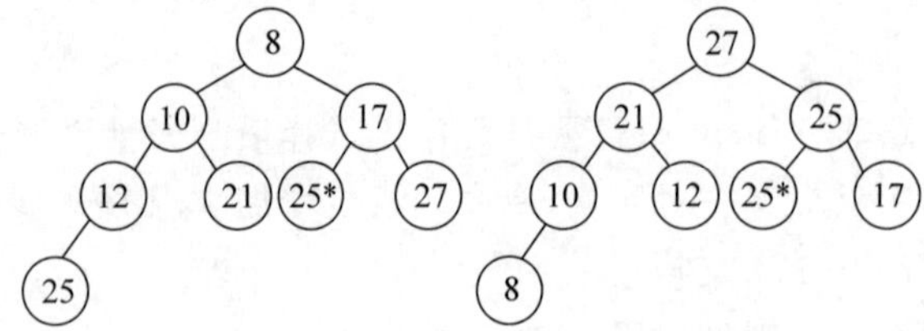

图 8.2　两个堆示例

既然是完全二叉树，采用顺序存储结构，则图 8.2 的两个堆分别存储为如下序列（下标从 1 开始）：

	1	2		…				8
r[ ]	8	10	17	12	21	25*	27	25
r[ ]	27	21	25	10	12	25*	17	8

用计算机表达式来说明堆的定义，有以下条件。

(1) 大根堆条件：r[i] >= r[2i] && r[i] >= r[2i+1]。

(2) 小根堆条件：r[i] <= r[2i] && r[i] <= r[2i+1]。

图 8.2 中的两个堆，左边满足小根堆条件，右边满足大根堆条件。显然，在大根堆中，根结点是所有结点的最大者，次大值一定是根结点左右孩子之一，较大结点会比较靠近根结点，但不绝对。小根堆的性质与大根堆恰好相反。

1. 算法思想

以大根堆的排序为例进行说明，小根堆与之类似。堆排序的基本思想如下：

(1) 将初始排列关键码序列构造成一个大根堆，如果初始序列不是一个大根堆时，需要进行调整使之成为一个大根堆。完成之后，整个序列的最大值就是大根堆的根结点。

(2) 输出堆的根结点：将堆顶的根结点与顺序表末尾元素（即堆中最下层的最右侧关键码）进行交换，交换后，顺序表中的最后关键码为当前序列中的最大值，此时，可将该关键码排除在待排序剩余关键码序列之外。

(3) 堆调整：将剩余关键码序列重新调整称成堆，这样会在堆顶得到剩余关键码序列中的最大值。

反复执行步骤(2)和步骤(3)，就能得到一个待排序关键码序列的升序序列。

其中，堆调整是堆排序的核心步骤，先介绍堆调整的基本思路和实现。

【例 8.7】 在图 8.3 所示的完全二叉树中，根结点的左、右子树均是大根堆，如何调整根结点使整个完全二叉树成为一个大根堆？

解：由于根结点左、右孩子都是大根堆，因此调整后的根结点一定是左、右孩子中的较大者，因此将堆顶元素 8 与左、右孩子中的较大者 25 交换，如图 8.4 所示。

这时，新的根结点 25 已经满足大根堆条件，但是其被调整后的子树不一定满足大根堆条件。本例中为右子树，也就是以 8 为根结点的子树，需要继续向下调整，如图 8.5 所示。

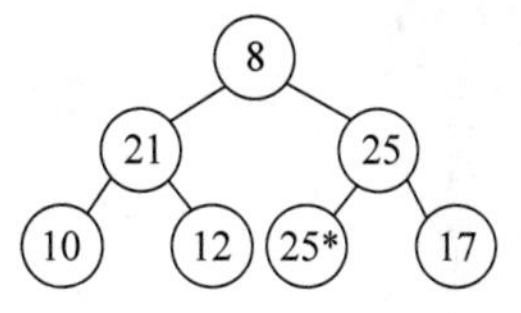

图 8.3　完全二叉树

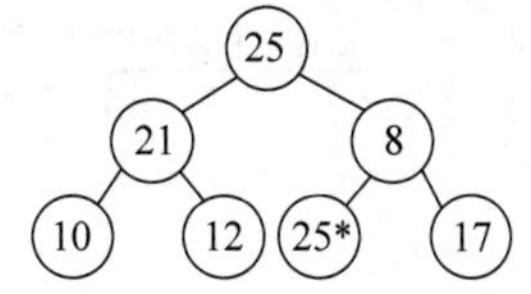

图 8.4　调整一次的二叉树

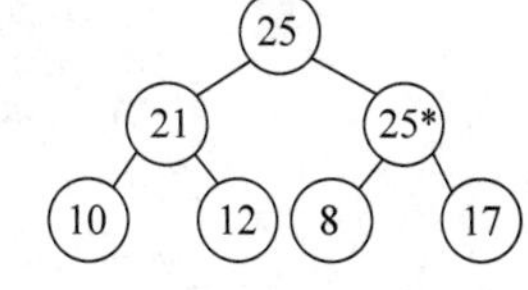

图 8.5　调整两次的二叉树

当调整一直进行到叶子结点时，所有子树都满足大根堆条件，调整结束。堆调整的 C++实现见代码 8.7。

代码 8.7　堆调整的 C++实现

```
void heapSift(int r[], int k, int length)
{
    i = k; j = 2 * i;                          //i,k 为待调整结点,j 为 k 左孩子
    while (j <= length)                        //i 不是叶子结点
    {
      if (j < length && r[j]< r[j + 1]) j++;   //左、右孩子中取较大者
      if (r[i]> r[j]) break;                   //已经满足大根堆条件,调整结束
      else {                                   //否则需调整
          swap(r[i],r[j]);                     //交换
          i = j; j = 2 * i;                    //继续向下一层调整
      }
    }
}
```

2. 关键问题

实现堆排序需解决以下问题。

1）如何将 n 个关键码的序列建成堆

建堆方法：对初始序列建堆的过程，就是一个反复进行调整的过程。

将初始序列看成一个完全二叉树，将初始序列的关键码按初始顺序从上往下，从左到右依次填充到完全二叉树中。根据 n 个结点的完全二叉树性质，有 n 个结点的完全二叉树，最后一个分支结点的结点下标为 $\lfloor n/2 \rfloor$，那么从该结点为根的子树开始向前逐一进行堆调整，使每一棵子树均成为堆，直到根结点。

【例 8.8】 对以下序列进行堆排序：

r[]	12	10	25	8	21	25*	17	27

解：首先，将此序列按次序建立一个完全二叉树，判断该二叉树不是堆，则从最后一个有孩子的结点(值为 8)开始调整，值为 8 的结点和值为 27 的结点交换。继续调整，值为 25 的结点符合堆的条件，不小于它的左孩子与右孩子，不做交换。过程如图 8.6 所示。

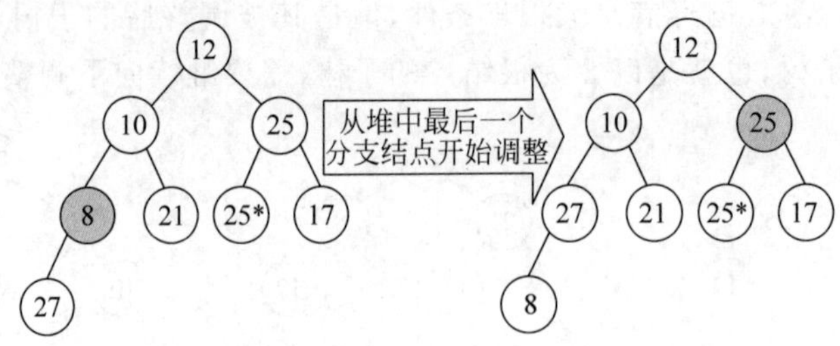

图 8.6　调整后的二叉树(1)

调整值为 10 的结点，不符合堆的条件，需要从该结点的左、右孩子中挑选较大的关键码 27 与之交换，如图 8.7 所示。

继续调整根结点 12，引发连续的调整，首先值为 27 与值为 12 的结点交换，其次，值为 12 的结点与其左、右孩子中最大值的结点 21 交换，过程如图 8.8 所示。根结点调整完毕

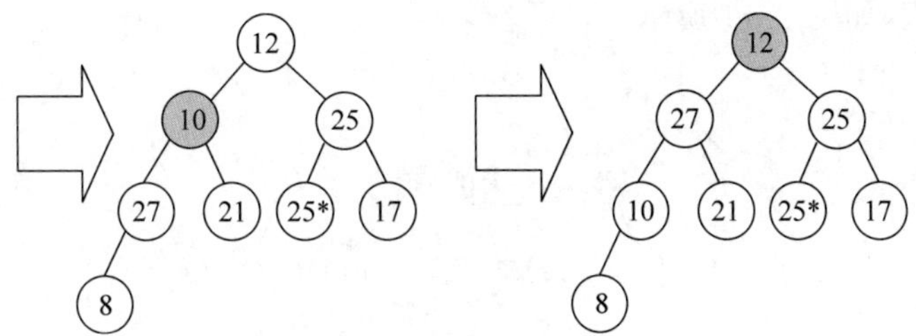

图 8.7 调整后的二叉树(2)

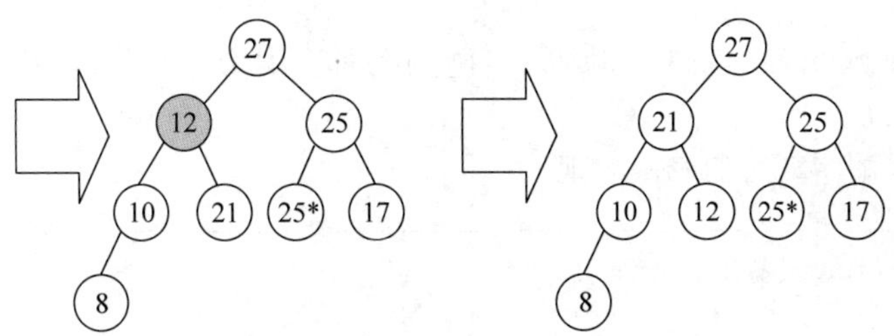

图 8.8 调整后的二叉树(3)

后，初始建堆完成。

2）如何处理堆顶记录，进行排序

根据大根堆的性质，根结点就是序列的最大值，而序列的次大值位于根结点的左、右孩子之一。因此建堆以后，只需要输出根结点，再将剩余关键码调整成堆即可。将堆顶的根结点与堆的最后一个元素，即堆中最下层最右侧的元素进行交换，交换后，该关键码已经处于最后排序完成时的最终位置，可以排除下次调整在待排序列之外。过程如图 8.9 所示。

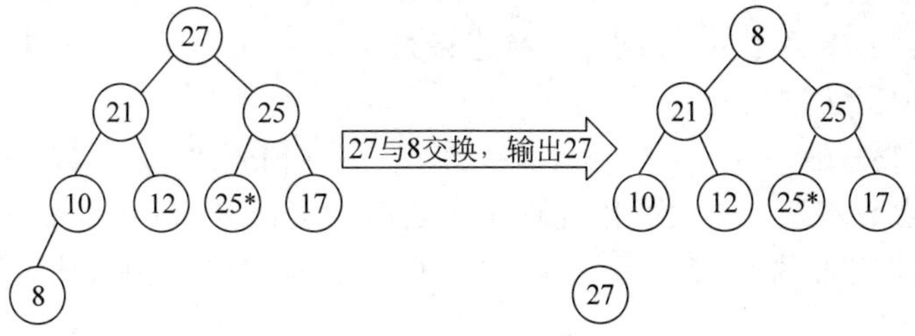

图 8.9 处理堆顶记录

3）输出堆顶关键码后，调整剩余关键码，使其成为一个新堆

在输出堆的根结点之后，剩下 $n-1$ 个元素。此时，堆已经被破坏，但只有根结点是不满足堆的条件。因此，对根结点进行堆调整即可，如图 8.10 所示。

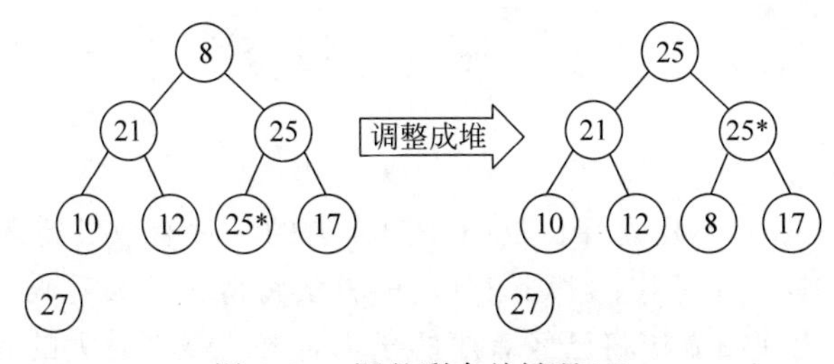

图 8.10 调整剩余关键码(1)

重复以上过程，如图 8.11 所示。

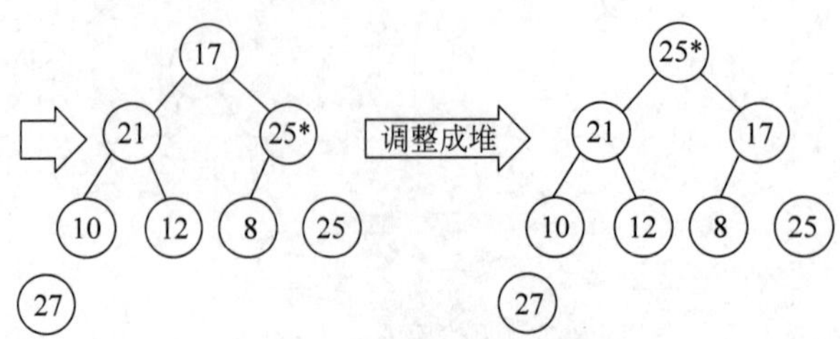

图 8.11　调整剩余关键码(2)

当所有结点都输出时，堆排序结束，本例剩余部分请读者自行完成。堆排序算法的 C++实现见代码 8.8。

代码 8.8　堆排序算法的 C++实现

```
void heapSort ( int r[ ], int length)
{
    for (i = n/2; i > = 1; i -- )           //初始建堆
        heapSift(r, i, length) ;
    for (i = 1; i < length; i++)
    {
        swap(r[1], r[length - i + 1]);      //交换堆顶记录
        sift(r, 1, length - i);             //重建堆
    }
}
```

3. 效率分析

一个有 n 个结点的完全二叉树，若树高为 $k=\lfloor \log_2 n \rfloor+1$，从根结点筛选到叶子结点，关键码的比较次数最多为 $2(k-1)$次，交换记录最多为 k 次。所以，在建完堆后，排序过程中的筛选次数不超过式(8.1)：

$$2(\lfloor \log_2(n-1) \rfloor+\lfloor \log_2(n-2) \rfloor+\cdots+\lfloor \log_2 2 \rfloor) < 2n\log_2 n \tag{8.1}$$

而建堆时的比较次数不超过 $4n$ 次，因此堆排序的时间复杂度为 $O(n\log_2 n)$，这是堆排序最好、最坏和平均情况下的复杂度。另外，堆排序不需要额外辅助空间，空间复杂度为 $O(1)$。

4. 算法评价

堆排序是不稳定的。

堆排序是一种重要的排序方法，在最坏和平均情况下时间复杂度均为 $O(n\log_2 n)$。尽管在大多数随机序列的排序中，堆排序的实际排序速度不如快速排序，但堆排序没有最坏情况的限制。另外，堆排序不需要额外存储空间，是一种原地排序算法。

8.5　归并排序

1. 算法思想

归并排序(merge sort)是建立在反复归并操作上的一种有效的排序方法。该算法是采用分治法的一个非常典型的应用。它利用分治的方法将待排序关键码序列划分为非常小的子表，对子表排序，再用递归方法将已经有序的子表合并成越来越大的有序序列顺序表。

归并排序分为二路归并和多路归并，本书主要阐述二路归并排序，多路归并排序的思路与之类似。二路归并排序的基本操作是将两个有序表合并为一个有序表。下面先介绍一个归并排序的实例。

【例 8.9】 对以下序列进行二路归并排序：

r[ ]	12	10	25	8	21	25*	17	27

首先，将一个具有 n 个待排序记录的序列看成是 n 个长度为 1 的有序序列，本例得到 8 个长度为 1 的子表。

1	[12]	[10]	[25]	[8]	[21]	[25*]	[17]	[27]

然后进行两两归并，得到 $n/2$ 个长度为 2 的有序序列。本例在 8 个子表上进行两两归并，将 8 个子表归并成 4 个。

2	[10 12]	[8 25]	[21 25*]	[17 27]

再进行两两归并，得到 $n/4$ 个长度为 4 的有序序列……直至得到一个长度为 n 的有序序列为止。本例中接下来将 4 个子表归并成 2 个子表，最后一次两两归并将 2 个子表归并成 1 个。这是一个二路递归归并的完整过程。

3	[8 10 12 25]	[17 21 25* 27]
4	[8 10 12 17 21 25 25* 27]	

2. 关键问题

1）如何将两个有序序列合成一个有序序列

在两两归并过程中，设参数 start 指向第一个待归并序列的起始记录，mid 指向第一个待归并序列的终端记录，end 指向待归并序列的最后一个记录。于是两个待归并序列可以用 r[start..mid]和 r[mid+1..end]来表述。由于归并过程中可能会破坏原来的有序序列，所以，需要将归并结果存入另外一个顺序表 $r1$ 中。指针 i、j 和 k 分别为两个待归并序列和结果顺序表的工作指针，如图 8.12 所示。两两归并的 C++实现见代码 8.9。

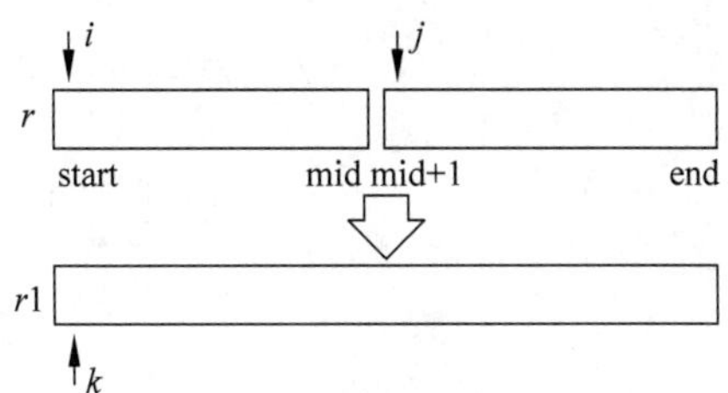

图 8.12　两两归并示意图

代码 8.9　两两归并的 C++实现

```
void merge(int r[ ], int start, int mid, int end)
{
    i = start; j = mid + 1; k = start;              //标记工作指针
    while (i <= mid && j <= end)                   //两个待归并子序列均未扫描完成
```

```
    {
      if (r[i]<= r[j])    r1[k++] = r[i++];          // r[i],r[j]中较小者放入 r1[k]
      else   r1[k++] = r[j++];
    }
    while (i <= mid)                                 //收尾处理,第一个子序列
      r1[k++] = r[i++];
    while (j <= end)                                 //第二个子序列
      r1[k++] = r[j++];
    for (i = start; i <= end; i++)                   //将 r1 复制回 r
            r[i]= r1[i];
}
```

2）怎样完成一趟归并

设待归并的有序表步长为 h，在一趟归并过程中，需要特别处理收尾情况，也就是处理两两归并后剩余的长度小于 h 的子序列。可以通过当前待归并的两个子序列的 mid=start+$h-1$ 和 end=start+$2h-1$ 来进行控制。有以下三种情况：

(1) 若 end≤length，则当前待归并的两个有序表的长度均为 h，执行一次归并，完成后 start 加 $2h$，mid=start+$h-1$，end=start+$2h-1$，准备进行下一次归并；

(2) 若 end>length && mid<length，则表示最后仍剩下两个相邻有序表，一个长度为 h，另一个长度小于 h，则执行两个有序表的归并，完成后退出一趟归并；

(3) 若 mid≥length，则表明最后只剩下一个有序表，该子表无须进行任何操作，本趟二路归并轮空。

一趟二路归并的 C++实现见代码 8.10。

代码 8.10　一趟二路归并的 C++实现

```
void mergePass(int r[], int length, int h)
{
    start = 1;                                  //初始的 start,mid 和 end
    mid = start + h - 1;                        //两个待归并子序列均未扫描完成
    end = start + 2h - 1;
    while (end <= length)                       //情况 1,正常归并
    {
      merge (r, start, mid, end);               //调用两两归并函数
      start += 2 * h;                           //更新 start,mid 和 end
      mid = start + h - 1;
      end = start + 2h - 1;
    }
    if (mid < length)                           //情况 2,归并剩余两个子表
      merge (r, start, mid, length);
}                                               //注:情况 3 无须处理
```

3）如何控制二路归并的结束

二路归并迭代开始时，每个待归并有序子序列的长度 $h=1$，结束时，有序序列的长度 h=length，因此可以用有序序列的长度来控制排序的结束。二路归并排序的 C++实现见代

码 8.11。

代码 8.11 二路归并排序的 C++实现

```
void mergeSort(int r[], int length)
{
    h = 1;                          //初始子序列长度为 1
    while (h < length)              //长度小于 length 时
    {
      mergePass (r, length, h);     //调用一趟二路归并函数
      h = 2 * h;                    //执行 log2n 次归并
    }
}
```

3. 性能分析

归并排序需要一个与待排序关键码序列等长的辅助元素数组空间 $r1$,所以空间复杂度为 $O(n)$。

对于 n 个元素的表,将这 n 个元素看作叶子结点,若将两两归并生成的子表看作它们的双亲结点,则归并过程对应由叶子结点向根结点生成一棵二叉树的过程。所以归并趟数约等于二叉树的高度减 1,即$\lceil \log_2 n \rceil$,而每趟归并需移动记录 n 次,故时间复杂度为 $O(n\log_2 n)$。

二路归并树如图 8.13 所示。

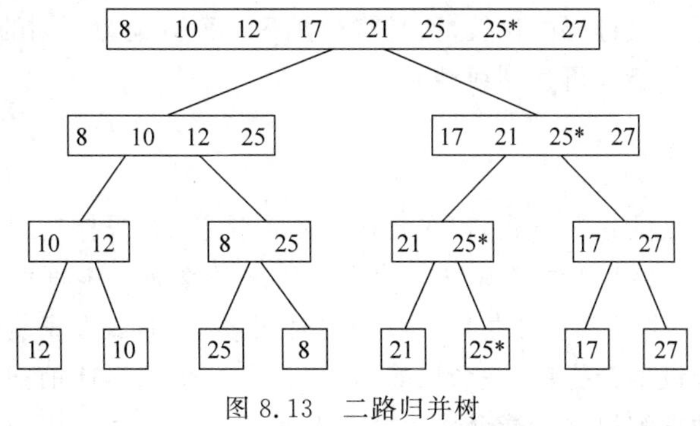

图 8.13 二路归并树

4. 算法评价

二路归并是一种优秀的排序算法,最早由冯·诺伊曼提出。该算法不需要改变相同关键码之间的相对位置关系,是一种稳定的排序算法。在很多实际问题的排序中,二路归并排序的排序时间仅次于快速排序,而优于堆排序,而且归并排序不受最坏情况的限制。但是归并排序必须使用额外的存储空间,在空间效率上不如堆排序和快速排序。

内排序中一般使用二路归并,但是在外排序中,为减少对外存的访问次数,一般使用多路归并方法,并使 m 叉树的带权路径长度最小。也就是说,要使归并过程最优,本质上是构造一棵 m 叉哈夫曼树的过程,称为最佳归并树。根据哈夫曼树的特点,m 叉最佳归并树中只有度为 m 和度为 0 的结点,如果不满足这一条件,则需要补充适当的虚结点。如果(初始归并段数量-1)%($m-1$)$=0$,则恰好构成 m 叉最佳归并树,否则需要补足相应数量的虚结点。

【例 8.10】 设外存上有 12 个长度不同的初始归并段,所含记录个数分别为(12,10,25,8,21,25,17,27,13,31,16,9),试构造 3 叉最佳归并树。

解:以记录个数为结点权值,要使带权路径长度最小,需满足(初始归并段数量−1)%(3−1)=0,当前初始归并段为 12 段,(12−1)%(3−1)=1,条件不成立,需要补充一个虚结点,即一个权值为 0 的结点。然后构造 3 叉哈夫曼树,如图 8.14 所示。

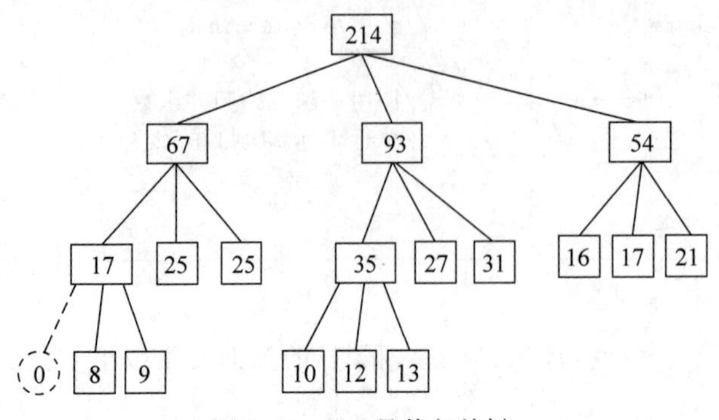

图 8.14　3 叉最佳归并树

8.6 分配排序

前面的排序方法都是建立在关键码比较的基础上,时间复杂度无法突破 $O(n\log_2 n)$ 的下限。分配排序不进行关键码的比较,而是将待排序序列分配为不同的部分,然后再收集起来。分配排序的时间复杂度可达到线性阶。

8.6.1 桶式排序

扑克牌是一种常见的娱乐方式,现在要将一副混洗的 52 张扑克牌按点数 A<2<…<J<Q<K 排序,这是现实生活中经常发生的一个排序的场景。根据前面学习的知识,已经知道快速排序、归并排序或者堆排序具有最佳的时间效率,那么大家是否会考虑把这 52 张牌建成一个堆?或者设两个指针,一个从前向后扫描,一个从后向前扫描?又或者先拆分,再两两归并?这样的求解思路可能会让大家觉得崩溃。现实生活中,通常是把 52 张牌按牌面分成 13 份(13 个桶),再从小到大收集起来,这种排序方法就是桶式排序。当然,桌子需要有足够的空间去摆放这 13 摞扑克牌。生活中往往蕴含了极高的智慧,在这个问题中,桶式排序就是时间效率最优的排序算法,可以达到线性阶的时间复杂度。

1. 算法思想

假设待排序记录的值都在 0 和 $m-1$ 之间,则设置 m 个桶,将值为 i 的记录分配到对应的桶中,然后再将桶中的记录依次收集起来。其原理是将阵列分到有限数量的桶中,每个桶再个别排序。桶式排序的一般步骤如下:

(1) 假设待排序记录的值都在 0 和 $m-1$ 之间,则设置 m 个空桶;

(2) 遍历待排序记录序列,并且将值为 i 的记录分配到对应的桶中;

(3) 按桶收集,从不为空的桶中把记录按顺序收集。

【例 8.11】 对以下序列进行桶式排序，已知记录的关键码位于[0..9]。

r[]	4	2	9	5	2*	7	2**	5*

解：首先根据序列元素关键码的分布，设置 10 个桶，分别存放 0～9 的元素。按照先分配后收集的思路，先将各条记录按照关键码投放到对应的桶中，再按桶收集，得到一个新的序列。排序过程如图 8.15 所示。

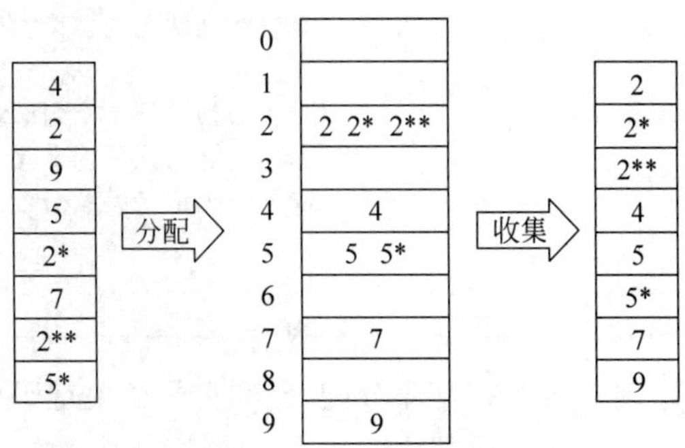

图 8.15 桶式排序过程示例

2. 关键问题

桶式排序的关键问题如下。

1）如何在计算机中表示桶

桶中的记录形成一个链表，因此应采用链式存储。待排序序列一般由数组给出，为避免分配和收集中移动元素，一般采用静态链表实现。静态链表中的结点定义见代码 8.12。

代码 8.12 桶式排序的记录结点定义

```
struct Element{              //待排序记录结点
    int key;                 //关键码
    int next;                //游标,下一个键的下标
}
```

桶内的记录采用链队列实现，分配时从队尾插入，收集时从队头读取，从而保证排序的稳定性，具体定义见代码 8.13。

代码 8.13 桶式排序的桶内链队列定义

```
struct LinkedQueue{          //桶内链队列
    int front;               //标记队头元素,以便进行收集
    int rear;                //标记队尾元素,以便进行分配
}
```

2）分配操作如何实现

将序列中的元素逐一链接到对应桶中的链队列尾部。假设记录结点保存在静态链表数组 r[]中，各结点初始指针域均为－1，桶的个数为 m，则算法示例见代码 8.14。

代码 8.14　桶式排序分配算法的 C++实现

```
void distribute(Element r[], int length, LinkedQueue q[], int m)
{
    i = 1;                                   //取第一个记录
    while( i <= length ){                    // 对这个记录进行分配
      k = r[i].key;                          //取键值,以分配到对应的桶
      if(q[k].front == -1)                   //对应的桶队列为空,为队头
          q[k].front = i;
      else r[q[k].rear].next = i;            //对应的桶队列不空,插入到队尾
      q[k].rear = i;                         //标记新插入元素为队尾
          i++;                               //取下一个记录继续分配
    }
}
```

【例 8.12】 对已知序列进行桶式排序分配,已知记录的关键码位于[0..9]之间,则需设置 10 个桶。首先分配第一个记录 3,将其放置于 3 号桶 $q[3]$中,置 $q[3]$.front 和 rear 均为 1;继续分配第二个记录 5,放置于 5 号桶 $q[5]$中,置 $q[5]$.front 和 rear 均为 2;接下来分配第三个记录 3*,放置于 3 号桶 $q[3]$中,并连接在 $r[1]$之后,即把 $r[1]$.next 和$q[3]$.rear 均调整为 3;之后依此类推。按桶分配以后的结果如图 8.16 所示。

r[]（分配前）

	key	next
1	3	−1
2	5	−1
3	3*	−1
4	1	−1
5	5*	−1
6	6	−1
7	3**	−1
8	8	−1

分配⇒

r[]（分配后）

	key	next
1	3	3
2	5	5
3	3*	7
4	1	−1
5	5*	−1
6	6	−1
7	3**	−1
8	8	−1

q[]

0	−1	−1
1	4	4
2	−1	−1
3	1	7
4	−1	−1
5	2	5
6	6	6
7	−1	−1
8	8	8
9	−1	−1

图 8.16　桶式排序分配过程示例

3）如何进行收集操作

将所有桶的链队列依次首尾相接,算法示例见代码 8.15。

代码 8.15　桶式排序收集算法的 C++实现

```
int collect(Element r[], LinkedQueue q[], int m)
{
    k = 0;                                   //从第一个桶开始
    while( q[k].front == -1 ) k++;           // 查找非空桶
    if(k < m) {                              //取第一个非空桶的队头、队尾记录
      first = q[k].front;
      last = q[k].rear;
      k++;
    }                                        //准备收集下一个桶
```

```
    while(k < m){
      if(q[k].front!= - 1) {                  //依次连接后面的各个桶
          r[last].next = q[k].front;          //当前桶不为空
          last [illegible]].rear;             //连接桶中链队列的队头记录
      }                                       //重新标记队尾记录
      k++
    }
    [illegible]
                                              //返回静态链表头指针
[illegible]
```

[illegible]找到第一个非空桶为 1 号桶,对应 r[]中的链[illegible]空桶为 3 号桶,对应 r[]中的链队列下标为[illegible]之后依此类推,最终结果如图 8.17 所示。

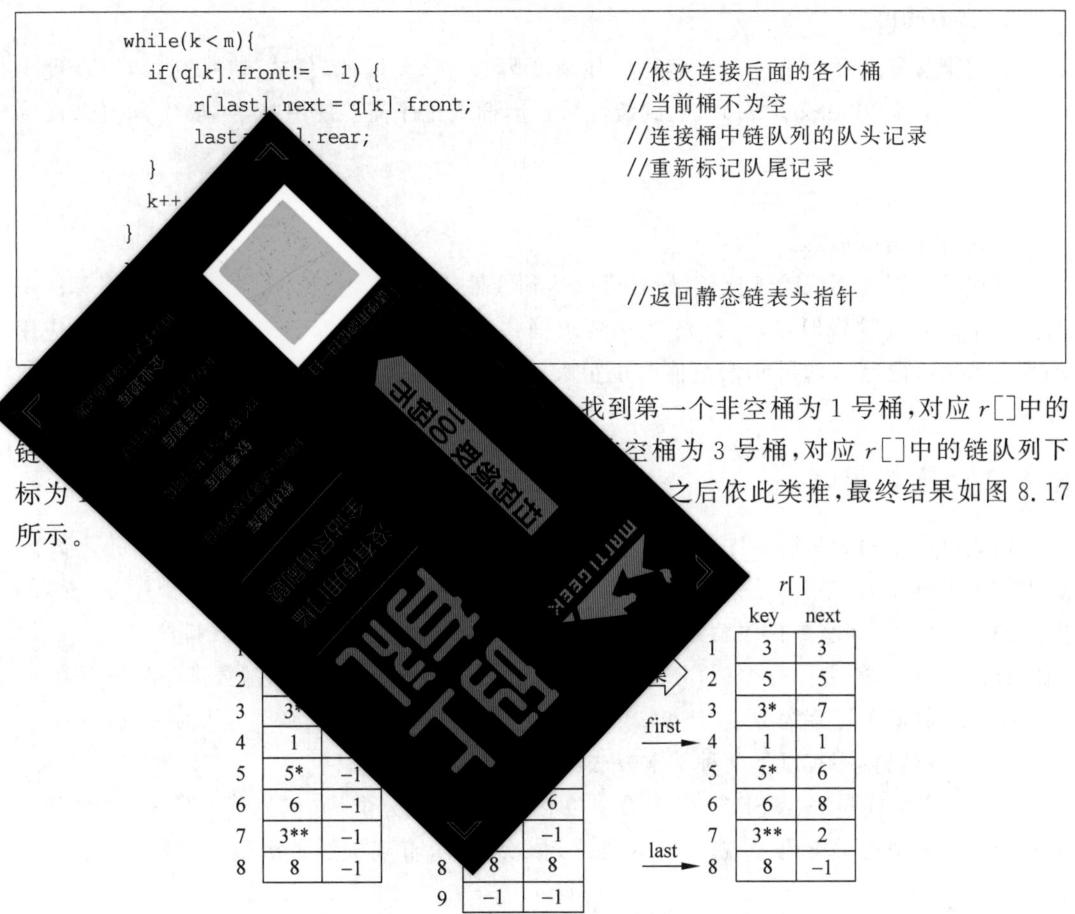

图 8.17　桶式排序收集过程示例

按照先分配再收集的方法即可得到完整的桶式排序实现,算法示例见代码 8.16。

代码 8.16　桶式排序算法的 C++实现

```
void bucketSort (Element r[ ], int length, int m)
{
    for(i = 1;i <= length; i++)           //初始化静态链表
      r[i].next = - 1;
    for(i = 0;i < m;i++)                  //初始化桶
      q[i].front = q[i].rear = - 1;
    distribute (r, length, q, m);         //分配
    j = collect (r, q,m);                 //收集,并记录起始地址
    for(i = 1;i <= length;i++){           //按顺序将排序后的记录保存至 r1
      r1[i] = r[j];
      j = r[j].next;
    }
}
```

3. 效率分析

分配算法复杂度为 $O(n)$,收集算法复杂度为 $O(m)$。因此,桶式排序的时间复杂度为 $O(n+m)$,或者 $O(\max(n,m))$,达到线性阶。但桶式排序需要使用 m 个桶,空间复杂度为 $O(m)$。

4. 算法评价

桶式排序是稳定的。

桶式排序算法不依赖于比较操作,可以达到线性阶的时间复杂度,在所有的排序算法中时间效率是最高的。但是,设置 m 个桶要求桶式排序的元素必须分布在一定范围内,应用场景受到很大限制。如果元素数值跨度很大时,桶式排序需要设置很多桶,严重影响算法效率。

8.6.2 基数排序

桶式排序适用于单键排序的情况,在一定条件下具有很高的时间效率,但桶的个数 m 极大限制了排序的应用。基数排序是对桶式排序的改进和推广,如果说桶式排序是一维的基于桶的排序,那么基数排序就是多维的基于桶的排序。举个例子,用桶式排序对[0,99]之间的数进行排序,需要 100 个桶,分配一次,收集一次,完成排序;那么基数排序只需要 0~9 总共 10 个桶(即关键字为数字 0~9),依次进行个位和十位的分配和收集从而完成排序。

对多关键码排序有以下两种基本方法:

(1) 最主位优先法(MSD):先按最主位 k_0 进行桶式分配,分割为若干子序列,再分别对每个子序列根据关键码 k_1 进行桶内排序,依次类推,直到按照最次位关键码 k_{d-1} 排序完成,最后收集。

(2) 最次位优先法(LSD):先按最次位 k_{d-1} 进行排序,然后再按 k_{d-2} 进行排序,依此类推,直到按照最主位 k_0 进行排序完成。要求各趟排序方法为稳定排序方法。

基数排序为 LSD 排序方法,各趟排序中使用桶式排序完成。

【例 8.14】 对小数序列(2.88,3.71,1.60,5.31,1.87,2.35,0.56,2.99)进行排序,确定最主位为个位,次主位为十分位,最次位为百分位。

解:首先按照最次位百分位进行桶式排序,分配和收集以后得到:

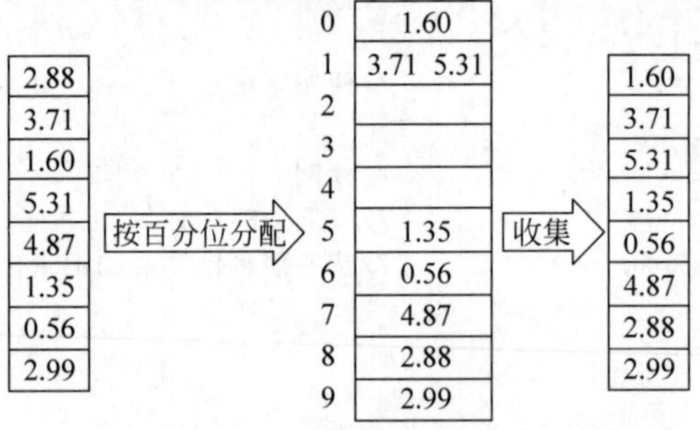

接下来按照次主位十分位来进行桶式排序,得到:

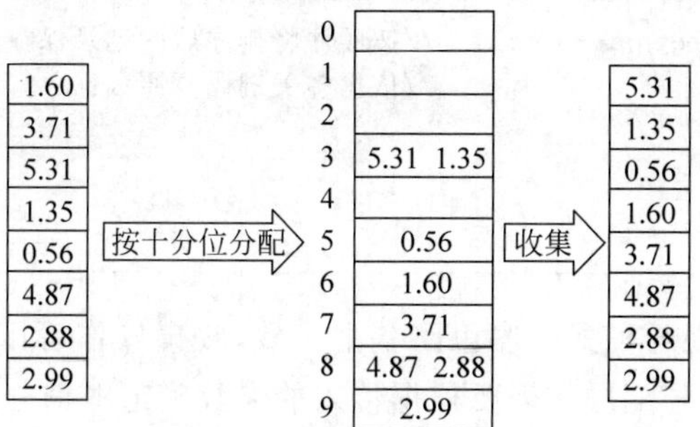

最后按照最主位进行桶式排序,得到:

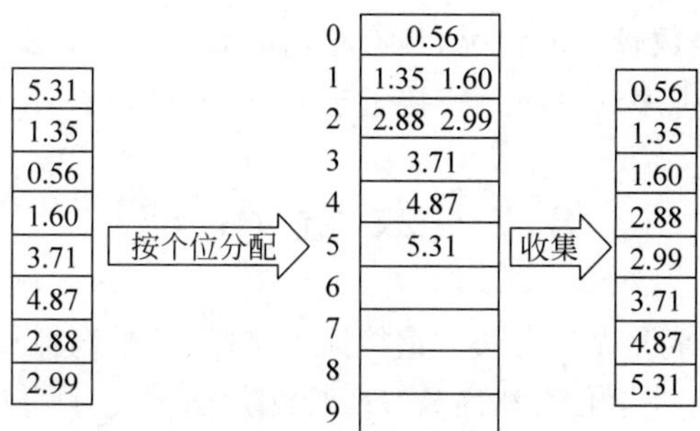

代码实现时需要首先将原始数据拆分为若干关键码保存以便排序,排序结束后再将其复原。序列记录的结点定义见代码 8.17。

代码 8.17　基数排序的记录结点定义

```
struct Element{                          //待排序记录结点
    int key[];                           //用于存储 d 个关键码
    int next;                            //游标,下一个键的下标
}
```

基数排序的 C++实现见代码 8.18。

代码 8.18　基数排序算法的 C++实现

```
void radixSort (Element r[], int length, int m, int d)
{
    k = -1;                              //标记是否是第 1 次分配
    for(i = 1;i <= length; i++)          //初始化静态链表
    r[i].next = -1;
    for(j = 0;j < d;j++)                 //d 为多关键码的个数
    {
      for(i = 0;i < m;i++)               //初始化桶
          q[i].front = q[i].rear = -1;
      distribute (r, length, q, m, j);   //根据 key[j]进行第 j 次分配
      k = collect (r, q, m);             //第 j 趟收集
    }
```

```
        for(i = 1;i < = length;i++){          //按顺序将排序后的记录保存至 r1
          r1[i] = r[k];                       //依据多关键码复原数据
          k = r[k].next;
        }
    }
```

基数排序的 C++实现与桶式排序思路基本一致,收集操作可以直接使用桶式排序的收集算法。需要注意的是,分配操作需要根据传入的参数确定本趟分配对应哪一位关键码,这部分的代码请读者自行修改完成。

基数排序的时间效率为 $O(d\times(n+m))$,其中 d 为关键码的个数,空间效率为 $O(m)$。基数排序适用于关键码个数较少的情况,具有很高的效率,时间效率接近于 $O(n+m)$,如果关键码个数很多时,基数排序的时间效率接近于 $O(n^2)$,就没有什么优势了。

8.7 本章小结

按排序算法的平均时间复杂度分类:直接插入排序、简单选择排序和冒泡排序为平方阶 $O(n^2)$排序;快速排序、堆排序和归并排序为线性对数阶 $O(n\log_2 n)$排序;希尔排序介于 $O(n^2)$和 $O(n\log_2 n)$之间;桶排序和基数排序在一定条件下可以到达或者接近线性阶 $O(n+m)$。

按照排序算法的稳定性分类:插入排序、冒泡排序、归并排序、分配排序(桶式、基数)都是稳定的排序算法,在排序之后,数据元素的相对次序仍然保持不变;而简单选择排序、堆排序、希尔排序、快速排序都是不稳定的排序算法。

各种排序算法的比较如表 8.1 所示。

表 8.1 排序算法的比较

排序方法	时间性能			辅助空间
	平均情况	最好情况	最坏情况	
直接插入排序	$O(n^2)$	$O(n)$	$O(n^2)$	$O(1)$
希尔排序	$O(n\log_2 n)\sim O(n^2)$	$O(n\log_2 n)$	$O(n^2)$	$O(1)$
起泡排序	$O(n^2)$	$O(n)$	$O(n^2)$	$O(1)$
快速排序	$O(n\log_2 n)$	$O(n\log_2 n)$	$O(n^2)$	$O(\log_2 n)\sim O(n)$
简单选择排序	$O(n^2)$	$O(n^2)$	$O(n^2)$	$O(1)$
堆排序	$O(n\log_2 n)$	$O(n\log_2 n)$	$O(n\log_2 n)$	$O(1)$
归并排序	$O(n\log_2 n)$	$O(n\log_2 n)$	$O(n\log_2 n)$	$O(n)$
基数排序	$O(d\times(n+m))$	$O(d\times(n+m))$	$O(d\times(n+m))$	$O(m)$

本章习题

一、选择题

1. 选择一个排序算法时,除算法的时空效率外,下列因素中,还需要考虑的是(　　)。

Ⅰ. 数据的规模　Ⅱ. 数据的存储方式　Ⅲ. 算法的稳定性　Ⅳ. 数据的初始状态

A. 仅Ⅲ　B. 仅Ⅰ、Ⅱ　C. 仅Ⅱ、Ⅲ、Ⅳ　D. Ⅰ、Ⅱ、Ⅲ、Ⅳ

2. 对一组数据(2,12,16,88,5,10)进行排序，若前三趟排序结果如下：

第一趟排序结果：2,12,16,5,10,88

第二趟排序结果：2,12,5,10,16,88

第三趟排序结果：2,5,10,12,16,88

则采用的排序方法可能是(　　)。

A. 起泡排序　B. 希尔排序　C. 归并排序　D. 基数排序

3. 对同一待排序序列分别进行折半插入排序和直接插入排序，两者之间可能的不同之处是(　　)。

A. 排序的总趟数　B. 元素的移动次数

C. 使用辅助空间的数量　D. 元素之间的比较次数

4. 下列排序算法中，(　　)是稳定排序。

A. 希尔排序　B. 快速排序　C. 堆排序　D. 直接插入排序

5. 一组记录的关键字为(46,79,56,38,40,84)，则利用快速排序方法，以第一个记录为轴值的一次划分结果为(　　)。

A. (38,40,46,56,79,84)　B. (40,38,46,56,79,84)

C. (40,38,46,79,56,84)　D. (40,38,46,84,56,79)

6. 对以下数据序列利用快速排序进行排序，速度最快的是(　　)。

A. (21,25,5,17,9,23,30)　B. (25,23,30,17,21,5,9)

C. (21,9,17,30,25,23,5)　D. (5,9,17,21,23,25,30)

7. 排序过程中，对尚未确定最终位置的所有元素进行一遍处理称为一"趟"。下列序列中，不可能是快速排序第二趟结果的是(　　)。

A. (5,2,16,12,28,60,32,72)　B. (2,16,5,28,12,60,32,72)

C. (2,12,16,5,28,32,72,60)　D. (5,2,12,28,16,32,72,60)

8. 一组记录的关键字为(46,79,56,38,40,84)，则利用堆排序方法，建立大根堆的初始堆为(　　)。

A. (79,46,56,38,40,84)　B. (84,79,56,38,40,46)

C. (84,79,56,46,40,38)　D. (84,56,79,40,46,38)

9. 对 n 个元素的记录序列进行堆排序时，所需要的附加存储空间是(　　)。

A. $O(n\log_2 n)$　B. $O(1)$

C. $O(n)$　D. $O(n^2)$

10. 设外存上有 120 个初始归并段，进行 12 路归并时，为实现最佳归并，需要补充的虚段个数是(　　)。

A. 1　B. 2　C. 3　D. 4

11. 在内部排序时，若选择了归并排序而没有选择插入排序，则可能的理由是(　　)。

Ⅰ. 归并排序的程序代码更短　Ⅱ. 归并排序占的空间更少　Ⅲ. 归并排序的运行效率更高

A. 仅Ⅱ　B. 仅Ⅲ　C. 仅Ⅰ、Ⅱ　D. 仅Ⅰ、Ⅲ

12. 以下几种排序方法中，要求内存量最大的是（　　）排序法。

A. 归并　　B. 快速　　C. 插入　　D. 选择

13. 下列排序算法中，（　　）排序在一趟结束后不一定能选出一个元素放在其最终位置上。

A. 选择　　B. 冒泡　　C. 归并　　D. 堆

14. n 个英文单词，每个单词长度基本相等，为 m。当 $n \geqslant 50$、$m < 5$ 时，时间复杂度最佳的为（　　）。

A. 快速排序　　B. 归并排序　　C. 基数排序　　D. 直接插入排序

二、填空题

1. 直接插入排序用监视哨的作用是 ________。

2. 对 n 个元素的序列进行起泡排序时，最少的比较次数是________。

3. 对 n 个记录的表 $r[1.n]$进行简单选择排序，所需进行的关键字间的比较次数为________。

4. 简单选择算法的最好和最坏情况的时间复杂度分别为________和 ________。

5. 简单选择排序算法在最好情况下所作的交换元素次数为________。

6. 一组记录的排序码为(25,48,16,35,79,82,23,40,36,72)，其中含有 5 个长度为 2 的有序表，按二路归并排序的方法对该序列进行一趟归并后的结果是________。

7. 设要将线性表(45,86,99,76,43,19,67,26,65,72,85,14)从小到大进行排序，则使用冒泡排序、初始步长为 4 的希尔排序、归并排序和以第一个元素为分界元素的快速排序进行第一趟扫描的结果分别为________、________、________ 以及________。

8. 每次使两个有序表合并成一个有序表，这种排序方法叫作________排序。

9. 分别采用堆排序、快速排序、冒泡排序和归并排序对初态为有序的表进行排序，则最省时间的是________ 算法，最费时间的是 ________ 算法。

10. 如果要将序列(50,16,23,68,94,70,73)建成堆，只需把 16 与________ 交换。

11. 对关键码序列(23,17,72,60,25,8,68,71,52)进行堆排序，输出两个最小关键码后的剩余堆是________。

三、应用题

1. 设增量序列为 D=(5,3,1)，对数据表(100,12,20,31,1,5,44,66,61,200,30,80,150,4,8)，写出采用希尔排序算法的每一趟排序结果。

2. 关键码序列为(27,25,22,7,15,0,8,20,4,30)，手工执行快速排序算法，写出每次划分结束时的关键字状态。

3. 举例说明，最坏情况下，快速排序的时间复杂度为 $O(n^2)$。

4. 用一个栈可以将递归形式的快速排序转换为非递归形式，对待排序序列(21,08,12,25,49,27,18,38,06,33)，画出排序过程中栈的动态变化情况。

5. 已知数据序列为(12,5,9,20,6,31,24)，手工执行堆排序算法，写出执行每趟排序后的结果。

6. 给定关键字序列(16,7,3,20,17,8)，请利用堆排序方法将其调整为升序序列，并写出详细过程。

7. 请回答以下关于堆的问题。

(1) 堆的存储应采用顺序存储还是链接存储?

(2) 设有一个小根堆,则其最大值可能在什么地方?

(3) 对 n 个元素进行初始建堆过程中,最多进行多少次数据比较?

8. 设有 11 个长度不同的初始归并段,所包含的记录个数分别为 25,40,16,38,77,64,53,88,9,48,98,试根据它们做 4 路平衡归并,要求:

(1) 指出总的归并趟数;

(2) 画出最佳归并树;

(3) 每次操作记录均需要对记录进行 2 次读写操作,计算总的读写硬盘的次数。

四、算法设计题

1. 冒泡排序算法是把大的元素向上移(气泡的上浮),也可以把小的元素向下移(气泡的下沉),请给出上浮和下沉过程交替的冒泡排序算法。

2. 试分析并实现适用于单链表的排序算法。

3. n 个记录保存在带头结点的双向链表中,试写出快速排序算法。

4. 最小最大堆是一种特殊的堆,其最小层和最大层交替出现,根结点总是处于最小层,任意结点均为以它为根的子树中所有结点的最小值(最大值)。图 8.18 为最小最大堆的示例,要求:

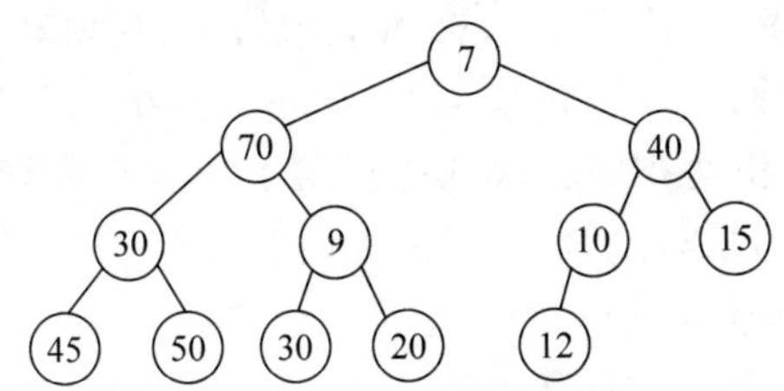

图 8.18 最小最大堆示例

(1) 画出插入关键字 5 的结点后的最小最大堆;

(2) 画出插入关键字 80 的结点后的最小最大堆;

(3) 编写函数实现最小最大堆的插入算法。

扩展阅读:影响世界进步的十大经典算法

在世界发展进程中,许多经典算法解决了各种各样的复杂问题,做出了巨大的贡献。但是,哪些算法是最具影响力的,可能每个人都有不同的答案。国外网友曾经发起投票,让人们投票选出心目中最为经典的算法,最终产生了下面得票数最高的十大经典算法。

1. 并查集(union-find)算法

并查集是一种树形的数据结构,专门用来处理集合的合并和查询操作。"集"就是让每个元素构成一个单元素的集合,"并"就是按一定顺序将属于同一组的元素所在的集合合并。并查集巧妙地借用了树结构,使得编程复杂度降低到了令人难以置信的地步;利用一些递归技巧,各种操作几乎都能用两行代码搞定。并查集的效率极高,单次操作的时间复杂度几乎可以看作是常数级别;但由于数据结构的实际行为难以预测,精确的时间复杂度分析需要用到不少高深的技巧。并查集不在本书的学习范围内,但同样使用了数据结构的知识,感兴趣的读者可以自己学习并尝试实现。

2. KMP 算法

排名第二的是本书第 4 章中的 KMP 算法。KMP 算法是一种改进的字符串匹配算法，由 D. E. Knuth、J. H. Morris 和 V. R. Pratt 共同提出，称之为 Knuth-Morria-Pratt 算法，简称 KMP 算法。该算法相对于 Brute-Force 算法有比较大的改进，主要是消除了主串指针的回溯，从而使算法效率有了某种程度的提高。KMP 算法的关键是利用匹配失败后的信息，尽量减少模式串与主串的匹配次数以达到快速匹配的目的。具体实现就是实现一个 next()函数，函数本身包含了模式串的局部匹配信息，时间复杂度为 $O(n+m)$。

3. BFPRT 算法

1973 年，Blum、Floyd、Pratt、Rivest 和 Tarjan 一起发布了一篇题为 *Time bounds for selection* 的论文，给出了一种在数组中选出第 k 大元素的算法，称为中位数之中位数算法。它的思想是修改快速选择算法的主元选取方法，提高算法在最坏情况下的时间复杂度，该算法依靠一种精心设计的 pivot 选取方法，即选取中位数的中位数作为枢纽元，从而保证了在最坏情况下也能做到线性时间的复杂度，打败了平均时间复杂度为 $O(n\log_2 n)$、最坏时间复杂度为 $O(n^2)$的快速排序算法。BFPRT 算法时间复杂度为 $O(n)$。

4. 快速排序算法

第 8 章学习的快速排序名列第四。1962 年，伦敦的托尼埃利奥特兄弟有限公司的霍尔提出了该算法，它的平均时间复杂度仅仅为 $O(n\log_2 n)$，相比于普通选择排序和冒泡排序等，实在是历史性的创举。快速排序算法几乎涵盖了所有经典算法的所有榜单，它曾获选 20 世纪最伟大的十大算法，该算法的实现可分为以下几步：

(1) 在数组中选一个基准数(通常为数组第一个)；

(2) 将数组中小于基准数的数据移到基准数左边，大于基准数的移到右边；

(3) 对于基准数左、右两边的数组，不断重复以上两个过程，直到每个子集只有一个元素，即为全部有序。

5. Floyd-Warshall 最短路径算法

Floyd 算法是一个经典的动态规划算法，又被称为插点法，在第 6 章已经介绍过该算法。该算法名称以创始人之一、1978 年图灵奖获得者、斯坦福大学计算机科学系教授罗伯特·弗洛伊德命名。Floyd 算法是一种利用动态规划的思想寻找给定的加权图中多源点之间最短路径的算法，时间复杂度为 $O(n^3)$，算法目标是寻找从点 i 到点 j 的最短路径。

6. 完全同态加密算法

同态加密是一种对称加密算法，由 Craig Gentry 提出。其同态加密方案包括 4 个算法，即密钥生成算法、加密算法、解密算法和额外的评估算法。完全同态加密包括两种基本的同态类型，即乘法同态和加法同态，加密算法分别对乘法和加法具备同态特性。此算法的优秀之处在于保证了数据处理方无须知道所处理的数据的明文信息，可以直接对数据的密文进行相应处理，从而实现了数据处理与用户信息解耦，提升了安全性。

7. 深度、广度优先遍历算法

第 6 章中介绍的深度、广度优先遍历是许多其他算法的基础。深度优先遍历(DFS)是一种在开发爬虫早期使用较多的方法。深度优先遍历算法是沿着树的深度遍历树的节点，尽可能深地搜索树的分支。当结点 v 的所有边都已被探寻过，搜索将回溯到发现结点 v 的那条边的起始结点。这一过程一直进行到已发现从源结点可达的所有结点为止。如果还存在未被发现的结点，则选择其中一个作为源结点并重复以上过程，整个进程反复进行直到所有结点都被访问为止。深度优先遍历属于盲目搜索，当人们刚刚掌握深度优先遍历的时候常常用它来走迷宫。

广度优先遍历(BFS)是连通图的一种遍历策略。BFS 的主要思想是：首先以一个未被访问过的顶点作为起始顶点，辐射状地访问其所有相邻的顶点，然后对每个相邻的顶点，再访问它们相邻的未被访问过的顶点，直到所有顶点都被访问过，遍历结束。

8. Miller-Rabin 质数测试算法

在初学编程时，大家一定对判断质数的试除法记忆犹新。相比笨拙的试除法，卡内基梅隆大学的计算机系教授 Gary Lee Miller 和耶路撒冷希伯来大学的教授 Michael O. Rabin 提出了一种判断质数的随机化算法，只需要检测 k 个选定数字就可以判断一个超大的正整数 n 是否是素数，时间复杂度为 $O(k\log_2 n)$。

9. 折半查找(binary search)算法

第 7 章中学习的折半查找是一种效率较高的查找方法。折半查找要求线性表是有序表，即表中结点按关键字有序，并且用向量作为表的存储结构。折半查找算法先比较位于集合中间位置的元素与键的大小，有以下三种情况(假设集合是从小到大排列的)：

(1) 键小于中间位置的元素，则匹配元素必在左边(如果有的话)，于是对左边的区域应用二分搜索；

(2) 键等于中间位置的元素，所以元素找到；

(3) 键大于中间位置的元素，则匹配元素必在右边(如果有的话)，于是对右边的区域应用二分搜索。

当集合为空，则代表找不到。折半查找特别适用于一经建立就很少改动的但经常需要查找的线性表。对那些查找少但经常需要改动的线性表，可采用链表做存储结构，进行顺序查找。链表上无法实现二分查找。

10. 哈夫曼编码(huffman coding)算法

最后一个算法是第 5 章学习的哈夫曼编码。哈夫曼编码是一种可变字长编码(VLC)。Huffman 于 1952 年在麻省理工攻读博士时提出这种编码方法，该方法完全依据字符出现概率来构造异字头的平均长度最短的码字，有时称之为最佳编码，一般就叫作 Huffman 编码(有时也称为霍夫曼编码)。

参考文献

[1] Knuth D E. The Art of Computer programming Vol 1：Fundamental Algorithms[M]. 北京：人民邮电出版社，2005.

[2] Sahni S. Data Structures，Algorithms，and Applications in C++[M]. 王立柱，刘志红，译. 北京：机械工业出版社，2016.

[3] Drozdek A. Data Structures and Algorithms in C++[M]. 郑岩，战晓苏，译. 北京：清华大学出版社，2006.

[4] Main M，Savitch W. Data Structures and Other Objects Using C++[M]. 北京：科学出版社，2012.

[5] Shaffer C A. Data Structures and Algorithms Analysis in C++[M]. 北京：电子工业出版社，2013.

[6] 严蔚敏，吴伟民. 数据结构(C语言版)[M]. 北京：清华大学出版社，2007.

[7] 王红梅，王慧，王新颖. 数据结构——从概念到C++实现[M]. 3版. 北京：清华大学出版社，2020.

[8] 陈越. 数据结构[M]. 2版. 北京：高等教育出版社，2016.

[9] 李春葆. 数据结构教程[M]. 5版. 北京：清华大学出版社，2017.

[10] Larman C. Applying UML and Patterns：An Introduction to Object-Oriented Analysis and Design and Iterative Development[M]. 李洋，郑龚，译. 3版. 北京：机械工业出版社，2006.

[11] 宣慧玉，张发. 复杂系统仿真及应用[M]. 北京：清华大学出版社，2008.

[12] Gamma E，Helm R，Johnson R，et al. Design Patterns：Elements of Reusable Object-Oriented Software[M]. 北京：机械工业出版社，2005.

[13] Harchol-Balter M. Performance Modeling and Design of Computer Systems：Queueing theory in Action[M]. 方娟，蔡旻，张佳玥，等译. 北京：机械工业出版社，2020.

[14] Cormen T H，Leiserson C E，Rivest R L，et al. Introduction to Algorithms[M]. 3版. 北京：机械工业出版社，2012.

[15] 陈守孔，胡潇琨，李玲，等. 算法与数据结构考研试题精析[M]. 4版. 北京：机械工业出版社，2020.

图书资源支持

感谢您一直以来对清华版图书的支持和爱护。为了配合本书的使用，本书提供配套的资源，有需求的读者请扫描下方的“书圈”微信公众号二维码，在图书专区下载，也可以拨打电话或发送电子邮件咨询。

如果您在使用本书的过程中遇到了什么问题，或者有相关图书出版计划，也请您发邮件告诉我们，以便我们更好地为您服务。

我们的联系方式：

地　　址：北京市海淀区双清路学研大厦 A 座 714

邮　　编：100084

电　　话：010-83470236　010-83470237

客服邮箱：2301891038@qq.com

QQ：2301891038（请写明您的单位和姓名）

资源下载：关注公众号“书圈”下载配套资源。

资源下载、样书申请

书圈

获取最新书目

观看课程直播